高职高专特色课程规划教材

热力设备检修

主　编　张樱珞

副主编　王　丹　宋党伟

东北大学出版社

·沈　阳·

图书在版编目（CIP）数据

热力设备检修 / 张樱珞主编. — 沈阳 ：东北大学出版社，2021.4

ISBN 978-7-5517-2643-6

Ⅰ. ①热… Ⅱ. ①张… Ⅲ. ①火电厂—热力系统—检修—教材 Ⅳ. ①TM621.4

中国版本图书馆 CIP 数据核字（2021）第 077989 号

内容提要

本书是针对我国电厂和电力企业的锅炉、汽轮机等热力设备检修岗位需求，结合 300，600 MW 及以上火力发电机组的锅炉设备、汽轮机设备、热力系统管道和阀门的检修技术特点组织编写的。

本书的编写目的是为电力生产培养出产、学、研相结合的技能型人才。本书在编写过程中，理论联系实际，注意生产现场工艺与实践教学内容相结合，注重学生实际动手能力的提高。

本书可作为高职高专电力技术类电厂热能动力装置专业、火电厂集控运行专业教学用书，也可作为火电厂生产一线从事锅炉、汽轮机及辅助设备检修与维护人员的培训教材。

出 版 者：东北大学出版社
地址：沈阳市和平区文化路三号巷 11 号
邮编：110819
电话：024-83687331(市场部)　83680267(社务部)
传真：024-83680180(市场部)　83680265(社务部)
网址：http://www.neupress.com
E-mail：neuph@neupress.com
印 刷 者：辽宁一诺广告印务有限公司
发 行 者：东北大学出版社
幅面尺寸：185 mm×260 mm
印　　张：14.5
字　　数：326 千字
出版时间：2021 年 4 月第 1 版
印刷时间：2021 年 4 月第 1 次印刷
策划编辑：牛连功
责任编辑：周　朦
责任校对：杨世剑
封面设计：潘正一

ISBN 978-7-5517-2643-6　　定　价：36.00 元

前　言

本书在总结职业教育过程中关于热力设备的实训培训经验、查阅大量火力发电厂检修技术资料及相关国家标准的基础上，以火力发电厂管阀检修、锅炉本体检修、汽轮机本体检修等岗位的专业能力为主线，遵循由简单到复杂、由单一到综合的原则编排内容，以理论知识够用为度，重点介绍了热力设备检修工作中的技术要点。本书适用于高职高专院校电厂热能动力装置专业、火电厂集控运行专业学生的教学及火力发电生产一线人员的培训，希望能够适应培养高层次应用型、技能型人才的需要，达到满足企业生产实际需求的目标。

本书共分为六章，分别是工具与量具、起重、管道检修、阀门检修、锅炉本体主要部件检修和汽轮机本体检修。其中，第一章和第二章是检修工作的基础，主要介绍常用工具、量具及起重工具的使用方法与保养；第三章侧重于介绍管道的检修；第四章侧重于介绍阀门的解体与装复、阀门密封面的研磨等检修工艺；第五章介绍了锅炉本体主要部件的检修工艺；第六章介绍了汽轮机本体的检修项目及工艺。

本书由辽宁石化职业技术学院张樱珞担任主编，王丹、宋党伟担任副主编。张樱珞负责编写第五章和第六章内容，以及全书的修订工作；王丹（机械技术系）负责编写第一章、第二章和第四章内容；宋党伟负责编写第三章内容。另外，本书编写在过程中参阅了相关参考文献、网上资料及出版物，同时得到了辽宁石化职业技术学院领导的支持与帮助。在此对各位作者及领导一并表示感谢。

由于编者水平有限，本书中难免有疏漏和不当之处，敬请广大读者朋友批评指正。

编　者

2020年12月

目　录

第一章　工具与量具 …… 1

第一节　常用工具 …… 1
第二节　量　具 …… 6
第三节　工具、量具保养及其使用注意事项 …… 17

第二章　起　重 …… 19

第一节　索具及拴连工具 …… 19
第二节　起重机具 …… 25
第三节　重物的拖动及撬棍的使用 …… 34
第四节　起重作业中应注意的事项 …… 37

第三章　管道检修 …… 41

第一节　管道的类型、结构及材料 …… 41
第二节　管　子 …… 44
第三节　管子的弯制及校正 …… 47
第四节　管道连接 …… 55
第五节　管道附件 …… 69
第六节　管道系统金属技术监督 …… 73

第四章　阀门检修 …… 77

第一节　阀门的分类及型号 …… 77
第二节　火力发电厂常用的阀门 …… 82
第三节　阀门检修 …… 100
第四节　阀门研磨 …… 107
第五节　阀门密封材料检修 …… 113

第五章　锅炉本体主要部件检修 ……………………………… 120
第一节　锅炉本体主要组成部件 ……………………………… 120
第二节　锅炉受热面的清扫和炉膛清焦 ……………………………… 130
第三节　汽包检修 ……………………………… 131
第四节　水冷壁检修 ……………………………… 137
第五节　过热器、再热器及减温器检修 ……………………………… 141
第六节　省煤器检修 ……………………………… 144
第七节　空气预热器检修 ……………………………… 147
第八节　燃烧设备检修 ……………………………… 151
第九节　锅炉整体水压试验 ……………………………… 154
第六章　汽轮机本体检修 ……………………………… 158
第一节　汽缸检修 ……………………………… 158
第二节　隔板套、隔板检修 ……………………………… 177
第三节　汽封检修 ……………………………… 187
第四节　转子检修 ……………………………… 194
第五节　轴承检修 ……………………………… 214
参考文献 ……………………………… 224

第一章 工具与量具

第一节 常用工具

一、电动工具

1.电动工具的组成

电动工具是由电力驱动并用手持操纵的手工具的统称。它由电动机、传动机构和工作头三部分组成。

电动工具使用的电动机要求体积小、重量轻、过载能力大、绝缘性能好。最常用的电动机有：交直流两用串激电动机，转速在 10000 r/min 以上；三相工频电动机(鼠笼型异步电动机)，转速在 3000 r/min 以下。

传动机构的作用是改变电动机转速、扭矩和运动形式。其中，运动形式可分为以下三种。①旋转运动。电动机通过齿轮减速，带动工具轴做旋转运动，如电钻、电动扳手等；也有电动机不经过减速直接带动工具的，如手提式砂轮机等。②直线运动。电动机经减速后带动曲柄连杆机构，使工具轴做直线运动，包括振动往复运动和冲击运动，如电锯、电冲剪、电铲等。③复合运动。工具做冲击旋转运动，如电锤、冲击电钻等。

工作头是直接对工件进行各种作业的刀具、磨具、钳工工具的统称，如钻头、锯片、砂轮片、螺帽套筒等。

2.常用的电动工具

在热力设备检修工作中，常用的电动工具有手电钻、角向磨光机、电动扳手、电锤与冲击电钻。

(1)手电钻。

手电钻结构示意图如图 1–1 所示。它分为手提式和手枪式两种电钻。手电钻除了用来钻孔外还可用来代替做旋转运动的手工操作，如研磨阀门等。手枪式电钻钻孔直径一般不超过 6 mm。

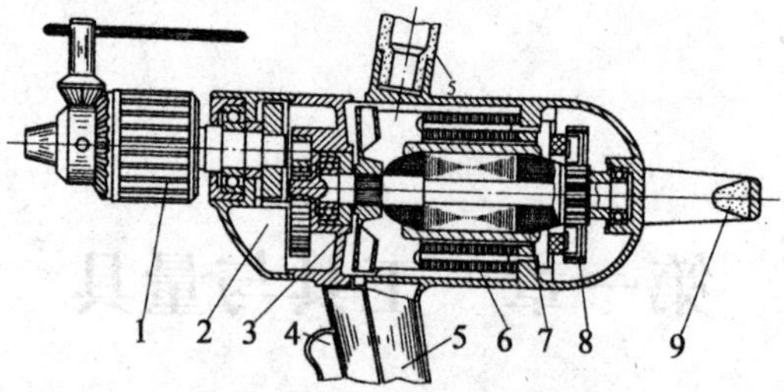

图 1-1　手电钻的结构示意图

1—钻夹头；2—减速机构；3—风扇；4—开关；5—手柄；6—静子；7—转子；8—整流子；9—顶把

(2)角向磨光机。

角向磨光机结构示意图如图 1-2 所示。它主要用于金属表面的磨削，去除飞边、毛刺，清理焊缝及除锈、抛光等作业，也可以用来切割小尺寸的钢材。

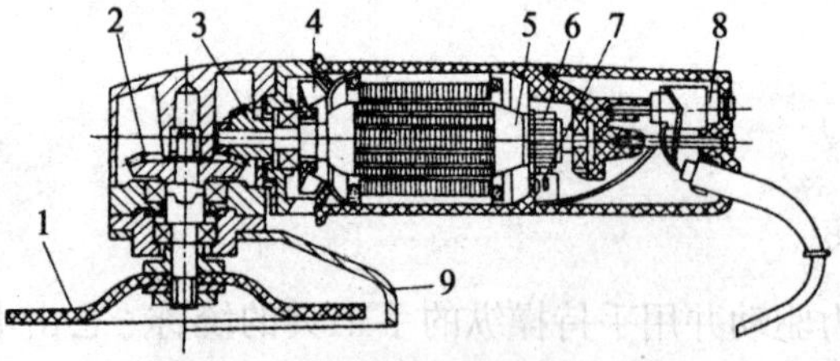

图 1-2　角向磨光机结构示意图

1—砂轮片；2—大伞齿轮；3—小伞齿轮；4—风扇；5—转子；6—整流子；7—炭刷；8—开关；9—安全罩

在使用角向磨光机时，砂轮应倾斜 15°~30°，如图 1-3(a)所示，并按照图 1-3(b)所示方向移动，以使磨削的平面无明显的磨痕，且电动机也不易超载。当用来切割小工件时，应按照图 1-3(c)所示的方法进行切割。

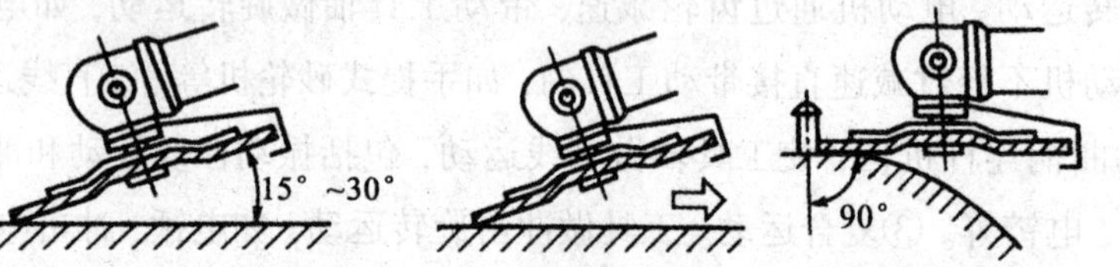

图 1-3　角向砂轮机的使用方法

(3)电动扳手。

在检修中，由于螺栓类别繁多且地点分散，一般不采用电动扳手；但对大扭矩、高强度的螺栓，可采用定扭矩电动扳手。使用时，当扭矩达到某一定值，其自动停机。

(4)电锤。

电锤用于清除铁锈、水垢，锅炉打焦，地面开孔等作业，其结构示意图如图 1-4 所示。

电锤是一种冲击电钻，它做冲击-旋转运转，也可做纯旋转或纯冲击运动。采用何种运动，可根据作业情况自行选用。

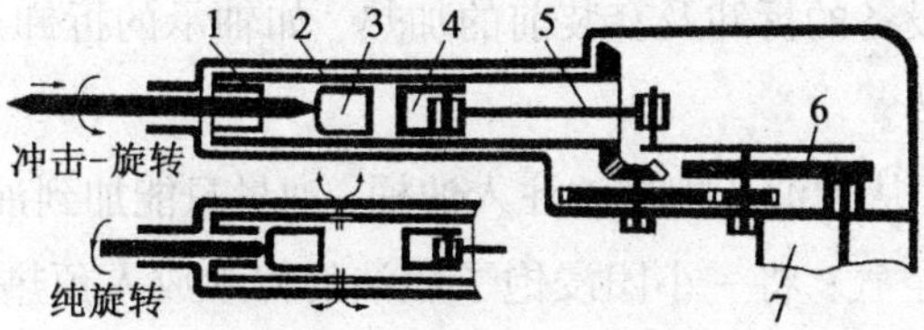

图 1-4　电锤结构示意图

1—旋转轴(汽缸)；2—排气孔；3—锤头；4—活塞；5—曲柄机构；6—减速箱；7—电动机

3.注意事项

使用电动工具时应注意以下事项。

(1)定期检测电动机绝缘性能(用绝缘电阻表测量)，严禁使用绝缘不合格或已漏电的电动工具。

(2)使用前，检查电源电压是否与电动工具的使用电压相符，橡皮电缆、工具上的电气开关是否完好。

(3)使用时，待电动工具的转速达到额定转速，方可进行作业并施加压力。

(4)使用靠人力压着或握持着的电动工具时，要特别注意工具的反扭力或反冲力；使用较大功率的电动工具或进行高空作业时，必须要有可靠的防护措施。

(5)在工作中发现电动工具转速降低时，应立即减小压力；若突然停转，则应及时切断电源，并查明原因。

(6)移动电动工具时，应握持工具手柄并用手带动电缆，不允许拉橡皮电缆拖动工具。

二、手动工具

1.喷灯

喷灯是一种加热工具，主要由喷焰管、预热盘、喷嘴、气筒等组成，其结构示意图如图1-5所示。它是将燃油汽化后与空气混合喷出点燃的，可以产生高温火焰。

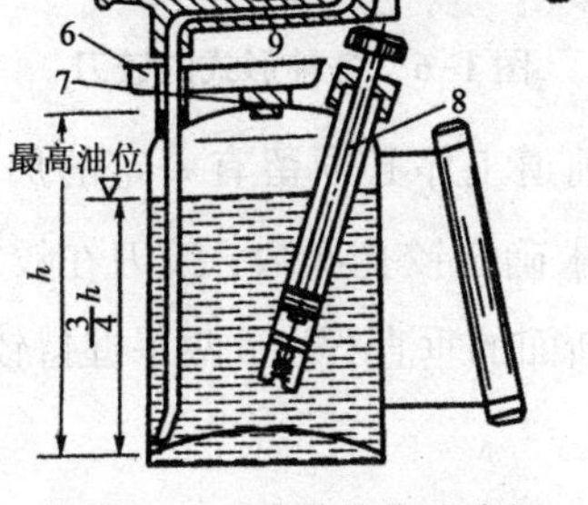

图 1-5　喷灯结构示意图

1—喷焰管；2—混合管(空气与燃气)；3—喷嘴；4—挡风罩；5—调节阀；6—预热盘；7—加油螺母；8—气筒；9—汽化管

喷灯适用于小型设备的拆卸及套装前的加热，如轴承的拆卸及套装、联轴器的拆装及套装都采用喷灯加热。

喷灯的使用方法：从加油孔把燃油注入油桶，油量只能加到油桶高度 h 的3/4，余下的油桶空间贮存压缩空气；将一小团浸饱了燃油的棉纱放入预热盘中，然后点燃，加热汽化管；待预热盘中的油棉纱快燃尽时，用气筒打几下气，将桶中燃油压入已灼热的汽化管，再拧开调节阀，燃油汽化气经喷嘴喷入喷焰管，与空气混合后燃烧，成为火焰；当火焰由黄红色逐渐变成蓝色时，方可将气打足，投入使用。

熄灭喷灯时，应先关闭调节阀，使火焰熄灭；待冷却数分钟后再旋松加油螺母，放出桶内空气。

喷灯常用的燃料油是汽油或煤油，但注意这两种油不能混合使用。同时，用煤油的喷灯也不允许用汽油作燃油。

使用喷灯时要注意防火。加完油或放完气后，应将加油螺母拧紧。点喷灯时，喷火口的正前方要求宽敞，更不能对着人或易燃物。

2.铰刀

铰刀是一种多刃切削刀具，常见的形式如图1-6所示。在电厂检修工作中，常利用铰刀加工精度要求较高、粗糙度要求较低的孔，如设备上的定位销孔。此外，有一定配合间隙的孔也都采用铰刀铰孔。

铰刀主要由切削部分、颈部、起削刃和尾部组成。它具有导向性好、切削阻力小、尺寸精度高等特点。

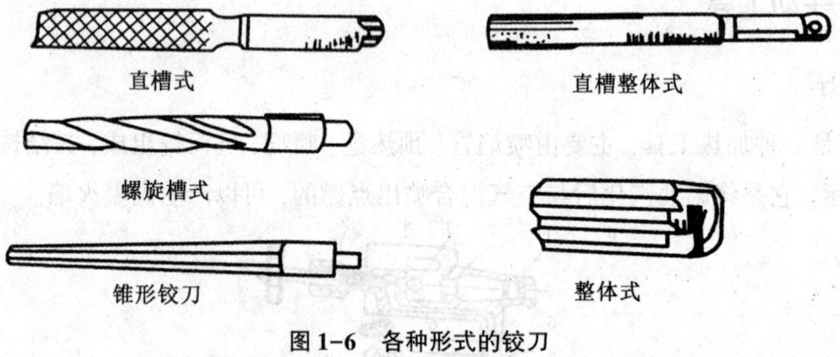

图1-6 各种形式的铰刀

铰刀的使用方法：铰孔的前道工序必须留有一定的加工余量，供铰孔时加工；根据底孔的直径选择铰刀，按照要求确定铰孔次数；铰刀在铰杠上装夹后，持铰刀插入被铰孔内，用直角尺检查铰刀与孔断面的垂直程度；两手握持铰杠柄部，稍加均衡压力，按照顺时针方向搬动铰杠进行铰削。

3.刮刀

刮削工艺的主要工具就是刮刀。在电厂检修工作中，有很多的设备都要进行刮削，如汽缸接合面、推力盘、轴瓦等。刮削工艺具有精度高、表面粗糙度低的特点，所以刮刀的用途非常广泛。刮刀的种类很多，对于不同形状的工件应选用不同形式的刮刀。

刮刀可分为平面刮刀和曲面刮刀。平面刮刀又分为直头刮刀和弯头刮刀，主要用于刮削平面，如图 1-7 所示。曲面刮刀又分为三角刮刀、匙形刮刀和圆头刮刀，主要用于刮削曲面，如图 1-8 所示。

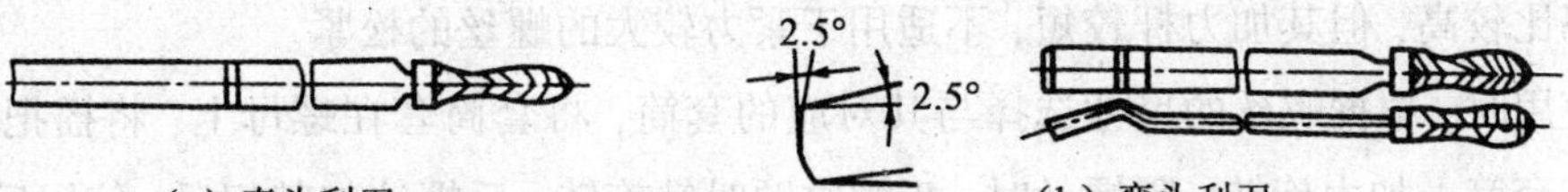

（a）直头刮刀　（b）弯头刮刀

图 1-7　平面刮刀

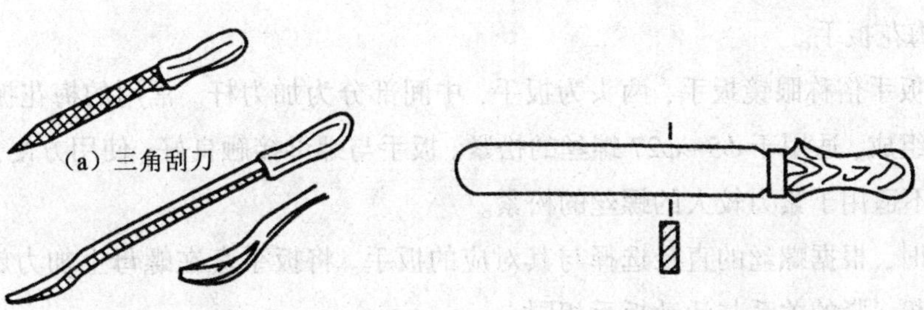

（a）三角刮刀　（b）匙形刮刀　（c）圆头刮刀

图 1-8　曲面刮刀

刮刀一般采用 T12A 钢制成，对于较硬的工件应采用焊接合金钢刀头或硬质合金钢刀头的刮刀进行加工。

刮刀的使用方法如下。

(1) 平面刮刀的使用方法。使用时，右手握住刀柄，左手握住刀杆（距刀头大约 50 mm）。刮削时，右臂利用上身摆动向前推，左手向下压，并引导刮刀的方向。左足前跨，上身随着向前倾斜，这样可以增加左手的压力。

(2) 曲面刮刀的使用方法。曲面刮刀是刀具做螺旋运动。使用时，右手握住刀柄，左手握住刀杆（手掌向下横握）。刮削时，右手做半圆扭动，左手顺着曲面方向拉动或推动刀杆，与此同时，刮刀在轴向做螺旋运动。

4.扳手

扳手种类较多，常用的扳手有活动扳手、套筒扳手、梅花扳手、开口扳手等，它们的作用都是在松、紧螺丝时增加力臂，使螺丝旋松、旋紧到所需要的紧力。实际应用中，要根据设备、螺丝的不同选用不同的扳手。下面介绍部分扳手的结构、用途和使用方法。

(1) 活动扳手。

活动扳手俗称活扳子，其优点是可以通过调整扳手开口的大小，来松、紧不同尺寸的螺丝。活动扳手由手柄、扳口、调整螺丝等组成，有 8 种规格。

使用时，把扳手套在将要松、紧的螺丝上，用调整螺丝将扳手调整到大于被拧螺丝的最大直径，再将扳手调整到与螺母紧密接触，此时，就可以加力旋转手柄(正螺纹紧螺丝时顺时针扳动手柄，松螺丝时逆时针扳动手柄；反螺纹与其相反)。

(2)套筒扳手。

套筒扳手由套筒、加力杆、摇把等组成。常用的套筒扳手一般每套由 32 件组成，适用于 $\phi6 \sim \phi32$ 螺丝的松紧。这种扳手使用方便，套筒与螺母结合良好，不易损坏螺母，工作效率比较高，但其加力杆较短，不适用于紧力较大的螺丝的松紧。

使用时，根据螺丝的尺寸选择与其对应的套筒，将套筒套在螺母上，将摇把或加力杆装在套筒上加力旋转。紧螺丝时，正螺纹顺时针旋转，反螺纹与其相反。使用后，将套筒、摇把、加力杆卸下，擦拭干净，清点数目，装入专用的扳手盒内。

(3)梅花扳手。

梅花扳手俗称眼镜扳手，两头为扳手，中间部分为加力杆。常用的梅花扳手一般每套由 8 件组成，适用于 $\phi5 \sim \phi27$ 螺丝的松紧。扳手与螺母接触良好，使用方便，但其加力杆较短，不适用于紧力较大的螺丝的松紧。

使用时，根据螺丝的直径选择与其对应的扳手。将扳手套在螺母上加力旋转，其旋向与螺丝松、紧的关系与活动扳手相同。

(4)开口扳手。

开口扳手俗称呆扳子，其两头为开口的扳手，中间连接两扳手部分为加力杆。这种扳手结构简单，造价低，使用方便。

使用时，根据螺丝的直径选择与其对应的扳手。将扳口对准螺丝加力旋转，其旋向与螺丝松、紧的关系与活动扳手相同。

第二节　量　具

在电厂检修中，常用的量具和仪器有很多种，正确地选择、使用量具和仪器，可以提高检修、安装的质量和效率。本节主要介绍一些常用量具的读数方法、使用方法等。

一、百分表与千分表

百分表与千分表是测量工件表面形状误差和相互位置的常用量具。它们的动作原理均为使测量杆直线位移，通过齿条和齿轮传动，带动表盘上的指针做旋转运动。百分表结构示意图如图 1-9 所示。

百分表的刻线原理：测量杆直线移动 1 mm，表盘上长指针旋转一周(也就是末级小齿轮旋转一周)，将表盘圆周等分 100 格，则每格为 1/100 mm。表盘上的短针用于指示长针的旋转圈数。

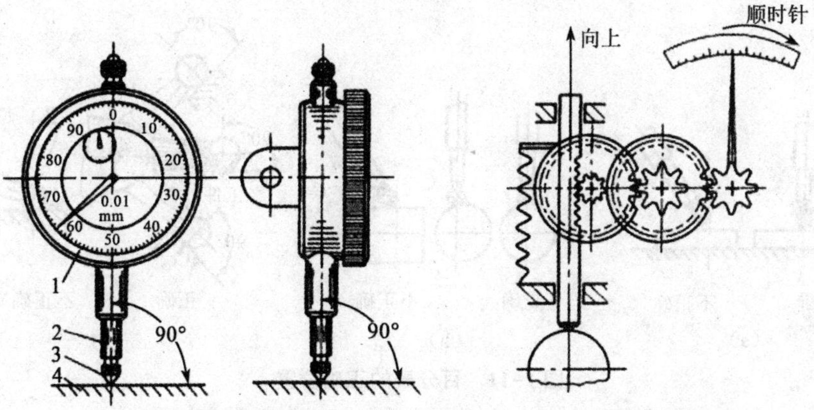

（a）外形　　（b）动作原理

图 1-9　百分表结构示意图

1—表圈；2—测量杆；3—测头；4—工件

千分表的刻线原理：测量杆直线移动 0.1 mm，表盘上长指针旋转一周，将表盘圆周等分 100 格，则每格为 1/1000 mm。表盘上的短针用于指示长针的旋转圈数。

这两种表都配有专用表架和磁性表座。磁性表座内装有合金永久磁钢，旋转表座上的旋钮可将磁钢吸附于导磁金属的表面上。使用百分表或千分表时应注意以下几点。

(1) 使用前，先把表杆推动或拉动两三次，检查指针是否能回到原位置，不允许使用不能复位的表。

(2) 在测量时，先将表夹持在表架上，表架要稳。若表架不稳，则应将表架用压板固定在机体上。在测量过程中，必须保持表架始终不产生位移，如图 1-10 所示。

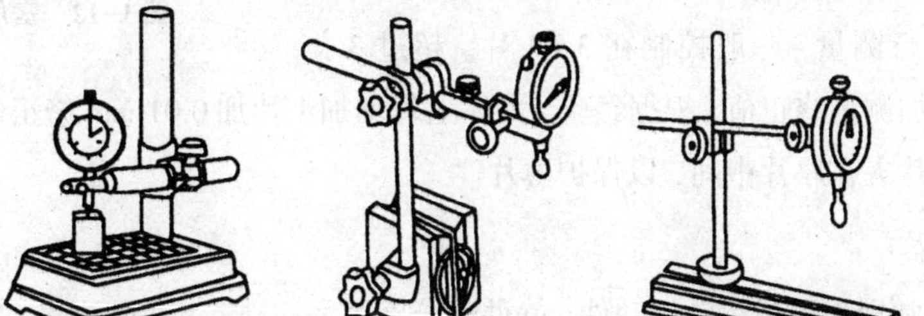

图 1-10　安装在专用夹持架上的百分表

(3) 测量杆的中心线应垂直于测点平面，如图 1-11 所示。若测量为轴类，则测量杆中心应通过轴心。

(4) 测量杆接触测点时，应使测量杆压入表内一小段行程，以保证测量杆的测头始终与测点接触。

(5) 在测量中，应注意长针的旋转方向和短针走动的格数。当测量杆向表内进入时，若指针顺时针旋转，表示被测点高出原位，反之则表示被测点低于原位。

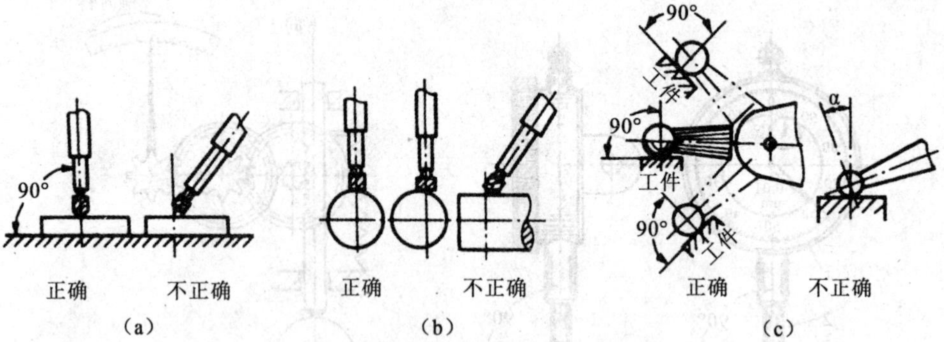

图 1-11　百分表的正确位置

二、塞尺

1.片状塞尺

塞尺又称厚薄规，如图 1-12 所示。它是由一组不同标准厚度的钢片重叠，并将一端松铆在一起而成的。其每片上都刻有自身的厚度值。在热力设备检修中，塞尺常用来检测固定件与转动件之间的间隙，检查配合面之间的接触程度。

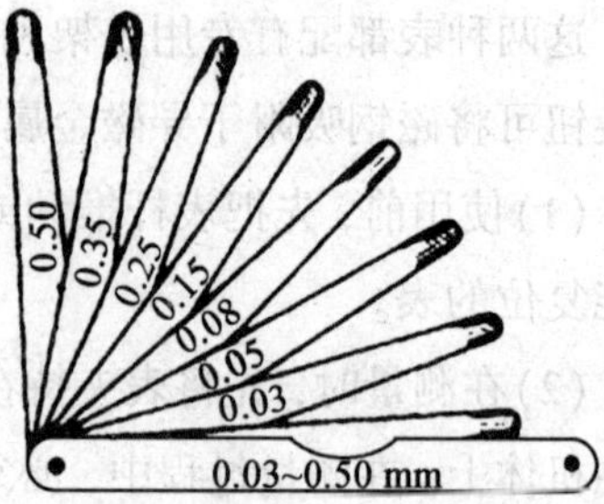

图 1-12　塞尺

使用时，先将塞尺和测点表面擦干净，然后选用适当厚度的塞尺片插入测点，用力不要过大，以免损坏塞尺片，来回抽动塞尺片，有轻微的阻滞感觉时尺片的厚度即被测的间隙。如果单片厚度不合适，可同时组合几片进行测量，一般控制在 3~4 片。超过 3 片，通常就要加测量修正值。根据经验，大体上每增加 1 片加 0.01 mm 修正值。在组合使用时，应将薄片夹在厚片中间，以保护薄片。

2.楔形塞尺

楔形塞尺常用来测量汽轮机动件、静件部分间隙。

三、水平仪

水平仪用于检验机械设备平面的平面度、机件相对位置的平行度，以及设备的水平位置与垂直位置。常用的水平仪有以下几种。

1.普通水平仪

普通水平仪由 V 形的工作底面和与工作底面平行的水准器(封闭的玻璃管，表面有刻度)两部分组成，如图 1-13(a)所示。当水平仪放在标准的水平位置时，水准器的气泡正好在中间位置；当被测平面稍有倾斜，水准器的气泡就向高处移动，在水准器的刻度上可读出两端高低相差值。刻度为“0.02/1000 mm”，即表示气泡移动一格，被测长度1 m两端高低相差就是 0.02 mm。

2.框式水平仪

框式水平仪又称方框水平仪，如图1-13(b)所示，这是应用最广泛的一种精度较高的水平仪。它有 4 个相互垂直的工作面，各边框相互垂直，并有纵向、横向两个水准器。因此，它不仅能检验平面对水平位置的偏差，还可以检验平面对垂直位置的偏差。

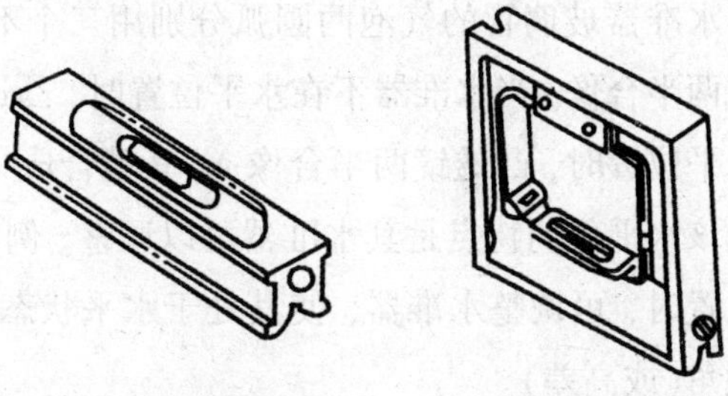
(a)普通水平仪　　(b)框式水平仪

图 1-13　水平仪

框式水平仪的规格很多，最常用的是 200 mm×200 mm，其刻度有 0.02，0.05 mm/m 两种。

水平仪的使用方法如下。

(1)使用前，先将水平仪底面和被测面用布擦干净，然后将水平仪轻轻地放在被测面上。若要移动水平仪时，只能拿起再放下，不许拖动，以免磨伤水平仪底面。

(2)观看读数时，视线要垂直气泡。第一次读数后，将水平仪在原位掉转 180°后再读一次，其水平情况取两次读数的平均值，这样即可消除水平仪本身的误差。测量时，手不要接触水准管，以防温度影响测量结果。

(3)水平仪的工作面要保持洁净，严防磕碰、擦伤及生锈。

3.光学合像水平仪

光学合像水平仪已被广泛应用于精密机械的制造、调试、安装工作。其用比较法和绝对测量法来检验零件表面的直线度和设备安装位置的准确度，同时还可以测量零件的微小倾角。光学合像水平仪结构示意图如图 1-14 所示。

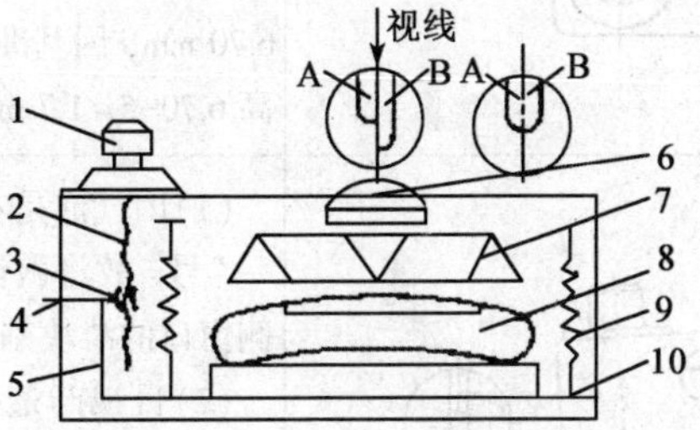

图 1-14　光学合像水平仪结构示意图

1—旋钮(等分 100 格，每格 0.01 mm)；2—微调丝杆；3—螺母；4—指针；5—杠杆机构；6—凸透镜；7—三棱镜组合；8—水准器；9—弹簧；10—杠杆支承

光学合像水平仪的水准器 8 安装在一组杠杆平板上，水准器的水平位置可以用旋

钮 1通过微调丝杆 2 和杠杆机构 5 进行调整。丝杆螺距为 1 mm，旋钮的刻度盘等分 100 格，故每格为 0.01 mm，即该水平仪的刻度值为 0.01 mm。

水准器玻璃管的气泡两圆弧分别用三个不同方位的棱镜反射至上窗口的凸透镜上，分成两半合像。当水准器不在水平位置时，凸透镜两半合像 A，B(图 1-14)就不重合；处于水平位置时，凸透镜两半合像 A，B 就合成一整半圆。

该水平仪的特点是其水准器可以调整。例如，水平仪的底面(水平仪基面)处于不水平位置时，可调整水准器，使其处于水平状态。水准器与水平仪底面的夹角就是被测面的倾角(或高差)。

使用光学合像水平仪时，通常将水平仪的微调旋钮置于右手侧(这点对初学者尤为重要)。其具体使用方法见表 1-1。

表 1-1 光学合像水平仪的使用方法

项目	示意图	使用方法
将水平仪自身调整到水平状态	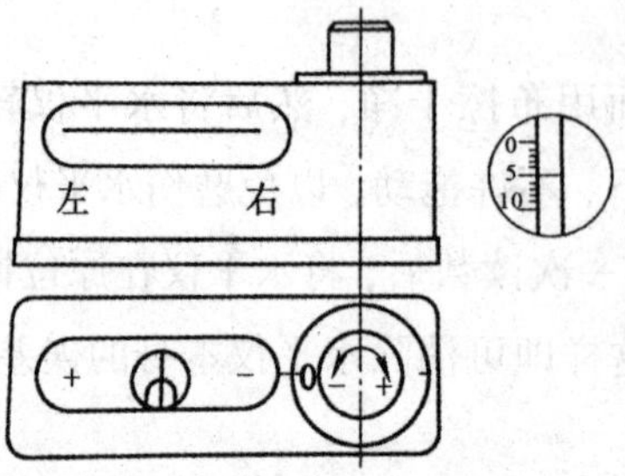	(1)将侧窗口滑块的刻线对准刻度“5”； (2)将微调钮上的“0”对准起点线
气泡位置“左低右高”的调整与计算	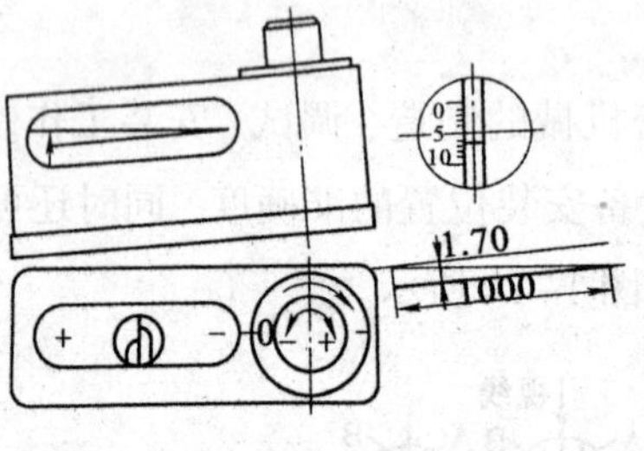	(1)因气泡是左低，在左侧上窗口上标示为“+”号，故将微调钮向“+”方向旋转，此时侧窗口的滑块刻线向下移动； (2)目视凸透镜，当两半弧合成整半圆时，停止微调； (3)计算：设滑块刻线下移至第六格与第七格之间，微调盘上“70”对准起点刻线，即读成 6.70 mm，因基准数为“5”，故左端 1 m 处应垫高 6.70-5 = 1.7 mm(或右端 1 m 处下降 1.7 mm)
气泡位置“左高右低”的调整与计算	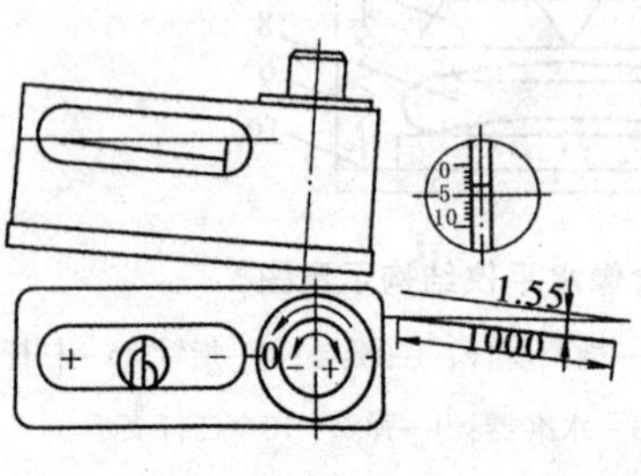	(1)因气泡是右低，在右侧上窗口上标示为“-”号，故将微调旋钮向“-”方向旋转，此时侧窗口的滑块刻线向上移动； (2)目视凸透镜，当两半弧合成整半圆时，停止微调； (3)计算：若滑块刻线上移至第三格与第四格之间，微调的起点刻线对准微调盘“45”，即读成 3.45 mm，故右端 1 m 处应垫高 5-3.45 = 1.55 mm(或左端 1 m 处下降 1.55 mm)

4.用水平仪测量设备直线度的方法

用水平仪测量设备的直线度误差时，先将被测面分成若干测段(每测段长应等于或略大于水平仪底面长，并要求每测段相等)，再用水平仪依次由一段移至另一段来进行逐段测量并记录其测量值。然后将测段和测量值分别按照同一比例列入直角坐标系，连接各交点，形成一条曲线，该曲线就是被测设备的直线度误差。

例如，用200 mm×200 mm、水准器格值为0.02 mm/m的方框水平仪，测量长为800 mm的导轨直线度。首先将导轨等分四段(每段200 mm)，自左至右逐段地进行测量，其值分别为+1.5，+1，-0.5，-1格。然后将各值按照同一比例列入直角坐标系中(如图1-15所示)，连接各点并作首点与尾点连线。从曲线图中可以看出，此导轨中间部位凸出，最高点位于400 mm处的a点，其凸出最大为线段ab，按照同一比例测出线段ab的长度为2格。根据已知条件，2格的格值为

$$0.02\times\frac{200}{1000}\times2=0.008\ \text{mm}$$

即该导轨的直线度误差为0.008 mm。

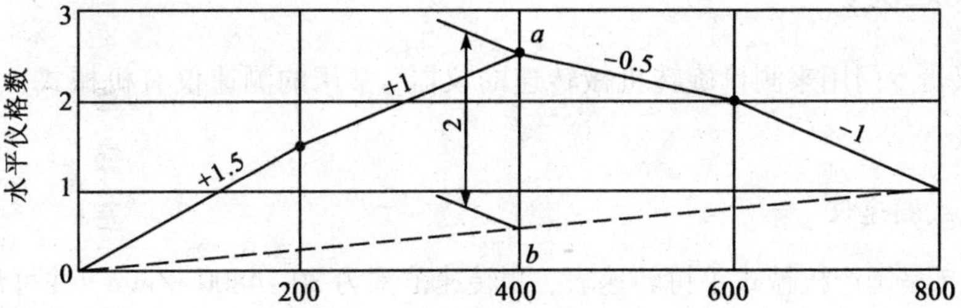

图1-15　导轨直线度坐标

用上述方法，将设备平面作若干条等距平行的直线度曲线，并把所得曲线绘制在一张图上，即可分析出该设备平面的平面度。

5.使用水平仪的注意事项

(1)使用前，应将水平仪底面和被测面用布擦干净，被测面不允许有锈蚀、油垢、伤痕等，必要时可用细砂布将被测面轻轻砂光。

(2)水平仪应轻轻地放在被测面上。若要移动水平仪，则只能拿起再放下，不许拖动，也不要在原位转动水平仪，以免磨伤水平仪底面。

(3)观看水平仪的格值时，视线要垂直于水平仪上平面。第一次读数后，将水平仪在原位(用铅笔画上端线)掉转180°后再读一次，其水平情况取两次读数的平均值，这样即可消除水平仪自身的误差。若在平尺上测量机体水平，则需将平尺和水平仪分别在原位调头测量，共读数四次，四次读数的平均值为机体水平情况。

(4)用完后，将水平仪底面抹油脂进行防锈保养。

四、天平

在热力设备检修中，常用的一种普通天平如图 1-16 所示。使用天平时，先将天平放平，使指针指在标尺的中间位置；然后用手指轻轻点动称盘，指针左右摆动。动作灵活的天平，其左右摆动值应相等。在静止状态，若指针不在标尺中间（天平处于水平位置），可通过调整天平两端的螺帽来使指针重新处于标尺中间。

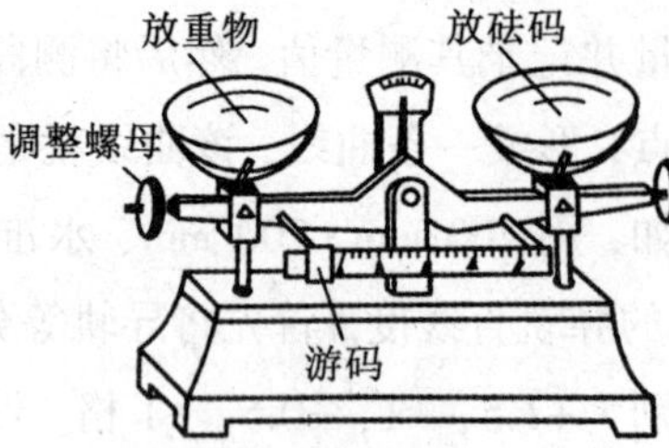

图 1-16　普通天平

根据习惯，称重时，左称盘放重物，右称盘放砝码。加砝码应先重后轻，微量调整时可移动游码。取放砝码应用镊子夹取，不要用手直接拿取，并要轻拿轻放。被称物体的重量不得超过该天平所配砝码的总重，以免天平超载而受损。

五、测速仪

测速仪是专门用来测量旋转机械转速的仪器。常用的测速仪有机械式、光学式、电磁式三类。

1.机械式测速仪

图 1-17 是国产机械式手持转速表，测转速范围为 30~4800 r/min，并可测量转体的线速度。

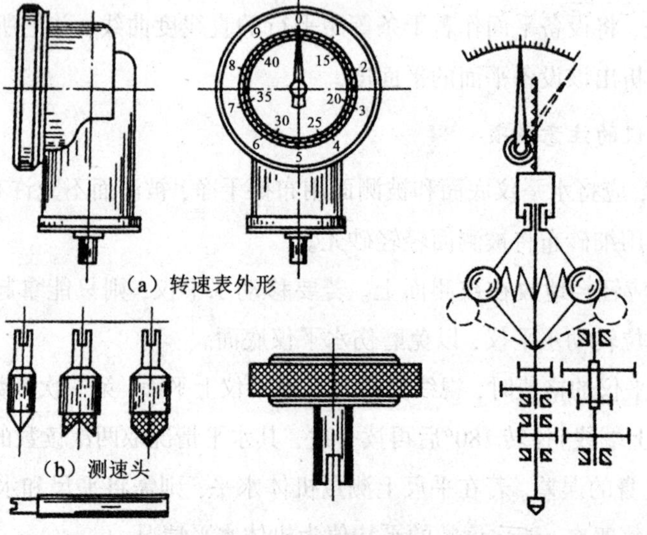

（a）转速表外形

（b）测速头

（c）加长杆　（d）测线速度滚轮　（e）转速表动作原理

图 1-17　机械式手持转速表及原理

在测转速前，应先将转速表上的调速盘转到所需要的测速挡位。若被测物的转速不能预估，则可先用高速挡位试测，切不可用低速挡位测高速。测速头接触被测物时，动作要缓慢，同时应使两者保持在同一旋转中心。测速头顶在被测物上不要过紧，其松紧程度为不产生相对滑动即可。测速时间一般不要超过 1 min。

2.光学式测速仪

光学式测速仪多用光电管接收信号，用数码管显示数字(即转速)，其精确程度高于机械式转速表。现以图 1-18 所示的数显式手持转速表为例，简述其使用方法。

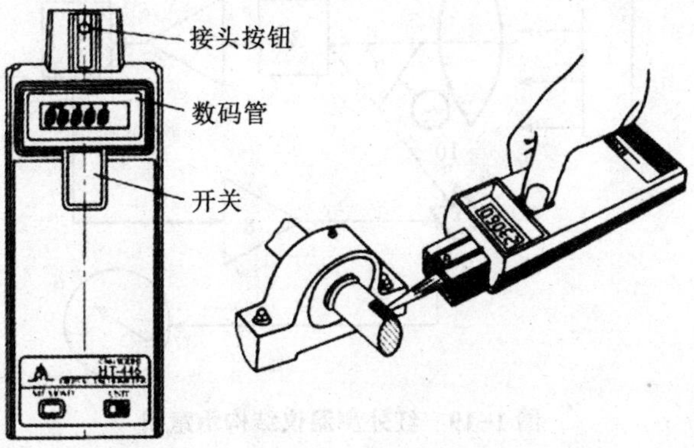

(a) 外形　　(b) 测试方法

图 1-18　数显式手持转速表

(1)按照箭头方向打开电池盖，按照极性指示标志装入干电池。

(2)将一块反射片贴在被测转体上，非反射部位的面积应为反射面积的 2 倍以上。如果转体表面镀铬或具有很光亮的表面，则应把转体测位涂黑或贴上黑胶布，同时要求被测段无油污。

(3)将转速表正对测位并保持适当的距离，然后按下电源开关，使发光器发出的光正对反射片，数秒钟后即可显示出转体转速。

3.测速电机

测速电机是由永磁式直流发电机和电压表组成的测速装置，其原理是利用直流发电机的电压与该机的转子转速成正比的关系，即根据电压表的指数得出转子的转速。在测速时，将直流发电机的轴与被测转体的轴用挠性联轴器对接，同时将发电机的引出线接在刻有转速刻度的电压表上。当被测转体带动测速电机旋转时，测速电机的电压值就反映了被测转体的转速。

六、测温仪

温度测量仪(计)简称测温仪，其种类较多，但从测量方法上分，只有非接触式和接触式两大类。

1.红外测温仪

红外测温仪属于非接触式测温仪，适用于高温测量。它是以检测物体红外线波段的辐射能来测量温度的。由于所测温度要受物体辐射率的影响，所以需要对测量结果进行修正，操作时可将修正电位器调整到对应辐射率指示刻线处，即可得出正确的温度值。

红外测温仪的种类也较多，但大同小异，其结构示意图如图 1-19 所示，主要由光学系统、红外探测器、调制器、显示器等部分组成。

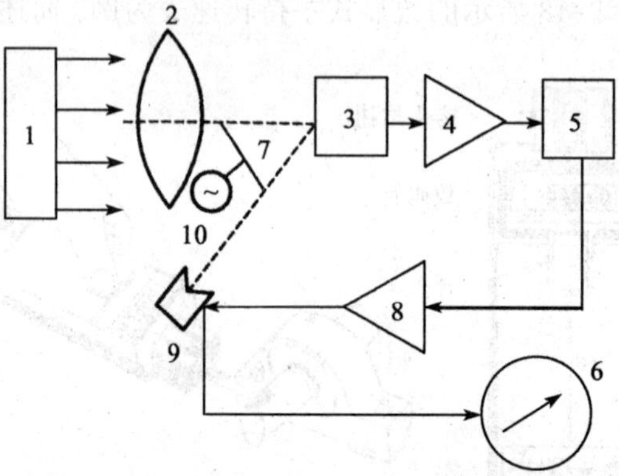

图 1-19　红外测温仪结构示意图

1—目标；2—光学系统；3—红外探测器；4—放大器；5—整流器；
6—显示器；7—调制器；8—控制放大器；9—参考源；10—电动机

2.数字式测温笔

数字式测温笔属于接触式温度计。它是一种新颖的电子温度计，测量范围一般为 -15~150 ℃。使用时，只需将其探头端部轻压在被测点上，待显示值稳定之后，即被测点温度值。该测温笔具有保持显示值的功能，特别适用于设备管理人员与维修人员对设备进行点检。

使用数字式测温笔测温时，被测表面应清洁干净，以便探头接触良好，减小误差，保护探头端部。

七、测振仪

1.弹簧式振动表

弹簧式振动表是按照地震仪的原理制造的，其外壳的重量及支点的设计应使外壳具有较低的自身振动频率(300 次/分钟)。因此，每个振动表只能测量在一定转速范围内的振动度，其结构如图 1-20 所示。

在测振时，将振动表放在被测物的平面上，被测物的振动大小，可从百分表指针来回摆动的范围得出。因为表指针来回摆动的频率较高，而且不在同一位置上，所以在读表时要仔细。比较准确的读法是：指针来回摆动重复次数最多的较稳定的一段弧长，即被测物的振动振幅。

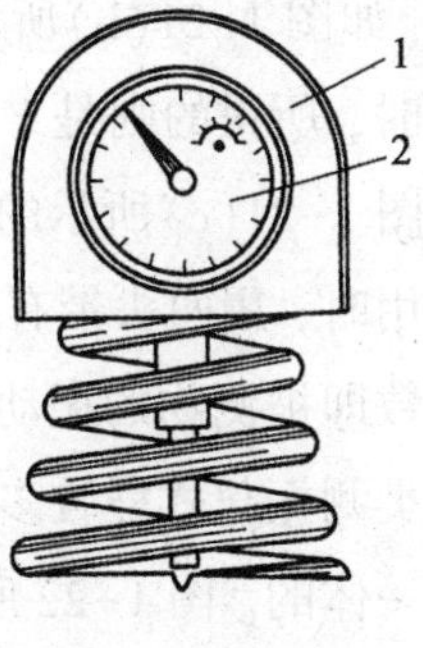

图 1-20 弹簧式振动表

1—外壳(配重)；2—百分表；3—弹簧

2. 电磁式测振仪

电磁式测振仪是目前被广为采用的一种测振仪。它由接收振动的拾振器与指示读数的测振表两部分组成。

(1) 拾振器(电磁式传感器)。

拾振器利用电磁感应原理将振动转为电信号，其结构如图 1-21(a)所示。

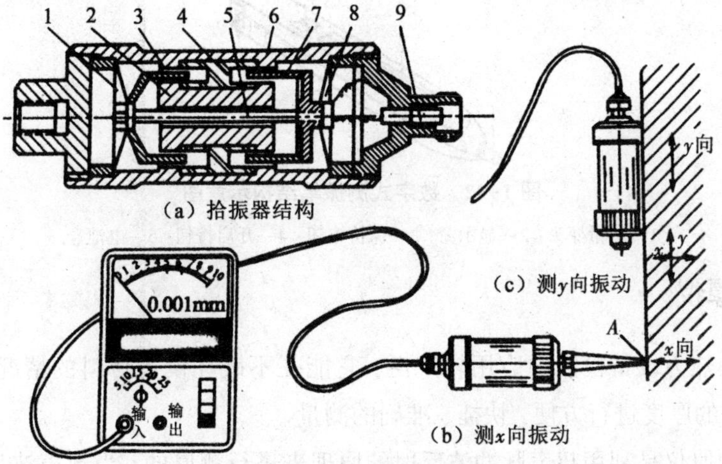

图 1-21 电磁式测振仪

1，8—弹簧片；2—永久磁铁；3—阻尼环；4—铝架；5—芯杆(连接杆)；6—外壳；7—工作线圈；9—接头

圆柱形的永久磁铁 2 用铝架 4 固定在外壳 6 内，使外壳与永久磁铁之间形成两个弧形气隙。工作线圈 7 放在右边的气隙中，阻尼环 3 放在左边的气隙中，它们之间用芯杆 5 连接，并用弹簧片 1 和 8 支承在外壳上。测量时，将拾振器与被测物接触，使拾振器随被测物一起振动。由工作线圈、阻尼环和芯杆组成的可动部分在支承弹簧的减振作用下，可近似地看作保持不动，这样可动部分即与外壳产生相对运动，使工作线圈在气隙中切割磁线而产生感应电动势。感应电动势通过电信号由接头 9 传出，并输入到测量电路中去。

(2) 测振表。

测振表的作用是将拾振器送来的电信号进行阻抗变换、积分、微分、放大，最后通过表头读数取得被测物的振动振幅。

测振仪的使用方法：手握拾振器筒形外壳，将顶杆压在被测物上，其压力的大小只需保持顶杆尖与被测物间不出现脱离现象即可。但要注意拾振器的稳定，以免由于拾振器的摇晃而引起读数的偏差。拾振器所接收的振动是沿拾振器的轴线方向的，如被测物

上 A 点[如图 1-21(b)所示]，同时有 x 方向和 y 方向振动分量。当顶杆轴线沿 x 方向顶在 A 点时，所得的则是 x 方向的动分量。当需要测 A 点 y 方向振动分量而又无处顶时，可采用图 1-21(c)所示的方法进行测量。

使用时，用两头带有插头的导线连接拾振器与测振表，按下相应的开关键，此时表头的读数即被测物的振动值。

这类测振仪式样较多，有指针指示的，也有液晶数字显示的，还有将拾振器与测振仪合为一体的。图 1-22 所示为数字式测振笔。无论采用哪一种，在读数时均应注意振动量的单位和振动量的挡位。

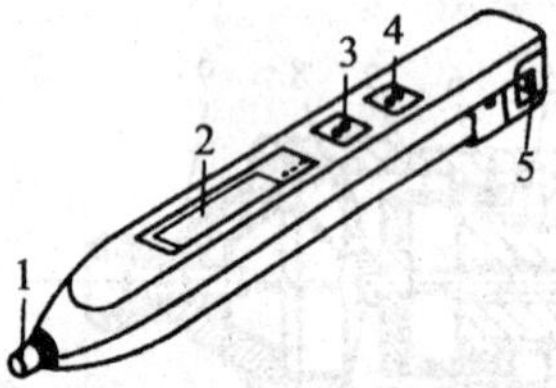

图 1-22　数字式测振笔结构示意图

1—测量探头；2—显示窗；3—保持按钮；4—开启按钮；5—电池仓

八、测厚仪

测厚仪在热力设备检修中应用较广泛，它能在不破坏设备材料的情况下，对管壁、板材、轴类等的厚度进行方便、快捷、准确的测量。

超声波测厚仪是利用超声脉冲波反射的原理来进行测厚的。当超声波从一种均匀介质传播到另一种均匀介质时，在分界面上会发生声波的反射。从探头发射晶片发射的超声波，经延迟块进入被测件，超声波到达分界面时(被测件的底面)被反射回来，又通过延迟块被探头的接收晶片吸收。测出超声波经过被测件的时间，然后根据声速、时间、距离三者的关系，即可求出被测件的厚度，如图 1-23 所示。

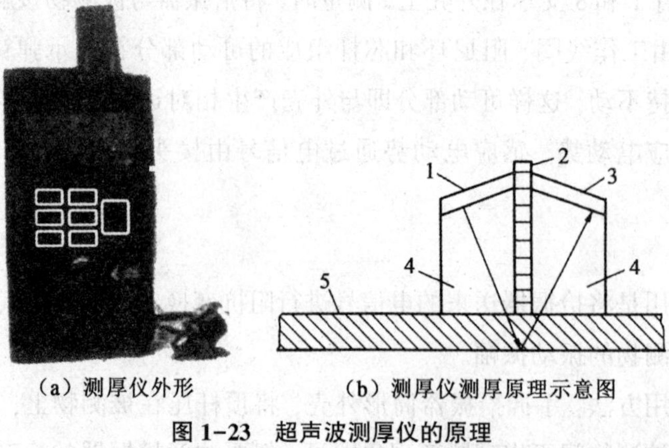

(a) 测厚仪外形　　(b) 测厚仪测厚原理示意图

图 1-23　超声波测厚仪的原理

1—发射晶片；2—隔声层；3—接收晶片；4—延迟块；5—被测件

由于声波在不同的材料中传播的速度不同，因此操作时应根据被测件的材料在测厚仪上选择相应的声速，并使探头与被测件接触良好。

九、泄漏检测仪

热力系统由大量的管道、阀门和容器组成，由于制造、安装、使用上的原因，往往会造成介质泄漏。当介质从缝隙中漏出或进入时，会发出声音信号或超声信号，泄漏检测仪通过感受这些信号，可方便而准确地找出压力系统或真空系统的泄漏点，其工作原理如图 1-24 所示。泄漏检测仪还可用来检测非受压设备的密封程度。其原理是把超声波发射器放到所需测试的物体内部，让被测区域内充满这种声波，如果被测物体有泄漏点，那么此信号就会穿过泄漏点被检测仪捕捉到，从而找到泄漏处。

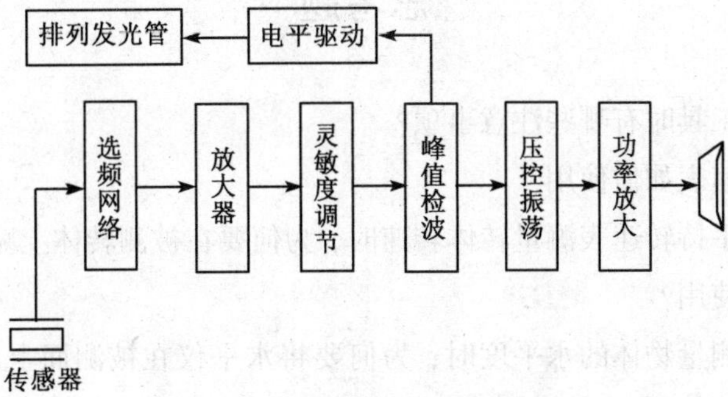

图 1-24　泄漏检测仪的工作原理

第三节　工具、量具保养及其使用注意事项

一、工具保养及其使用注意事项

(1) 任何工具均应按照其性能及技术要求进行使用，不得超出工具的使用范围。

(2) 使用电动工具时，其电源必须符合电动机的用电要求(交直流、电压、频率等)，并严禁超负荷使用。

(3) 工具应定期进行检查，及时更换已失效或磨损的附件。电动工具应定期测定电机是否绝缘并做好记录，电源线、开关应保持完好。

(4) 凡需加油润滑的工具，应定期进行加油润滑和保养。

(5) 所有工具应存放在固定地点，存放处应干燥、清洁。盒装工具使用后，应清点数目并擦拭干净再装入盒内。

二、量具保养及其使用注意事项

量具是贵重仪器，应精心保养。量具保养得好坏直接影响量具的使用寿命和精度，所以应做到以下几点。

(1)使用时不得超过量具的允许量程。

(2)用电的量具，电源必须符合量具的用电要求。

(3)所有量具应定期经国家认可的检验部门进行校验，并将校验结论记入量具档案。禁止使用不符合技术要求或检验不合格的量具。

(4)贵重精密量具应由专人或专业部门进行保管，其使用及保管人员应经过专业培训，熟知该仪器、仪表的使用与保养方法。

(5)使用时应轻拿轻放，并随时注意防湿、防尘、防震，用完后应立即揩净(需要涂油的量具必须涂油保养)，并装入专用盒内。

思考题

(1)使用电动工具时有哪些注意事项？

(2)机械式转速表如何使用？

(3)用数显式手持转速表测量转体转速时，为何要在被测转体上贴一块反射片？

(4)喷灯如何使用？

(5)用水平仪测量物体的水平度时，为何要将水平仪在被测面上原始调头再测一次水平值，取两次测量的平均值作为该被测面的水平度？

(6)叙述使用百分表时的注意事项。

(7)说明百分表指针的旋转方向与被测点位置的关系。

(8)如何在轴的表面架设百分表？

(9)叙述使用塞尺的方法及注意事项。

(10)当塞尺片数超过 3 片后，为何要每增加 1 片就增加 0.01 mm 修正量？

第二章 起 重

设备及零部件的捆绑、起吊、装卸、搬运等作业统称为起重。起重工作在热力设备安装与检修中应用得非常广泛，无论是汽轮机本体及其附属设备、锅炉本体及附属设备，还是发电机静子和转子，在安装与检修中都离不开起重工作。因此，正确地组织起重工作，合理地选择起重设备，对优质、快速、安全地进行热力设备的安装与检修具有十分重要的意义。

第一节 索具及拴连工具

一、麻绳、锦纶绳与绳结

1.麻绳

麻绳是用抗拉、耐磨和不易腐蚀的麻纤维拧成的。麻绳在起重工作中主要用于捆绑重物或物品的人工搬抬，一般不作为起重机械的牵引索具。

麻绳在使用过程中会同时受到拉伸、弯曲、挤压和扭转的作用，再加上新、旧麻绳的极限强度相差很大，难以精确计算其综合应力。麻绳的允许受力在现场作业中通常根据表 2-1 进行估算。

表 2-1 麻绳的允许受力

用途	允许受力（d 为新麻绳直径，mm）	举例
一般起吊	$7d^2$	若 $d=20$ mm，用于一般起吊，则允许受力 $F=7\times20^2=2800$(N)
捆绑	$4.5d^2$	
吊人	$3d^2$	

2.锦纶绳

锦纶绳是化纤制品，强度高于麻绳，具有抗油、吸水少、耐腐蚀及弹性好的优点。锦纶绳除制成绳状外，还常制成一种定长带扣的锦纶带或环形不带扣的锦纶带，用其起吊重物时，可减少打绳结的麻烦。在起重作业中，锦纶绳将逐渐替代麻绳。

锦纶绳分为浸胶和不浸胶两种，前者的强度高于后者。锦纶绳的允许受力可采用式(2-1)估算，即

$$F=25d^2 \tag{2-1}$$

式中，F——允许受力，N；

d——锦纶绳直径，mm。

锦纶绳的强度大约是麻绳的3.5倍。

3.绳结

在使用绳索时，可根据不同用途将其打成各种绳结。绳结的打法要求方便、牢固，既容易解开，又能在受力情况下不松脱。图2-1是起重作业中几种常用的绳结形式。

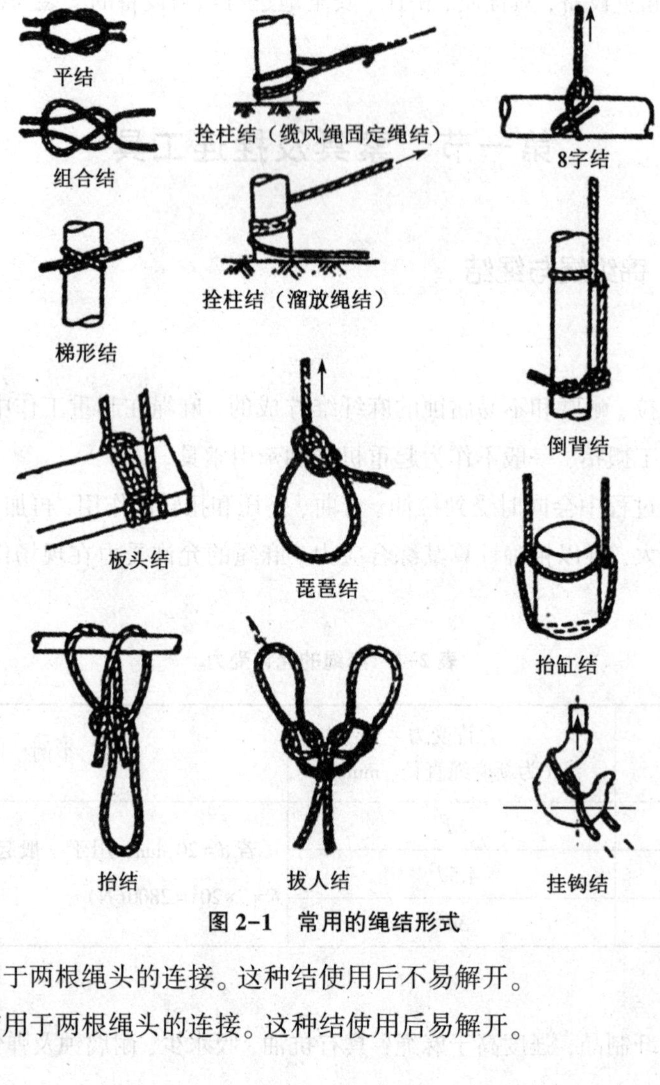

图2-1 常用的绳结形式

(1)平结用于两根绳头的连接。这种结使用后不易解开。

(2)组合结用于两根绳头的连接。这种结使用后易解开。

(3)拴柱结分两种：一种是缆风绳固定绳结，一种是溜放绳结。

(4)梯形结用于物体的绑扎。

(5)8 字结用于长件的横吊。

(6)倒背结用于长件的竖吊。

(7)板头结专用于跳板的悬吊。

(8)琵琶结又称水手结，用于绳头的固定和溜绳与吊物的连接。

(9)抬结用于两人扛物。

(10)抬缸结用于抬圆柱形物体。

(11)拔人结用于悬空作业时，吊人临时上下应急操作。

(12)挂钩结用于绳索与吊钩之间的连接。

二、钢丝绳

钢丝绳多数是用优质高强度的碳素钢丝制成的，在起重作业中应用广泛。它具有一些显著优点：重量轻、挠性好，能灵活应用；弹性大、韧性好，能承受冲击载荷；高速运行中没有噪声；破断前有断丝预兆；等等。因此，在起重运输工作中，钢丝绳是必不可少的牵引索具。

钢丝绳中心有一根浸了油的麻制绳芯，不仅能润滑钢丝，防止锈蚀，还能增加钢丝的柔性。钢丝绳先由若干根钢丝绕成股，再由几股围绕麻芯绕捻成绳，如图2-2所示。

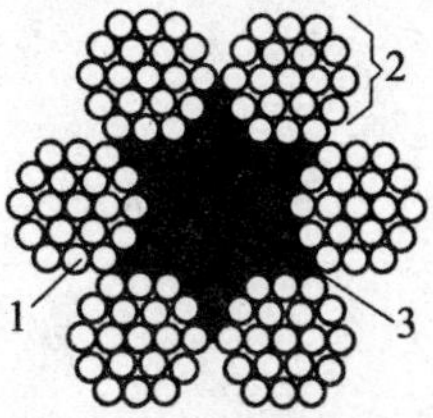

图 2-2 钢丝绳断面

1—钢丝；2—绳股；3—绳芯

1.种类及结构

钢丝绳按照所绕方向可分为顺绕钢丝绳、逆绕钢丝绳和混合绕钢丝绳三种。

(1)顺绕钢丝绳。钢丝绕成股和股绕成绳的方向相同。这种钢丝绳由于股与绳所产生的扭转方向相同，因此容易自行扭转和松散。但它具有挠性大、表面光滑、磨损小的特点，如图2-3(a)所示。

(2)逆绕钢丝绳。钢丝绕成股和股绕成绳的方向相反，故不易自扭和松散，多用在起重机上。其缺点是挠性较差、易磨损，如图2-3(b)所示。

(3)混合绕钢丝绳。即将相邻的两股绕成反方向，兼有上述两种绕法的优点，如图2-3(c)所示。

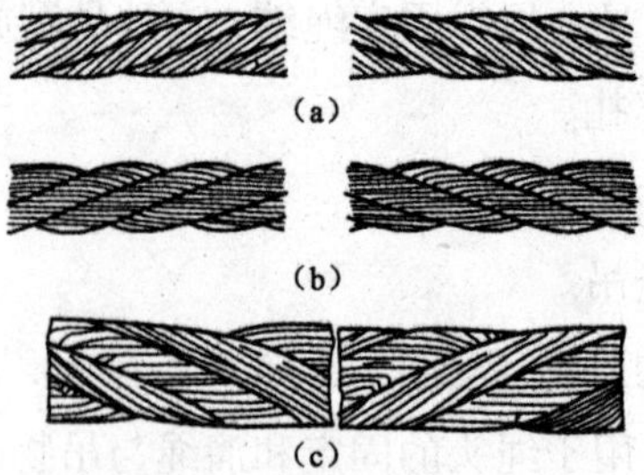

图 2-3　钢丝绳绕捻方向

2.技术规范及代号

在起重工作中常用的钢丝绳，其直径一般为 6.2~83.0 mm，所用的钢丝直径为 0.3~3.0 mm。其抗拉强度分为 1400，1550，1700，1850，2000 MPa 共 5 个等级。钢丝直径的大小和钢丝数量的多少直接影响钢丝绳性能。钢丝直径越小、数量越多，钢丝绳越柔软，越不耐磨；反之，钢丝直径越大、数量越少，钢丝绳刚性越大，越耐磨。

钢丝绳的代号由三组数字组成：第一组表示钢丝绳股数；第二组表示每股中的钢丝根数；第三组表示油浸绳芯数。例如，6×19+1，6×37+1，6×61+1 等，第一组数字 6 表示钢丝绳由 6 股组成(如是 8 股，第一组数字就应是 8)，第二组数字 19 表示每股中有 19 丝(如是 37 丝，第二组数字就应是 37)，第三组数字 1 表示有一根油浸麻芯。钢丝绳的种类很多，不过热力设备的起重工作中常用的为上述三种。

3.钢丝绳的允许拉力的计算

钢丝绳的允许拉力

$$F \leqslant F_d / K \qquad (2-2)$$

式中，F_d——钢丝绳的破坏拉力；

K——安全系数。

钢丝绳的破坏拉力在机械手册中可查到。

安全绳的安全系数取决于其用途、牵引方式和挠曲度的大小等。表 2-2 是根据钢丝绳的用途列举的几种安全系数及滑轮的最小允许直径。

表 2-2　安全系数 K 及滑轮最小允许直径 D

钢丝绳用途和性质	D/mm	K
缆风绳和牵引绳	$\geqslant 12d$	3.5
人力驱动	$\geqslant 16d$	4.5
捆绑绳	$\geqslant 16d$	10
载人或升降机	$\geqslant 40d$	>14

注：d——钢丝绳直径，mm。

4.安全系数

安全系数是人们在实践中总结出的一个重要系数。若安全系数取得过大，则造成材料上的浪费，构件也笨重；若取得过小，则安全工作得不到应有的保证。因此，在实际工作中，对安全系数不可随意增大，更不允许随意减小。

5.系绳受力与其夹角的关系

系绳是指起重钩与重物之间的连接绳。作业时，系绳应不少于两根，以保证起吊平稳。系绳的实际受力 F 与系绳受力系数 C 成正比，而受力系数 C 的大小与系绳夹角 α 有关。α 越大，C 越大，则系绳受力 F 越大(见图2-4和表2-3)。因此，为安全起见，在选择系绳时，应使其具有足够的长度，以尽量减小系绳夹角 α（一般不超过90°），从而减小系绳受力。表2-3为系绳夹角 α 与系绳受力系数 C 的关系。

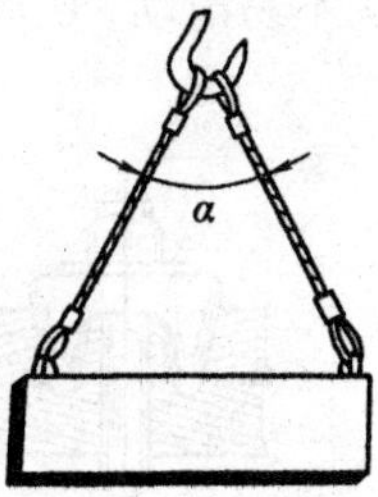

图2-4 系绳夹角

例如：若系绳夹角为60°，查表2-3，得到受力系数为1.2，即系绳的受力为物体重力的1.2倍。若系绳夹角为120°，则受力系数为2，即系绳的受力为物体重力的2倍。

表2-3 系绳夹角 α 与受力系数 C 的关系

α	50°	60°	70°	80°	90°	100°	110°	120°
C	1.1	1.2	1.25	1.3	1.4	1.55	1.75	2

6.绳索使用注意事项

(1)绳索在使用前，应检查其新旧程度，严禁使用受损、腐蚀严重的绳索，并要根据绳索直径进行强度估算。

(2)使用时要将绳索理顺，不许在打绞的情况下强行拉直，以免造成绳索受力不均或因受超常扭、剪应力使绳索允许应力下降。

(3)在捆绑、起吊重物时，应避免绳索与物件的尖锐棱角直接接触，在接触处应垫以软材料，同时避免绳索在粗糙物件及地面上拖拉。

(4)不许用绳索直接捆绑、起吊强酸、强碱等腐蚀物品，应用专用吊具间接起吊。

(5)绳索用后应盘卷好，放置在干燥木板上或悬挂在干燥的库房内。为防止钢丝绳生锈，应定期涂抹无水分的油脂。

三、拴连工具

在起重作业中，与钢丝绳配合使用的拴连工具有索卡、卸卡、吊环等。

1.索卡

索卡又称钢丝绳夹头、钢丝绳卡子，用于钢丝绳终端头的固定、钢丝绳的连接及捆绑绳的固定等。常用的钢丝绳夹头如图2-5所示，其中以图2-5(a)的钢丝绳夹头的压紧力最大、应用最广，是国家的标准件。

在使用索卡时，其大小要适合钢丝绳的粗细。索卡之间的距离为钢丝绳直径的6~8倍。索卡的U形圈应卡在绳头一边，如图2-5(d)所示。U形圈受力后，迫使绳头弯曲，绳头不易滑动。U形圈上的螺帽一定要拧紧，直到钢丝绳被压扁约1/3为止。

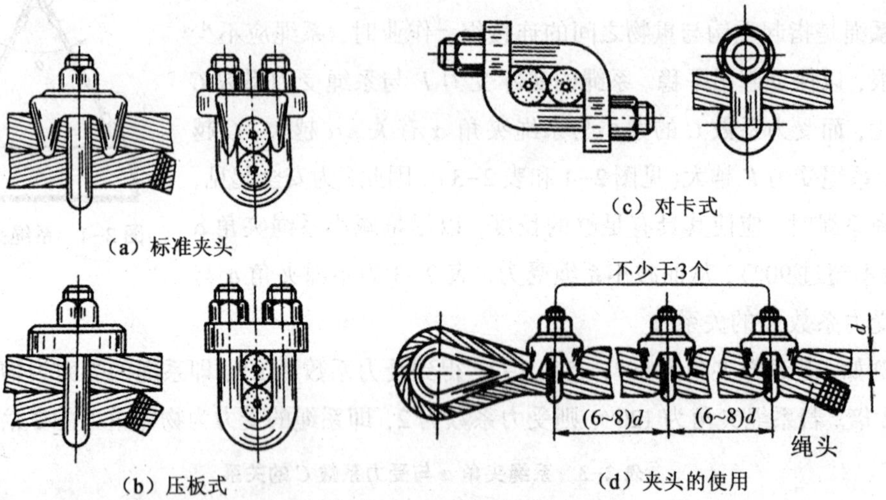

图2-5　钢丝绳夹头及其使用

2.卸卡

卸卡又称卡环或卸扣，用于钢丝绳与钢丝绳、钢丝绳与滑轮组、钢丝绳与设备的连接，是起重作业中应用最广的拴连工具，基本由弯环和横销两部分组成，如图2-6所示。

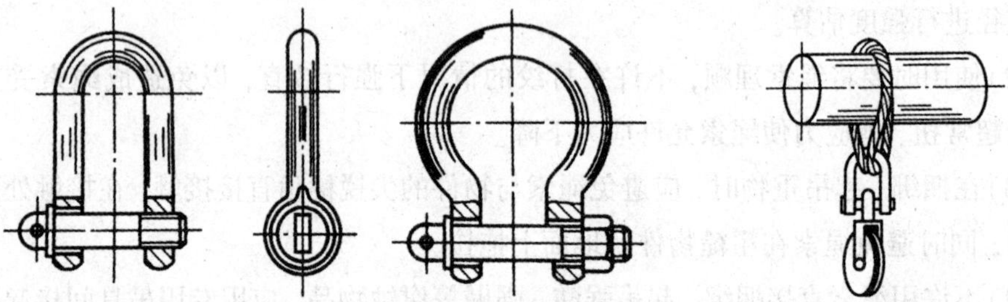

图2-6　卸卡及其使用

在使用卸卡时，应注意其受力情况。若不按照正确的方法使用，将会导致卸卡的允许荷重大为降低。在起重工作中，对卸下的卸卡应及时将横销拧入弯环内。

3.吊环

吊环是起吊设备的一种专用工具，如图2-7所示。吊环靠其下部的螺杆旋入设备的螺孔内而固定在设备上，如电动机外壳、汽轮机轴承盖上都装有吊环。这样，在起吊设备时便于系结和解除绳索。

使用吊环时，如果只有一个吊点，吊环只受单纯拉伸；如果有两个吊点，吊环既受拉伸又受弯曲。因此，在用吊环起吊具有两个以上吊点的设备时，钢丝绳的夹角不宜过大(一般控制在60°以内)，以防吊环所受的水平分力过大，造成弯曲变形或断裂。

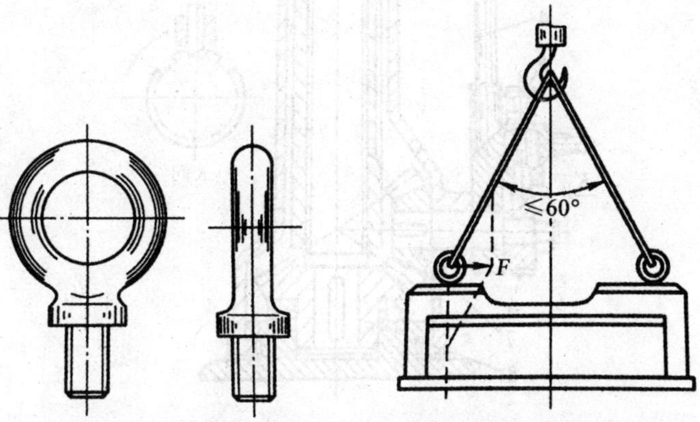

(a) 吊环　　(b) 吊环的使用

图 2-7　吊环及其使用

第二节　起重机具

在设备安装和检修中，常用的起重机具主要有千斤顶、链条葫芦(倒链)、电动葫芦、滑轮和滑轮组及绞车(卷扬机)等。在起重工作中，这些简单的起重机具是不可或缺的。它们具有重量轻、体积小、便于搬运和使用等特点。

一、千斤顶

千斤顶是一种轻便易携带的起重设备。借助千斤顶，可以用很小的力顶起很重的机械设备。它可用于重物短距离的举升，也可用来校正设备的安装位置和构件的变形。千斤顶有三种主要类型：螺旋式、油压式及齿条式。

1.螺旋千斤顶

螺旋千斤顶结构示意图如图 2-8 所示。螺旋千斤顶的螺杆只转动不升降，螺杆与大圆锥齿轮 8 连接在一起；在螺母套筒 2 的外壁有定向键槽，套筒只升降不转动。工作时，扳动摇把 4，通过棘齿提手 5 拨动棘轮 6，带动圆锥齿轮和螺杆旋转，螺杆转动时套筒沿着导向键升降。摇把处的换向棘齿可控制圆锥齿轮的正、反方向旋转。螺旋千斤顶顶起重物后可以自锁，其缺点是机械磨损大、效率低(约为 40%)。

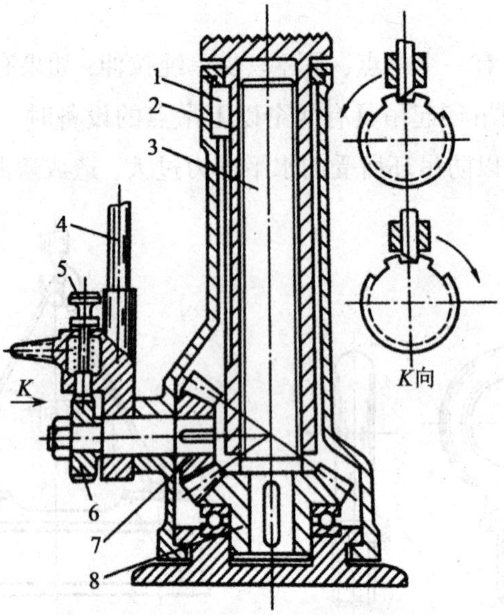

图 2-8　螺旋千斤顶结构示意图

1—键;2—螺母套筒;3—方牙螺杆;4—摇把;5—棘齿提手;6—棘轮;7—小圆锥齿轮;8—大圆锥齿轮

2.油压千斤顶

油压千斤顶结构示意图如图 2-9 所示。操作时，将压把提起，油室 4 的油经逆止阀 8 进入压力缸 7；当压把向下压时，压力油把逆止阀 9 顶开并进入工作缸 10，推动工作活塞 2 向上升，把重物顶起。若使工作活塞下降，只需将回油阀 11 拧开，工作缸 10 的油就回到油室 4 中。

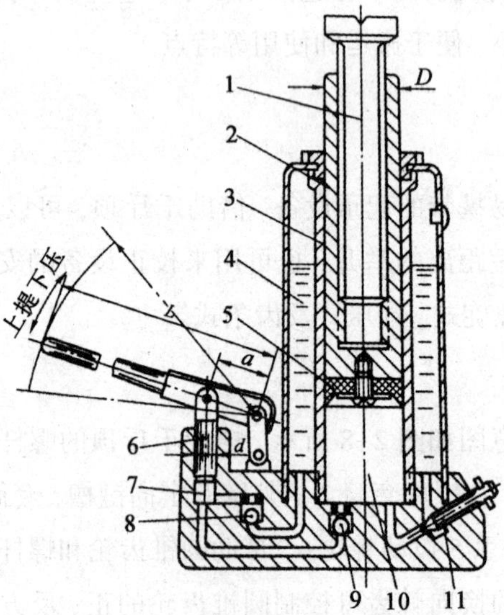

图 2-9　油压千斤顶结构示意图

1—丝杆;2—工作活塞;3—卸套;4—油室;5—活塞(橡皮碗);6—压力活塞;

7—压力缸;8,9—油门(逆止阀);10—工作缸;11—回油阀注意：当油压千斤顶需要顶着重物下降时，务必缓慢拧开回油阀，使工作缸内的油极缓慢地回到油室；否则，重物就会迅速落下，产生冲击现象。

油压千斤顶的传动比大，操作省力，上升平稳，安全可靠；但顶升速度较慢，起重高度较小，为100~200 mm。

油压千斤顶的可靠性决定于活塞和逆止阀的严密程度，因而在使用和保养时，对此应特别注意。油压千斤顶的常见故障及处理方法见表2-4。

表2-4 油压千斤顶的常见故障及处理方法

分析及处理故障现象	原因分析	处理方法
压把下压时，手感无压力，工作活塞不上升	(1)油室缺油或无油； (2)压力活塞皮碗破损； (3)进出口逆止阀不严	(1)加机油； (2)更换活塞皮碗； (3)解体研磨逆止阀
压把下压时，手感有力但工作活塞不上升	(1)放油阀不严密或未关紧； (2)压力活塞进口逆止阀严密性差	(1)用力拧紧放油阀，若不行则检修放油阀； (2)检修进口逆止阀
压把下压有力，但一松手，压把自动弹起	压力活塞出口逆止阀不严密	解体研磨逆止阀
工作活塞升到一定高度后，不再上升	油室油量不足	添加机油
工作活塞上升时，活塞一跳一跳地上升	工作缸内有空气	松开放油阀，取下加油孔螺钉，把工作活塞压到底，排除工作缸内空气，同时添加机油
用放油阀控制重物下落时，重物迅速下落	(1)旋转放油阀螺钉时，拧得太多、太快； (2)放油阀不严密	(1)拧松放油阀动作须又慢又稳并随时做好拧紧的准备； (2)检修放油阀
顶升重物时，压把下压特别费力	(1)重物被卡住； (2)千斤顶已超载	(1)若正常压力压不动时，严禁强行用力下压或加长把手长度，应仔细检查重物是否被卡住； (2)更换大起重量千斤顶

3.齿条千斤顶

齿条千斤顶，又称齿杆千斤顶，其结构示意图如图2-10所示。它由齿条和齿轮组成，其手柄上备有制动时所需的制动齿轮，可由 1~2 人用手转动千斤顶上的手柄，以顶起重物。齿条千斤顶利用齿条的顶端可以顶起位于高处的重物，也可以利用齿条的下脚，顶起位于低处的重物，如用于铁路的起道等。所以齿条千斤顶又叫作起道机。

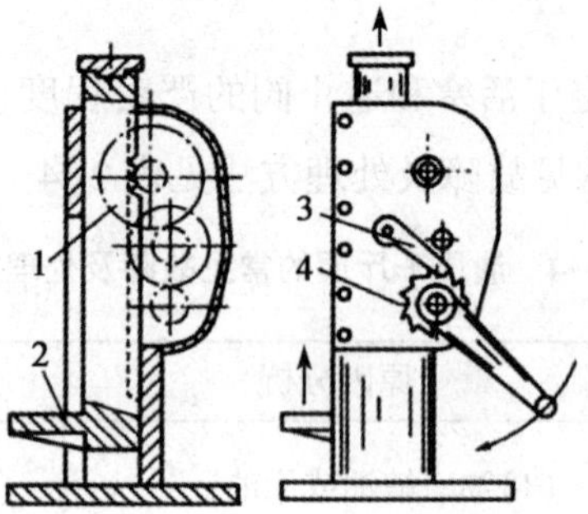

图 2-10　齿条千斤顶结构示意图

1—齿条；2—托钩；3—棘齿；4—棘轮

4.使用千斤顶时的注意事项

(1) 使用千斤顶时，应将其放在平整坚固的地方。若将其放在松软的地面上，应铺设垫板以扩大承压面积。千斤顶的顶头和重物接触处应垫木块，以防滑移或损坏物体，并尽量使千斤顶的中心与被顶面垂直。

(2)禁止用千斤顶作支承物。当重物升起后，应立即用垫块(枕木)将重物垫好，并取出千斤顶。如果重物离地面较高，应事先在重物下面垫好垫块。随着重物的升高，垫块也需相应地加厚，以防千斤顶失控或歪斜使重物翻倒。

(3) 千斤顶的手柄应按照规定使用。千斤顶的压把、摇把不许任意加长，也不许增加人力，以防千斤顶超载。顶升高度不要超过千斤顶的高度限制线。

(4)同时使用两个以上千斤顶时，各千斤顶必须同时升高，以使各千斤顶承重一致。

二、链条葫芦

链条葫芦又称倒链。它结构紧凑，手拉力小，使用方便，广泛应用于小型设备和构件的短距离起吊、搬运。其起重量一般不超过 10 t，最大可达 20 t。链条葫芦是由主链轮、手链轮、传动减速机构、起重链及上下吊钩等组成。图 2-11(a)是采用行星式减速的链条葫芦结构。

链条葫芦的制动是靠重物的反作用力带动一个自锁机构进行的。自锁机构结构示意图和制动如图 2-11(b)(c)(d)(e)所示。

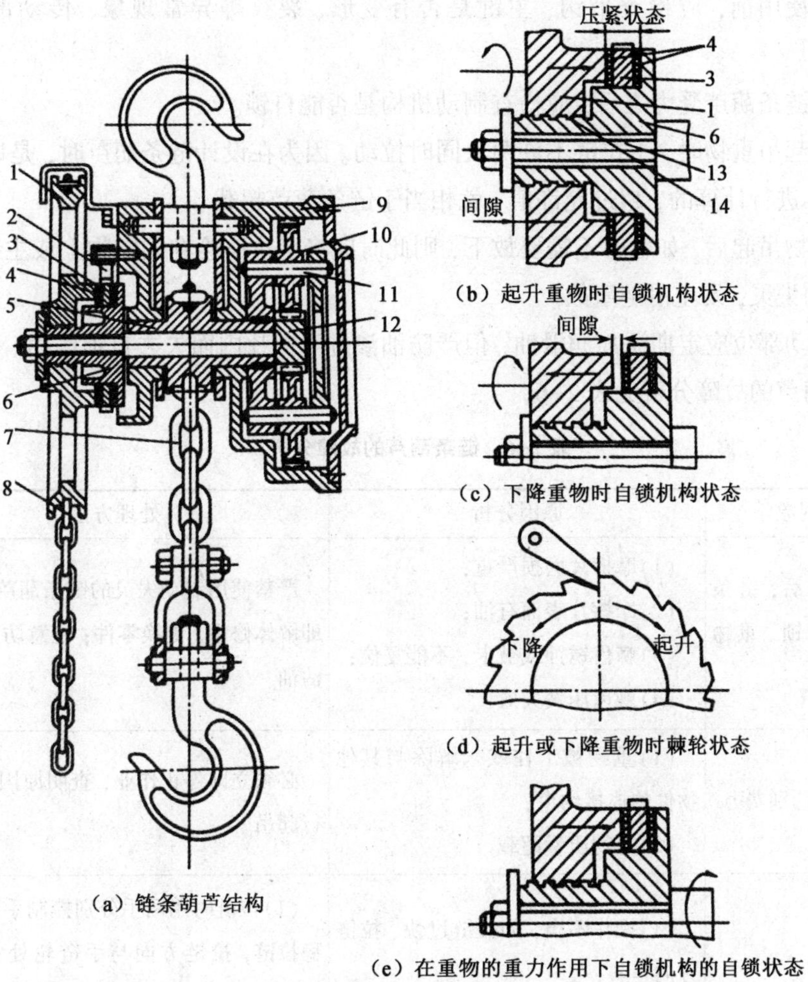

图 2-11 链条葫芦结构示意图

1—手链轮；2—棘齿；3—棘轮；4—摩擦片；5—主链轮；6—制动座；7—主链；8—手链；9—齿圈；10—齿轮；11—小轴；12—齿轮轴；13—花键轴；14—方牙螺纹

链条葫芦的规格及技术性能见表 2-5。

表 2-5 链条葫芦的规格及技术性能

型号	SH1/2	SH1	SH2	SH3	SH5	SH10
起重量/kg	500	1000	2000	3000	5000	10000
试验重量/kg	625	1250	2500	3750	6250	12500
提升高度/m	2.5	2.5	3	3	3	5
满载时手拉力/N	200	210	340	350	375	385
自重/kg	11.5	12	16	32	47	88

链条葫芦使用与保养的注意事项如下。

(1)在使用前，应检查吊钩、主键是否有变形、裂纹等异常现象，传动部分是否灵活。

(2)在链条葫芦受力之后，应检查制动机构是否能自锁。

(3)在起吊重物时，手拉链不许两人同时拉动。因为在设计链条葫芦时，是以一个人的拉力为准进行计算的，超过允许值，就相当于链条葫芦超载。

(4)重物吊起后，如暂时不需要放下，则此时应将手拉链拴在固定物上或主链上，以防制动机构失灵，发生滑链事故。

(5)转动部位应定期添加润滑油，但严防油渗进摩擦片内而失去自锁作用。

链条葫芦的故障分析见表 2-6。

表 2-6　链条葫芦的故障分析

故障现象	原因分析	处理方法
吊起重物后，链条葫芦不能自锁，重物自行下滑	(1)摩擦片磨损严重； (2)摩擦片表面有油； (3)棘齿锈蚀或被卡，不能复位； (4)棘齿压簧失效	严禁使用制动失灵的链条葫芦，必须立即解体修理、更换零件；注意防止摩擦片沾油
拉手链时特别费力	(1)重物被卡住或未解除与其他物件的连接约束； (2)重物质量超载	必须立即停止作业，查明原因，严禁强行起吊
手链打滑或掉链	(1)操作不当，如拉链过快、拉链方向歪斜； (2)手链与手链轮磨损严重； (3)手链的导向装置磨损或间隙过大	(1)拉链时用两手分别控制手链两端平稳拉链，拉链方向与手链轮处在同一平面内； (2)更换磨损严重的手链与手链轮； (3)检修导向装置，更换磨损的零件，调整间隙
重载时，起重链、出现有规律地跳动，工作不平稳	链条葫芦使用时间过长，起重链、起重链轮及齿轮磨损严重	停止使用，不能修复时报废更换

三、电动葫芦

电动葫芦是一种小型轻便的起重机具，各部件放在一个机体内，结构非常紧凑，被广泛应用于中小物体的起重工作中，其结构示意图如图 2-12 所示。

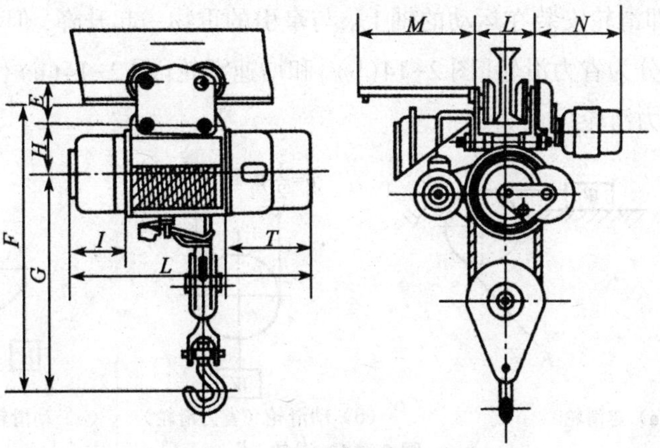

图 2-12 电动葫芦结构示意图

电动葫芦由运行和提升两大部分组成。运行部分设计一个电动小车，可以在工字梁上行走。提升部分由电动机、减速器、卷筒、制动器、钢丝绳、吊钩、电气控制等组成。

四、滑轮和滑轮组

滑轮和滑轮组需和铰车（卷扬机）配合起来使用，目的是减少移动物件所需的力或改变重物和施力绳的方向。

1.滑轮

滑轮可在轴上自由转动，而轴却不能在夹板中转动。滑轮结构示意图如图 2-13 所示，其中图 2-13（a）为闭式单滑轮，图 2-13（b）为开口单滑轮，如在轴上装两个、三个乃至更多滑轮，则分别称为双门滑轮、三门滑轮[图 2-12（c）]及多门滑轮。

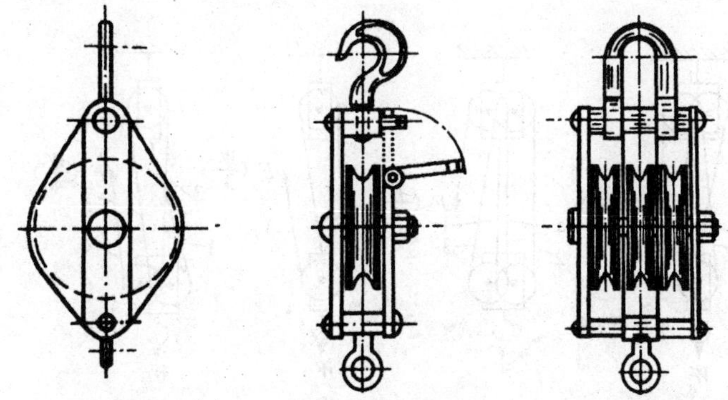

（a）闭式单滑轮 （b）开口单滑轮 （c）三门滑轮

图 2-13 滑轮结构示意图

滑轮按照用途分类可分为定滑轮和动滑轮两种。

（1）定滑轮。即滑轮安装在固定的轴上，故又称转向滑轮。它常用来改变绳索的拉力方向，而不能改变重物的运动速度和拉力的大小，并且不省力，见图 2-14（a）。

(2)动滑轮。即滑轮安装在运动的轴上，与牵引的重物一起升降，但不能改变绳索的拉力方向。它又可分为省力滑轮[图 2-14(b)]和增速滑轮[图 2-14(c)]两种。在起重作业中，通常采用省力滑轮。

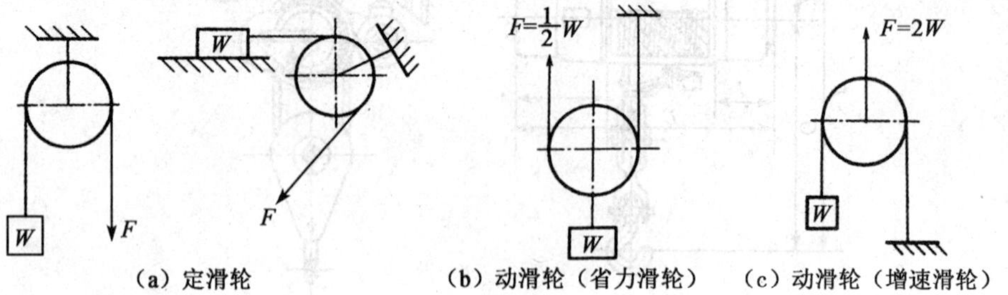

图 2-14 滑轮

2.滑轮组

将若干定滑轮和动滑轮用一根绳索穿绕起来就组成了滑轮组，它是起重设备的重要附件。使用滑轮组不仅可以改变绳索的拉力方向，而且可以省力。在起重机上应用滑轮组，可使轮鼓(滚筒)高速旋转，这样就可以减小减速箱的速比和传动件的尺寸，起重机的重量和动力消耗从而大为减小。此外，因为滑轮组可以使重物的重量均匀地分配在绳的数根分支上，所以可使用较细的钢丝绳。

组成滑轮组的绳索的穿绕方法：将绳索穿绕一个定滑车(或动滑车)的滑轮，再穿绕一个动滑车(或定滑车)的滑轮，然后再穿绕一个定滑车(或动滑车)的滑轮，按照如此顺序穿绕下去，直至把所有的滑轮全部绕完，再把这端钢丝绳用索卡固定于滑车的链环上。钢丝绳被固定的这一端叫作终根(也叫“死”头)，钢丝绳的另一端与卷扬机(绞车)相连叫作出端头(也叫“活”头)，见图 2-15。

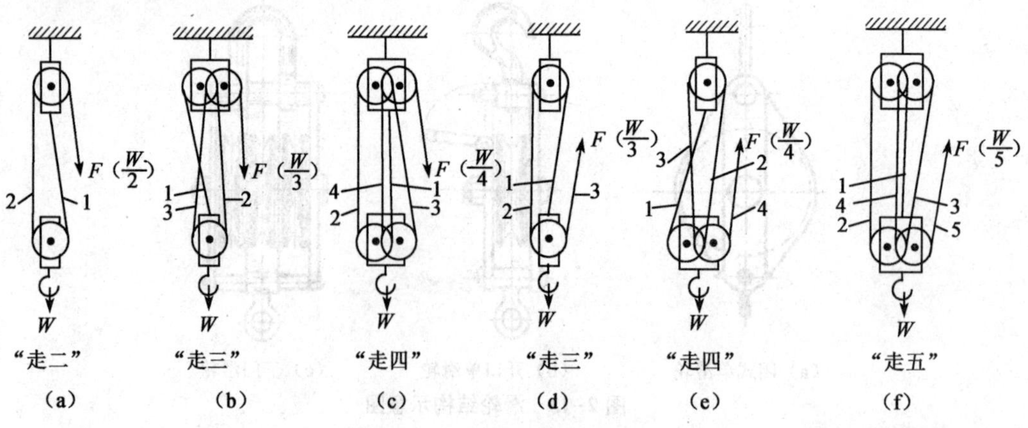

图 2-15 滑轮组绳索穿绕方法

在滑轮组中，穿绕在动滑轮上的绳索根数称为有效分支数，也就是通常所说的“走数”。例如，动滑轮上穿绕三根绳索叫“走三”，穿四根绳索叫“走四”，如图 2-15 所示。

滑轮组的称呼是用定滑轮数目在前，动滑轮数目在后，再加上有效分支数来表示的，以反映滑轮组的轮数及穿绕方式。例如，“二(定)一(动)走三”滑轮组，表示该滑轮组中有两个定滑轮，一个动滑轮，穿绕在动滑轮上的绳数是三根，如图 2-15(b)所示；“二(定)二(动)走四”滑轮组，表示该滑轮组中有两个定滑轮，两个动滑轮，穿绕在动滑轮上的绳数是四根，如图 2-15(c)所示。滑轮组的走数决定了滑轮组的省力倍数，走数越多越省力，但同时效率降低。

滑轮组的拉力计算方法如下：

$$F=\frac{W}{n\eta} \tag{2-3}$$

式中，F—— 滑轮组的出端拉力；

W—— 重物重力；

n—— 走数；

η—— 滑轮组总效率，可查阅表 2-7 获得。

表 2-7 滑轮组总效率

有效分支数	2	3	4	5	6	7	8	10
滑轮组总效率	0.94	0.92	0.90	0.88	0.87	0.86	0.85	0.82

五、绞车

绞车(卷扬机)，是机械的动力来源设备，通常与滑轮组配合使用，完成各种起重作业。按照其本身的动力来源分类，可分为人力绞磨和电动卷扬机两种；按照滚筒数目分类，可分为单滚筒和双滚筒两种；按照传动形式分类，可分为逆齿轮箱式和摩擦式两种。

在检修场地上装置绞车时，应注意以下几点。

(1)使用前检查绞车的各部分结构、传动装置、制动装置及控制系统等，保证其工作可靠。

(2)绞车的固定必须保证有足够的强度，尽量利用附近建筑物或地锚来固定，如图 2-16所示。

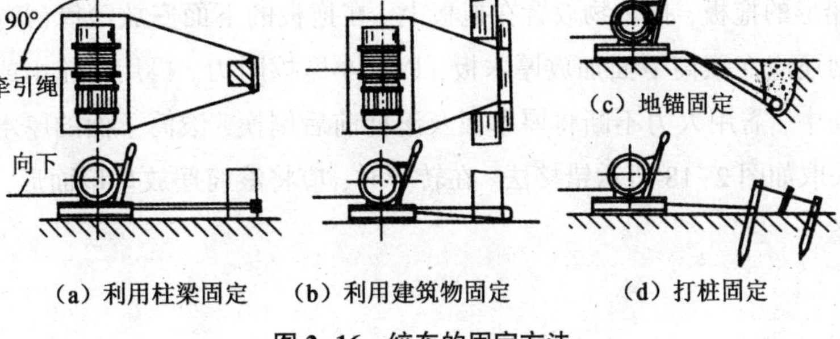

(a) 利用柱梁固定 (b) 利用建筑物固定 (d) 打桩固定

图 2-16 绞车的固定方法

(3)绞车装设的位置及其牵引绳，不得妨碍物件的起吊与拖运，要使操作人员在工作时能够看到吊装物件。

(4)绞车的牵引绳索应和地面保持平行，并垂直于绞车滚筒的中心线。

六、起吊支架

在吊装设备时，常遇到施工现场狭窄、吊车无法进行工作，或者现场无吊车、无悬挂供起吊用横梁的情况，此时可采用桅杆。各种桅杆都需用缆绳固定，依靠缆绳的牵引力使桅杆处于稳定状态。桅杆的可靠性在很大程度上取决于缆绳的强度。桅杆可用木料、钢管或型钢制作。

常用的桅杆有独脚形与人字形两种，如图 2-17 所示。

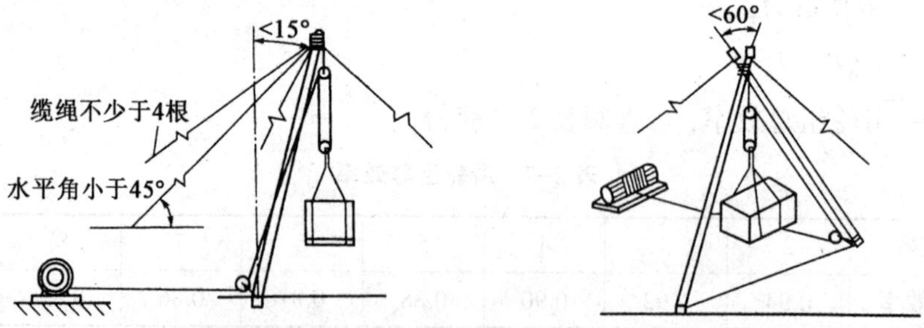

（a）独脚形桅杆　（b）人字形桅杆

图 2-17　桅杆的架设方式

第三节　重物的拖动及撬棍的使用

一、重物的拖动

重物的拖动是指重物在地面上做短距离的运输，如将设备运出或运入车间、设备的就位等。重物的拖动有滚移法和滑移法，通常采用滚移法。

1. 滚移法

滚移法是利用滚动摩擦原理拖动重物的方法，如图 2-18 所示。具体方法是用型钢或硬质木制成船形的拖板，把重物放置在拖板上。在拖板的下面安放滚筒(滚杠)，如果地面较松软，则还应在滚筒下面加放厚木板，以减小摩擦阻力。再用滑轮组或绞车牵引重物移动。移动中，需用人力不断将厚木板及滚杠前后倒换，滚筒下面的厚木板接头处不要对接，应采取如图 2-18 所示错接法。在转弯时，应将滚筒摆放呈扇面形，并及时调整导向滑轮位置。

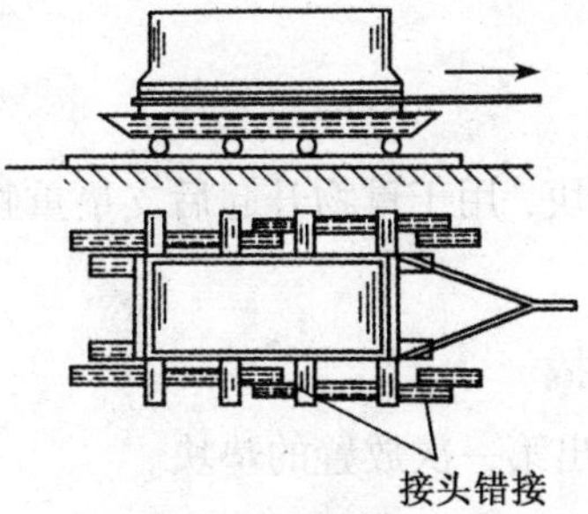

（a）直线拖动

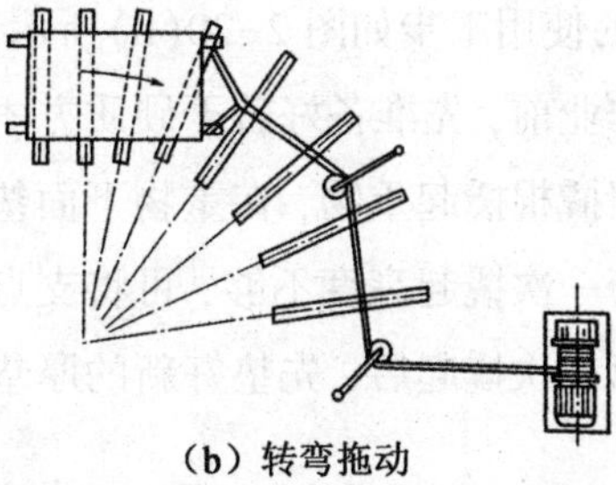

（b）转弯拖动

图 2-18 滚移法

滚筒一般采用 $\phi76\times6$ 无缝钢管，在拖板下面的滚筒数量通常不少于 4 根。在拖运的过程中，绞车的位置应以保证在不移动其本身的情况下，一直将重物拖到目的地。中途无论转多少弯，均用导向滑轮改变方向。

2.滑移法

滑移法是利用滑动摩擦原理拖动重物的方法，如图 2-19 所示。具体操作如下。

(1)将滑台架 5 置于重型钢轨 4 上。滑台架用型钢焊成，其下部槽钢两端翘起且口朝下卸在重型钢轨上，以避免滑移时脱轨倾翻。

(2)将重物 1 连同装箱拖板 2 一起放在滑台架上，用绞车牵引滑台架移动重物。转弯处设有带轨道的转盘，以改变前进方向。

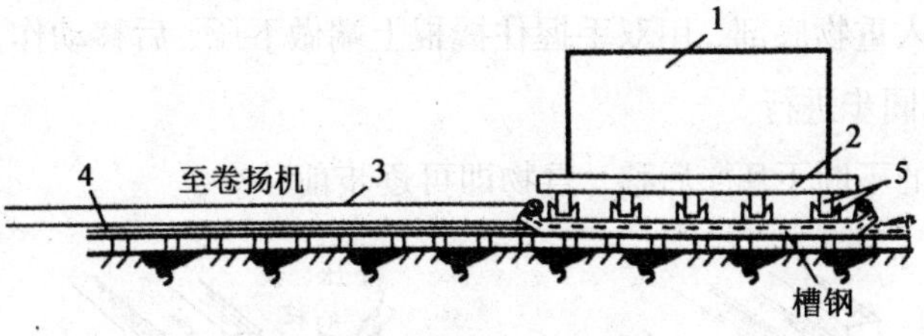

图 2-19 滑移法拖动重物

1—重物；2—装箱拖板；3—钢丝绳；4—重型钢轨；5—滑台架

由于滑动摩擦的承载面积大，所以滑移法多用于发电机静子等重型设备的运输。

滑移法还用于从高台或车辆上将重物滑到地面上，此时，只需用型钢在高台和地面之间搭成斜架，然后利用重物在斜面上的向下分力使重物下移即可。重物向下滑动时，应在重物上拴系放溜绳索，并控制好下滑速度。

二、撬棍的使用

在生产现场中，若需对重物进行少量抬高、移动和重物的拨正、止退等作业时，常使用撬棍。撬棍是利用杠杆的原理使重物产生位移，多用中碳钢材锻制，形状如图2-20(a)所示。其使用方法如下。

1.重物的抬高

撬棍的使用工步如图 2-20(b)所示。

(1)作业前，先准备好若干硬质方木块或金属块，用于重物升起后支垫重物。

(2)用撬棍撬起重物，在重物下面垫上垫块。

(3)若一次撬起高度不够，可将支点垫高继续撬。

(4)第二次撬起后，先垫好新的厚垫块，再取出第一次放置的垫块。

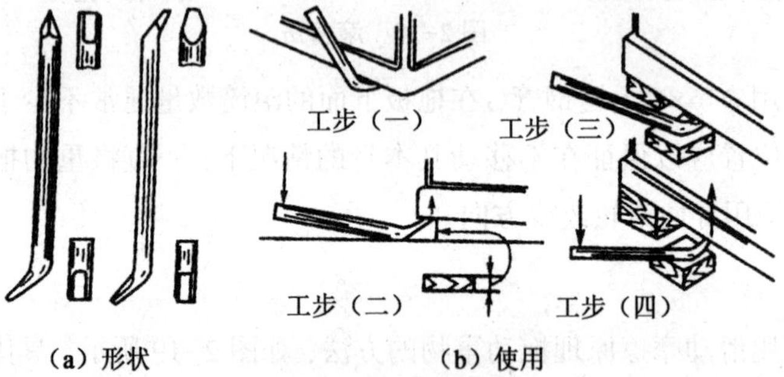

图 2-20　撬棍形状及其使用

2.重物的移动

用撬棍移动重物的工艺步骤如图 2-21 所示。

(1)先用撬棍将重物撬起，在重物下面垫上扁铁之类的垫块使重物离地。

(2)将撬棍插入重物底部，用双手握住撬棍上端做下压、后移动作。注意这一动作要在重物的两侧对称同步进行。

(3)随着撬棍的不断下压、后移，重物即可逐步前移。

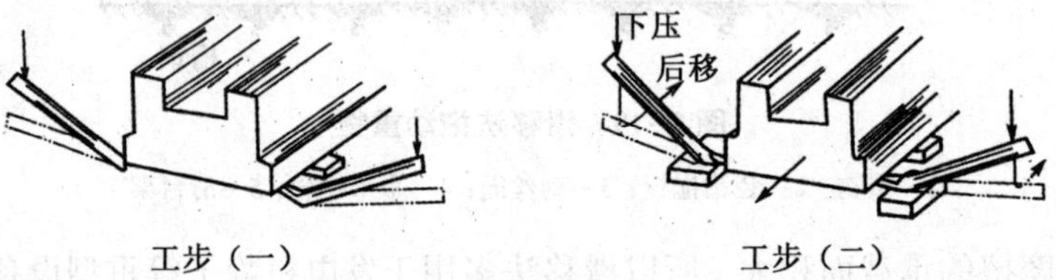

图 2-21　用撬棍移动重物

3.重物的拨正与止退

重物的拨正与止退这两种作业的操作方法基本一样，如图 2-22 所示。在止退时，如重物退力较大，则不允许人力止退，而必须用三角木楔住。

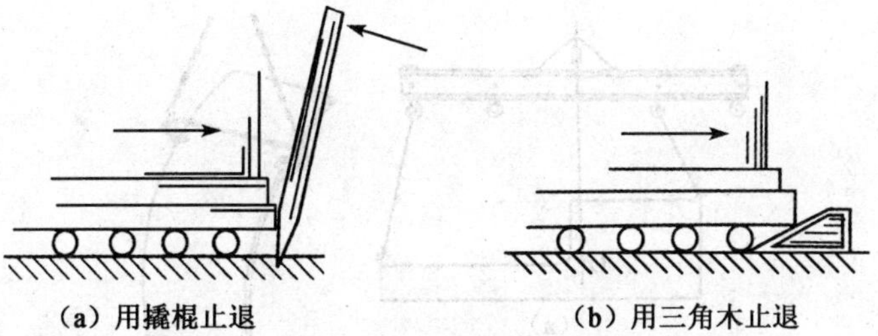

图 2-22 重物的拨正与止退

此外，在使用时应注意避免撬棍打滑。用力时要尝试着发力，绝不允许用胸部或腹部压着撬棍，以免人力不稳时重物下落将撬棍弹飞，造成人身、设备事故。

第四节 起重作业中应注意的事项

为了预防事故，在起重作业中应做到以下几点。

(1)起重作业前，应先检查起重机具、索具是否完好，有问题的起重机具、索具绝对不许使用。各种起重机具、索具严禁超载使用。

(2)起重机具与索具应配套完全，图 2-23 所示为起吊设备的配套附件。

(3)重物的起吊与捆绑应符合常规；吊钩要挂在重物的重心上(即起吊中心与重物重心在同一中心线上)；吊钩、钢丝绳应保持垂直，禁止用吊钩斜吊或拖动重物。有关起吊、捆绑的方法及其注意事项详见图 2-24 至图 2-27。

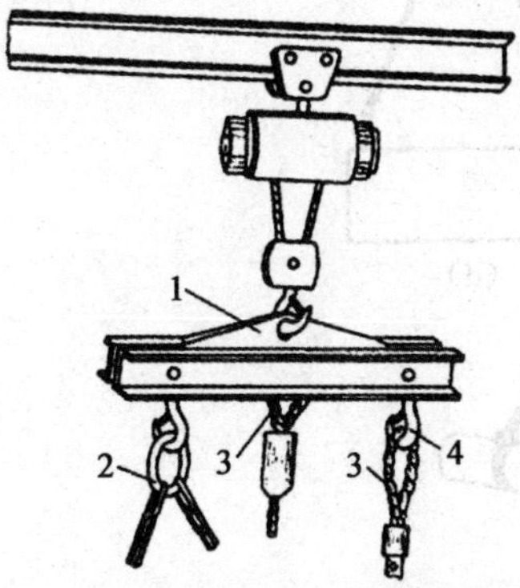

图 2-23 起吊设备的配套附件

1—吊臂；2—起重链；3—各式带扣的钢丝绳；4—吊钩

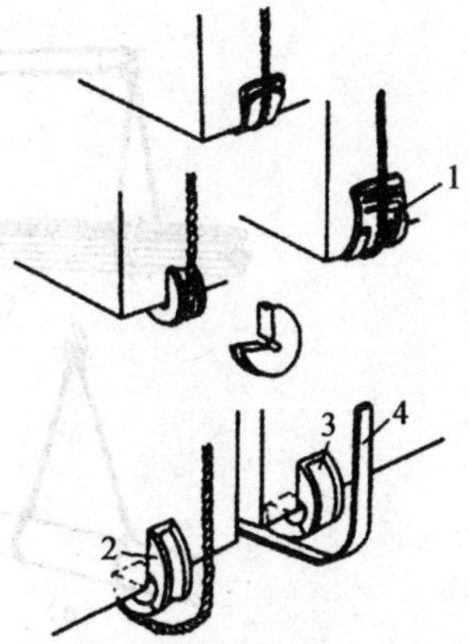

图 2-24 棱角的包角垫

1—胶皮垫；2—锁具包角垫；3—带子用包角垫；4—尼龙带

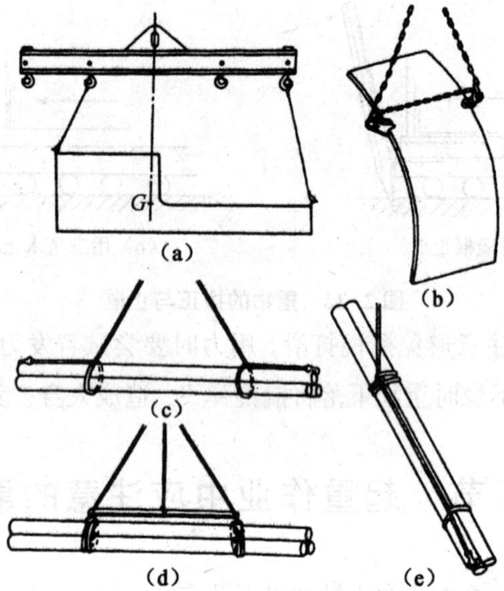

图 2-25　重物的捆绑方法(一)

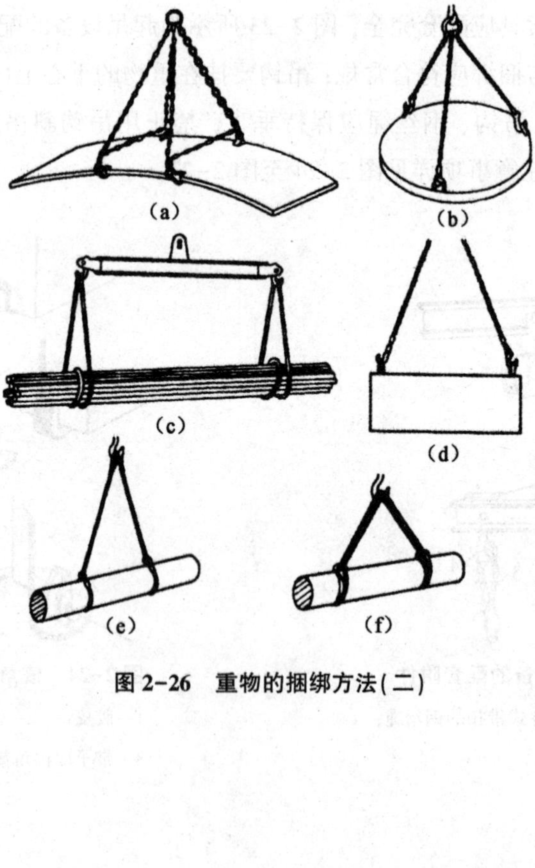

图 2-26　重物的捆绑方法(二)

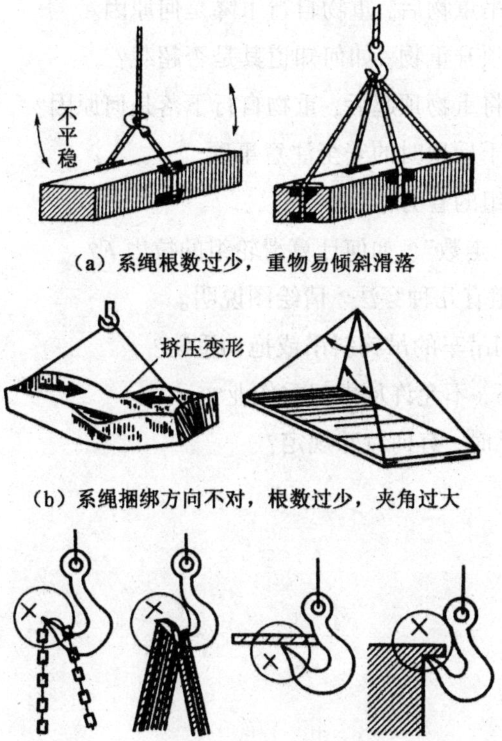

（a）系绳根数过少，重物易倾斜滑落

（b）系绳捆绑方向不对，根数过少，夹角过大

（c）错误的挂钩方法

图 2-27 起吊注意事项

(4) 吊运危险物品时，如压缩气瓶、易燃油类、有毒物品、强酸、强碱等，应采取专门的安全防护措施，并经技术安全部门同意方可进行。

(5) 重大物件的起吊、搬运作业，应在有经验的起重负责人的统一指挥下进行。参加人员必须熟悉起重方案和自己的职责。

(6) 不许在大雾、照明不足、看不清指挥信号及六级以上大风的情况下进行起重作业。

(7) 对各种起重机具的技术检查工作，应每年进行一次，并进行静载和动载试验。试验应有记录并由专人保管。

(8) 起重作业结束后，应将机具、索具一一清点，并认真按照技术规程规定进行保养、维护，存放处应做到规范化。

思考题

(1) 说明各种绳结的用途。

(2) 叙述钢丝绳的优点及其代号含义。

(3) 用倒链起吊重物，如何知道其是否超载？

(4)用链条葫芦起吊重物后，重物自行下降是何原因?

(5)用油压千斤顶顶升重物，如何知道其是否超载?

(6)用油压千斤顶将重物顶起后，重物自行下落是何原因?

(7)叙述使用油压千斤顶时的安全注意事项。

(8)如何确定滑轮组的省力倍数?

(9)何谓滑轮组的“走数”?如何计算滑轮组的拉力 F?

(10)“走三”滑轮组有几种穿法?请绘图说明。

(11)为何不允许用吊车的吊钩斜吊或拖动重物?

(12)在哪些情况下，不允许从事起重作业?

(13)吊运危险物品时，有何特殊规定?

第三章　管道检修

火电厂的热力系统是由热力设备、管道及各种附件按照热力循环的顺序和要求连接而成的，生产过程的进行及工质的输送都要通过管道来完成。管子及管道附件组成了管道系统。火电厂的主要管道系统有主蒸气管道系统、除氧给水系统、再热蒸气系统、旁路系统、给水回热加热系统、疏放水系统、风烟煤系统、冷却水系统、工业用水系统等。它们的状况会影响电厂的安全性和经济性，在电厂生产系统中的地位非常重要。

第一节　管道的类型、结构及材料

一、管道的规范

管道的规范一般用公称压力和公称直径来表示。它们是国家标准规定中的计算直径和压力等级，以便选用管子、管件和对管道进行计算。

1. 公称压力

公称压力是某种钢材在一特定温度下的允许工作压力，用 *PN* 表示，其单位为 MPa。这一特定温度对碳素钢而言一般为 200 ℃，对耐热钢一般为 350 ℃。

管道的最大许用工作压力随管道材质和使用温度的高低而变化。对同一种材料而言，工作压力一般均随温度的升高而降低。对碳素钢，当介质温度低于 200 ℃时，公称压力等于允许的最大工作压力。对耐热合金钢，当介质温度低于 350 ℃时，公称压力等于允许的最大工作压力。碳素钢、耐热合金钢制成的管子及管件的最大许用工作压力都随介质温度的升高而降低。

2. 公称直径

公称直径是指为使管子、管件连接尺寸统一而规定的标准计算直径，也称公称通径或名义直径，用符号“*DN*”加上公称直径尺寸表示。例如，公称直径为 100 mm，用“*DN*100”表示。公称直径主要是指管子内径，但不一定是指管子的实际内径。介质压力不同，管壁厚度一般也不同，从而出现了不同的内径，特别是高压管道公称直径与管子的内径往往相差较大。同一公称直径的管子，它们的外径尺寸是一样的，这样便于管子连接时能有统一标准的管件接头。

除公称直径外，在产品目录中也可标出管子的外径 D_W 和壁厚 S，表示方法为“$D_W \times S$”。例如，外径 108 mm，壁厚 4 mm，则表示为 ϕ108 mm×4 mm。

3. 钢管壁厚

钢管是承受压力的圆筒形容器，所需要的管壁厚不仅与介质的工作压力有关，而且还要考虑温度应力、重力和所造成的应力作用，同时还要考虑介质对管壁的腐蚀及制造管子时管壁厚的负公差等影响。由于管子壁厚复杂，根据受力情况一次准确计算出管壁厚是不可能的。在工程上，可以采用简化方法进行强度计算。在实际计算中，通常将所需壁厚分成两部分：一部分为承受内压力所需壁厚，另一部分为应力附加值。

二、管道的材料

火电厂汽水管道的材料主要是碳素钢和合金钢管。我国常用的钢材有普通碳素钢、优质碳素钢、普通低合金钢、耐热钢和奥氏体钢。钢材钢号及推荐使用温度见表 3-1。

表 3-1　钢材钢号及推荐使用温度

钢种	钢号	推荐使用温度/ ℃	允许的上限温度/ ℃	用途
普通碳素钢	Q235AF	0~200	250	水冷壁管、省煤器管等
	Q235A Q235Ag	-20~300	350	
优质碳素钢	10	-20~440	450	壁温不高于 450 ℃的导管、联箱
	20	-20~450	450	壁温不高于 500 ℃的受热面管子
普通低合金钢	Q345	-40~450	475	壁温不高于 510 ℃的导管、联箱
	Q390	-20~450	500	壁温不高于 540 ℃的受热面管子
耐热钢	15CrMoG	510	540	壁温不高于 510 ℃的导管、联箱 壁温不高于 550 ℃的受热面管子
	12CrlMoV 10CrMo910 （德国钢号）	540~550	570	壁温不高于 540 ℃的导管、联箱 壁温不高于 580 ℃的过热器、再热器
	12MoVWBSiRe （无铬 8 号）	540~550	580	壁温不高于 580 ℃的过热器、再热器
	12Cr2MoWVB （钢 102）	540~550	600	壁温为 600~620 ℃的超高参数锅炉过热器、导管

表 3-1(续)

钢种	钢号	推荐使用温度/ ℃	允许的上限温度/ ℃	用途
耐热钢	12Cr3MoVSiTiB	540~550	600	壁温为 600~620 ℃的超高参数锅炉过热器、导管，及 600~650 ℃的再热器
奥氏体钢	Mn17Cr7MoVNbBZr			壁温为 620~680 ℃的过热器、再热器、导管和联箱

20 钢在高压锅炉上用处很多，如水冷壁管、省煤器管和低温段过热器管。这种钢管有较好的工艺性能，即可焊性好，容易弯管，不易断裂。

合金钢管主要用于高压锅炉蒸气温度超过 450 ℃的过热器管和再热器管。由 12Cr3MoVSiTiB 钢研制的珠光体耐热钢，具有较好的综合机械性能、工艺性能及抗氧化性能。合金钢管焊接时一般都要进行焊前预热和焊后热处理，热弯后也需进行热处理。

三、管道的种类

1. 按照管子制造工艺分类

(1)无缝钢管。用专用的钢坯在中心冲孔后冷拔火热滚轧而制成的管子，常用在高、中压管道。

(2)有缝钢管。用扁钢卷并将缝隙焊接而制成的管子，常用在低压管道。

2. 按照管材承受的压力分类

(1)低压管。工作压力不高于 1.6 MPa，工作温度不高于 300 ℃。

(2)中压管。工作压力为 1.6~9.0 MPa，工作温度不高于 450 ℃。

(3)高压管。工作压力高于 9.0 MPa，工作温度不高于 450 ℃。

3.按照管道的化学成分分类

(1)碳素钢管。热力设备一般采用含碳量在 0.1%~0.3%的低碳钢管，因为低碳钢管的焊接性能和冷变形的加工性能好，如 20 钢。

(2)合金钢管。在碳素钢基础上，为了增加钢管某种特定性能，在冶炼时有目的地加入一些化学元素的钢材。

铬是耐热钢的主要合金元素，淬透性、耐磨性好，而且抗氧化，耐腐蚀，加入后能提高强度和蠕变抗力；钒能细化金属晶粒，提高热稳定性；钼能提高金属强度，降低热脆性；锰能增强耐磨性、抗磁性。

4. 按照管道内的介质分类

主蒸气管道保温外层涂红色；风烟系统涂白色；油管道涂黄色；凝结水和化学补充

水管道保温外层涂绿色。

第二节 管 子

一、管子的检验

出厂的管子即使是合格产品，但由于运输和保管不当，也可能产生腐蚀、损坏、变形或将不同的管子混淆的情况。因此，使用前应进行严格的检验，检验内容如下。

(1)用肉眼检查管子表面质量。其表面应光滑无裂纹、划痕、重皮，不得有超过壁厚负公差的锈坑。

(2)用卡尺或千分尺检查管径和壁厚，尺寸偏差应符合标准中的有关规定，相对椭圆度不超过5%。

(3)用沿管子外皮拉线的方法或将管子放在平板上检查管子弯曲度。对冷轧钢管，其弯曲度不超过1.5 mm/m。对热轧钢管，壁厚小于或等于 20 mm 时，其弯曲度不超过1.5 mm/m；壁厚为20~30 mm 时，其弯曲度不超过2 mm/m；壁厚大于30 mm 时，其弯曲度不超过4 mm/m。

(4)有焊口的管子应该进行通球检验，球的直径应为管子直径的80%~85%。

(5)对外径大于22 mm 的钢管应进行压扁试验，以检测钢管冷加工变形性能。压扁后的内壁间距 H 按照式(3-1)计算：

$$H=\frac{(1+a)S}{a+\frac{S}{D_W}} \tag{3-1}$$

式中，S——钢管公称壁厚，mm；

D_W——钢管外径，mm；

a——单位长度变形系数，取 $a=0.08$。

(6)每根钢管出厂前均应做水压试验，应没有漏水或出汗现象。

水压试验的压力(表压)应不小于1.25倍的设计压力，且不得小于0.2 MPa。水压试验用水温度应不低于5 ℃，不高于70 ℃。试验环境温度不得低于5 ℃，否则必须采用防止冻结和冷脆破裂的措施。使用内塞式水压试验工具(如图3-1所示)，把塞头塞进管子，拧紧压紧螺母，由于两套管向一起靠拢，从而使塞头张开，压紧在管子内壁上，并压迫密封圈，起到密封的作用。

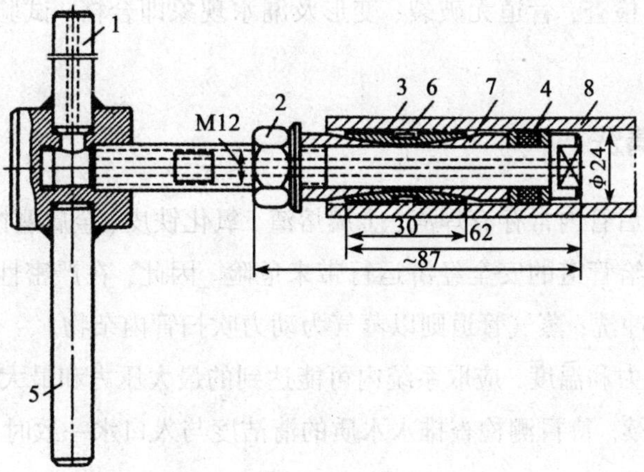

图 3-1　内塞式水压试验工具

1—进水管；2—压紧螺母；3—塞头；4—密封圈；5—把手；6—拉紧弹簧；7—锥形套；8—管子

使用外夹式水压试验工具(如图 3-2 所示)时，用管夹子把管子夹紧，压盖与管子间靠铜垫密封。

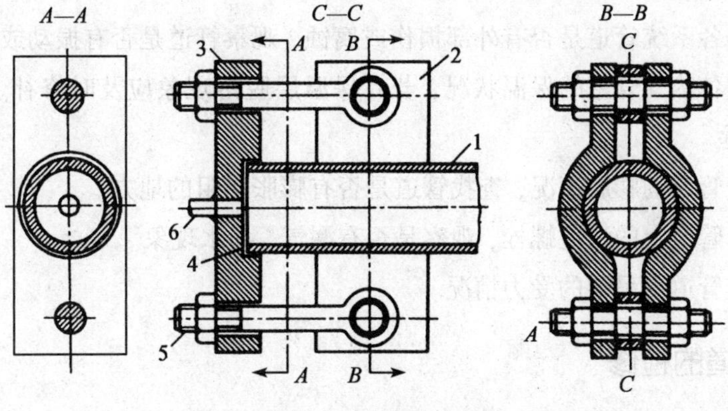

图 3-2　外夹式水压试验工具

1—管子；2—管夹子；3—压盖；4—铜垫；5—带环螺栓；6—引入水管

(7)各类管子在使用前应按照设计要求核对规格、查明钢号；属于《锅炉监察规程》规定中应监督的管道，需检查其化学成分、力学性能和应用范围；对于合金钢部件，要进行光谱分析以查明其钢种。

二、管道的水压试验

管道安装后应进行严密性试验，一般采用水压试验。试验压力为设计压力的 1.25 倍，介质温度不宜高于 100 ℃，充水水质必须纯净，应采用除盐水或凝结水，同时应加入一定量的联氨和氨水。

水压试验时要把系统内的空气排尽。试验时，压力升降的速度要均匀，一般为每分钟 0.2~0.5 MPa。试验应分阶段升压和检查，以确保安全。升至试验压力一定时间后将对工作压力进行全面检查，管道无破裂、变形及漏水现象即合格。试验完毕应立即排尽全部存水。

三、管道的清洗

管道安装完毕后管内常存有焊渣、金属熔渣、氧化铁皮、金属腐蚀物和一些杂物，应予以清除，否则会给管道的安全经济运行带来危险。因此，在严密性试验后要进行管道清洗。水管道用水冲洗；蒸气管道则以蒸气为动力吹扫管内杂物。

水冲洗时的压力和温度，应取系统内可能达到的最大压力和最大流量。水质要清洁、无杂物；冲洗要连续。待目测检查排水水质的清洁度与入口水一致时，即可停止。

四、管道的维护

管道的维护是一项重要的工作，它不仅能延长管道运行寿命，而且对热力设备的经济性也有很大影响。在日常维护工作中，检修人员应与运行人员及时交换管道运行情况，定期检查各种管道状况。

(1)检查各系统管道是否有外部损伤或腐蚀，观察管道是否有振动或晃动现象。

(2)检查各蒸气管道的保温状况，若有保温层脱落现象应及时修补。保温层上的油渍应随时清除。

(3)检查管道的膨胀情况，查找管道是否有膨胀受阻的地方。

(4)检查管道上的法兰螺栓，观察是否有漏气、漏水现象。

(5)检查管道支吊架的受力情况。

五、管道的检修

管道的检修一般都与机组的大修同时进行，检修工作的主要内容有以下几个方面。

(1)修补好损坏的蒸气管道保温层。

(2)对管道粉刷油漆，并做好防腐保护工作。

(3)对高温高压管道部分焊口进行外观检查、缺陷修复。

(4)检查修理管道支吊架及管道法兰。

(5)更换腐蚀或冲刷损坏管道。

(6)对高温高压蒸气管道按照规定项目进行金属监督检查和检测。

(7)对汽水管道进行检修，并进行测厚检查，发现减薄时要及时更换。

检修后要分项进行质量检查与验收，整理好各种记录，做好检修总结。

第三节 管子的弯制及校正

管子的弯制是管道检修的一项重要内容。弯管工艺大致可分为加热弯制与常温下弯制(即冷弯)。无论采用哪种弯管工艺，管子在弯曲处的壁厚及形状均要发生变化。这种变化不仅影响管子的强度，而且影响介质在管内的流动。因此，对管子的弯制除了解其工艺外，还应了解管子在弯曲时的截面变化。

一、弯管截面变化

管子弯曲时截面的变化，从图3-3中可以看出，在中心线以外的各层线段都有不同程度的伸长，在中心线以内的各层线段都有不同程度的缩短。这种变化表示了构件受力后的变形为外层受拉、内层受压。在接近中心线的一层，弯曲时长度没有变化，即这一层没有受拉，也没有受压，称为中性层。

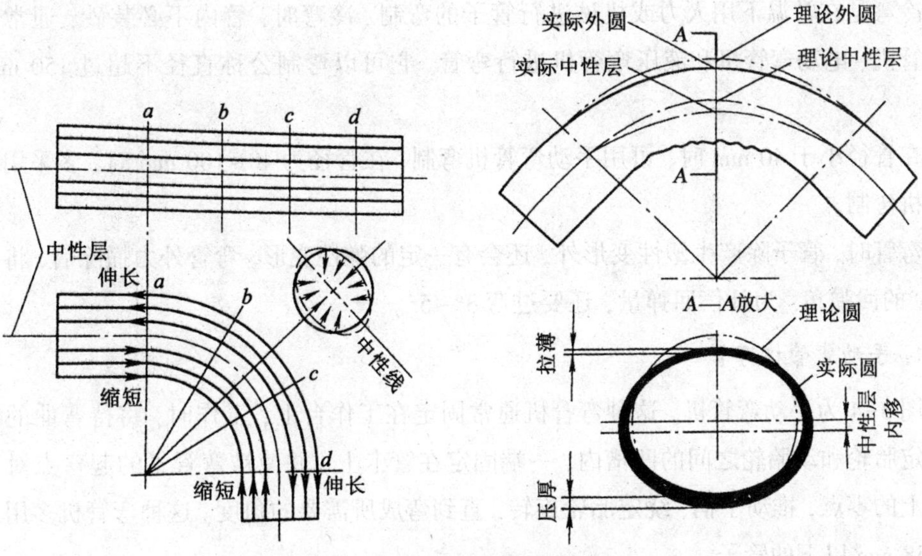

图3-3 管子弯曲时的截面变化

管子弯曲时，管子中性层外侧(凸侧)的金属被拉伸产生拉应力，中性层内侧(凹侧)的金属被压缩，产生压应力。在此压应力的作用下，管子的长度、壁厚及额面形状发生变化，即外侧受拉而伸长，管壁变薄；内侧受压而缩短，管壁变厚。同时，界面因拉力的合力、压力的合力都指向中性层，造成凸、凹侧金属向中性层靠拢，使得管子截面变成椭圆形。

对于变成椭圆形截面的管段，承受内部介质压力的能力降低，因此在弯制过程中应采取措施，把椭圆度限制在一定范围之内。管子的弯曲角度、弯曲半径、管径、壁厚等直接影响管子的椭圆度，但因管径、壁厚及弯曲角度都应满足设计要求，故合理选用弯曲半径是一个关键。

通常为保证凸侧金属减薄不超过直径的15%和椭圆度不超过允许值，推荐弯管时的弯曲半径是：冷弯弯头的弯曲半径为公称直径的4倍以上；热弯弯头的弯曲半径为公称直径的3.5倍以上。

实际上，管子在弯曲时，中性层以外的金属不仅受拉变长、管壁变薄，而且外弧被拉平，中性层以内的金属受挤压变厚，当挤压达到一定极限后，管壁就出现突肋、褶皱，中性层内移。这样的截面不仅使管子的截面积减少，而且由于外层的管壁拉薄使管子强度直接受到影响。为了防止管子在弯曲时产生缺陷，要求管子的弯曲半径不能太小，弯曲半径越小，上述缺陷越严重。弯曲半径大，对材料的轻度及减少流体在弯道处的阻力是有利的。但弯曲半径也不能太大，否则弯管和装配的工作量及管道所占的空间也将增大，管道的总体布置也更困难。

二、冷弯管工艺

冷弯是在常温下用人力或机械进行管子的弯制。冷弯时，管内不必装砂，通常用手动弯管机、电动弯管机和液压弯管机进行弯管。它可以弯制公称直径不超过150 mm的弯头。

在管径小于40 mm时，可用手动弯管机弯制；在管径为40~100 mm时，多采用电动弯管机弯制。

弯管时，管子除产生塑性变形外，还会有一定的弹性变形。弯管外力撤除后，将产生3°~5°的回弹角。为补偿回弹量，还要过弯3°~5°。

1. 手动弯管机弯管

图3-4为手动弯管机。这种弯管机通常固定在工作台上，工作时，将待弯曲的管子放在定胎轮和动胎轮之间的凹槽内，一端固定在管卡上，并使被弯管子的起弯点对准定胎轮上的零点，推动手柄，绕定胎轮旋转，直到弯成所需要的角度。这种弯管机多用于弯制ϕ38 mm以下的管子。

对于直径大于60 mm的管子，为防止冷弯时产生过大的椭圆变形，可采用穿芯弯曲法(如图3-5所示)及预变形法。芯径比管内径小1.0~1.5 mm。芯棒的正确位置用试验方法获得，一般是芯棒圆锥部分和圆柱部分的过渡线在管子开始弯曲面上。为减少管壁与芯棒的摩擦，弯管前对管内应进行清理，并涂少许机油。

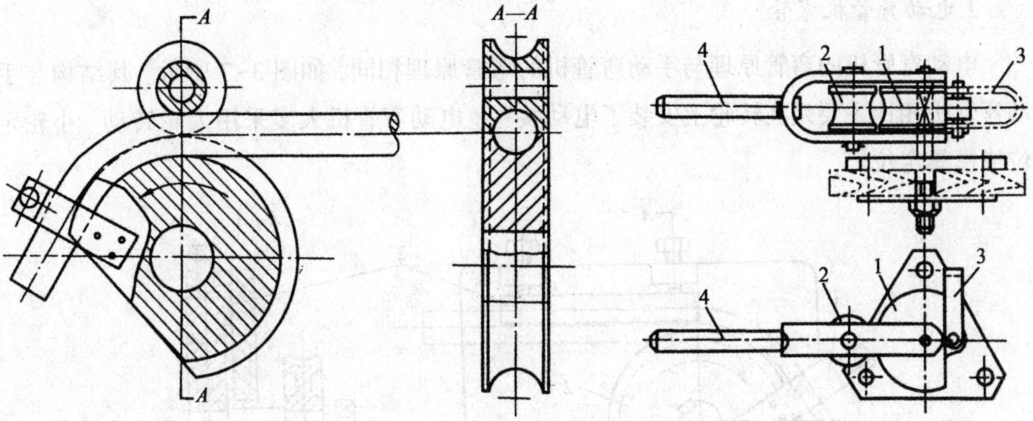

图 3-4　手动弯管机的工作原理

1—滚动架；2—小滚轮；3—大轮；4—管卡

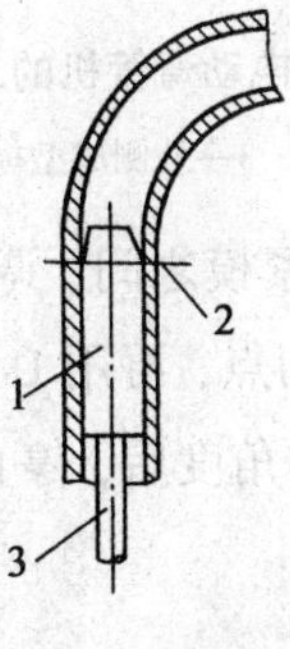

图 3-5　穿芯弯管时芯棒的位置

1—芯棒；2—管子开始弯曲面；3—拉杆

预变形法是使定胎轮轮槽呈半圆且与管子外径尺寸一致；动胎轮轮槽呈半椭圆形，在垂直方向尺寸和管外径相等，水平方向尺寸较管外径略大 1~2 mm。弯制时，管子上下受轮槽限制只能沿水平 *A* 向变形，如图 3-6 所示，呈半椭圆的预变形。当管子离开动胎轮向上下方向变形时，其预变形将抵消一部分管子的变形，而使弯曲后的管子椭圆度减小。

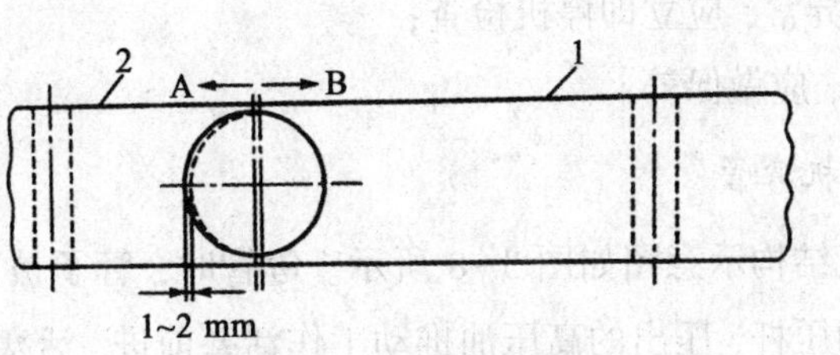

图 3-6　动、定胎轮轮槽

1—定胎轮；2—动胎轮

2.电动弯管机弯管

电动弯管机的弯管原理与手动弯管机的弯管原理相同，如图 3-7 所示。其结构与手动弯管机相比主要是在转轮上安装了电动装置。电动弯管机大多采用大轮转动、小轮定位或模具定位。

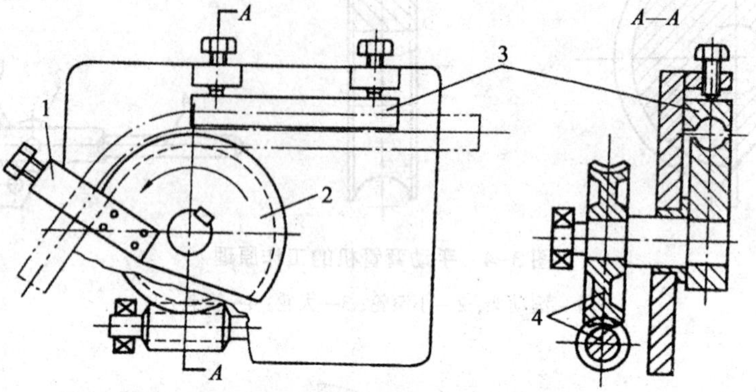

图 3-7　电动弯管机的工作原理

1—管卡；2—大轮；3—外侧成型模具；4—传动机构

弯管时，把管子放在弯管模和压紧模之间，调整导向模，使管子处于弯管模和压紧模公切线位置，并使管子起弯点对准切点，再用 U 形管卡将管子卡在弯管模上，然后启动电机，即开始弯管工作。达到需要的角度后，停止电机，拆除 U 形管卡，松开压紧模，取出弯管，即完成弯管工作。

使用弯管机时应注意以下几点：

(1)操作人员必须熟悉弯管机的力学性能和操作方法；

(2)操作人员操作前必须认真检查电气设备、限位开关等性能是否良好，润滑系统存油器的油位是否在规定范围；

(3)胎具与机器应保持清洁光滑，胎具凹槽应与管子外径相同，弯管前应做好角尺样板，并调好弯曲角度；

(4)机上不得放任何杂物，四周现场应保持清洁；

(5)如发现运转异常，应立即停机检查；

(6)弯管机用毕，应做保养。

3.手动液压弯管机弯管

手动液压弯管机结构示意图如图 3-8 所示。弯管时，管子被两个导向模块支顶着，连续摇动手压油泵的压杆，压出的高压油推动工作活塞前进，活塞头顶着管型模具移动，迫使管子弯曲。两个导向块用穿销固定在孔板上，导向块之间的距离可根据管径的大小进行调整。管型模具是管子的成型工具，用来控制管子弯曲时的椭圆度。

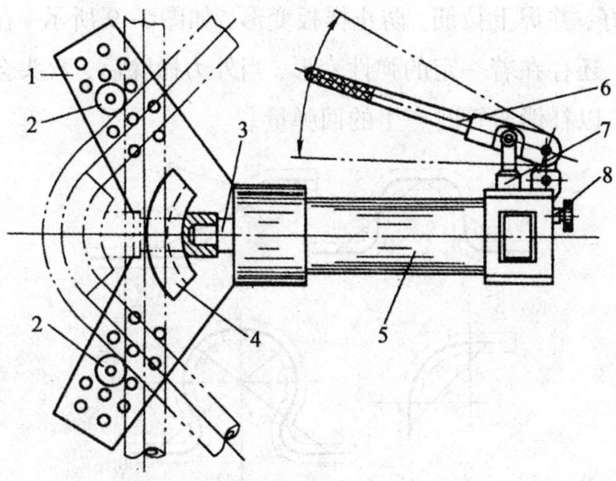

图 3–8 手动液压弯管机结构示意图

1—定位孔板；2—导向模块；3—活塞头；4—管型模具；5—机体(工作缸)；6—压把；7—油泵；8—回油阀；9—加油孔

在使用这种弯管机时应该注意：两导向模块之间的距离不能太小，必须使管型模具能够通过，但也不宜太大。距离太小会造成管型模具顶在导向模块上而破坏液压缸弯管机，距离太大则因在弯曲时导向模块之间的管子要产生弯曲(越靠近管托弯曲越小)变形，使弯管的形状很不规整。

这种弯管机的角度刻度因为不易控制，所以在弯管时都不用刻度盘来控制弯管的角度，而用角度尺来实际检查、校验。

导向模块利用这种弯管机弯曲定尺寸的弯管时，先把管型模具退至导向模块后面，再把管子放于管型模具与导向模块的弧形槽中，并使其待弯曲部分的中点与顶胎的中点对齐，然后开动机器将管子弯成所需的角度。弯曲后，开倒车把管型模具退回原位，取出弯管，检查角度。

这种弯管机的构造特点是：胎具简单、轻便、易于制造和更换；用机械带动，动力大，可弯曲直径较大的管子，但是当弯曲直径较大的管子时，弯管断面椭圆变形较严重，故一般只弯直径不超过 ϕ44.5 的管子。在管内充砂或弯曲厚壁管时，可弯至 ϕ159 的管子。它的另一个缺点是每次弯曲的角度不宜超过 90°。

三、热弯管工艺

热弯管是将管子加热后进行弯制的方法，是目前制作弯管的常用方法。首先在管内预先灌砂，再将管子加热到管材的热加工温度时进行弯制。其加热方式有电加热，氧–乙炔焰加热及焦炭、木炭燃烧加热等多种方法。其主要工艺步骤如下。

1.制作弯管样板

为了使管子弯得准确，需要按照图纸尺寸以 1∶1 的比例制作实样图，用细圆钢按照实样图的中心线弯好，并焊上拉筋，防止样板变形，如图 3-9 所示。在弯管过程中，管子除产生塑性变形外，还存在着一定的弹性变形，当外力撤除后，弯头会弹回一定角度，故样板要多弯 3°~5°，以补偿弯管时产生的回弹量。

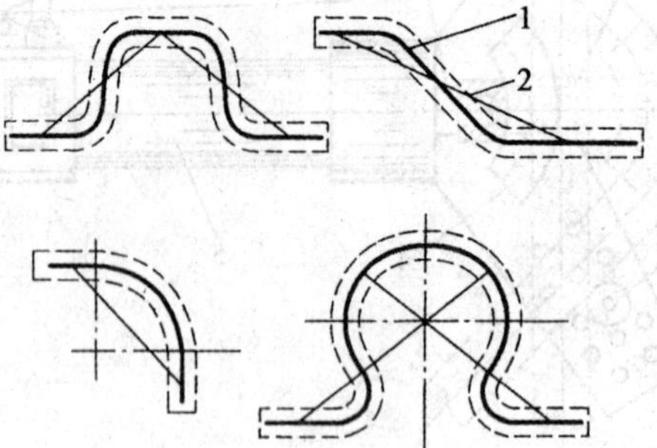

图 3-9　弯管样板

1—样板；2—拉筋

2.管子充砂

管子充砂的目的是将管子的空心弯曲变为实心弯曲，可避免出现褶皱、鼓包、弯扁等不良现象，并可在弯管过程中吸收热量和保存热量。

管内充填用的砂子要能够耐 1000 ℃以上的高温，不得含有泥土、铁渣、木屑等杂质，要经过筛选、洗净、烘干，且粒度大小合适，不许含水分，以免发生砂子加热后产生蒸气伤人和跑砂事故。填充砂子的粒度见表 3-2。

表 3-2　钢管充填砂子的粒度　　单位：mm

钢管公称直径	<80	80~150	>150
砂子粒度	1~2	3~4	5~6

充砂前，应先用锥形木塞或钢制堵板堵住管子的一端，然后将管子竖立，充砂。管内装满砂子后，用手锤敲打管壁，捣实管内砂子。敲打碳素钢管可使用普通的手锤，敲打不锈钢管应使用不锈钢锤或者铜锤，敲打钢管和铝管应使用木锤。敲打时应从上到下，管子周围各部位都应敲打，这样才能使管内各部的砂子都能密实。敲打时应注意手锤的起落要与管子垂直，防止在管子表面敲出凹痕。

当管内的砂子下沉时，再向管内补充砂子，直到砂子不再下沉时停止敲击。用木塞或钢质活动堵板将管子上端堵牢，然后将管子放倒在地面上。

3.画线

画线是在拟弯制的管段上用白铅油画出加热长度 L，其计算公式为

$$L=\frac{\pi R\alpha}{180} \tag{5-2}$$

式中，R——弯曲半径，mm；

α——弯曲角度。

4.加热

充砂、画线完毕，即可用气焊焊炬或火炉加热待加热管段。管子的加热温度，视管子的种类而定：对于碳素钢管为900~1000 ℃，即加热至橘红色或橙黄色，最高不得超过1050 ℃；对于低金钢管也用1050 ℃；对于18-8型不锈钢管为1100~1200 ℃。“过烧”是不允许的，加热时应不断转动管子，以使其受热均匀。加热时要勤翻动管子，勤观察加热温度的变化，并使弯曲线不被抹去。

5.弯制

加热好的管子可在弯制平台上弯制，如图3-10所示。用水冷却加热段两端的非弯曲部位（仅限于碳钢管子，合金钢管不能浇水，以免产生裂纹），以提高此部位的刚性。为了不使管子被夹坏，可以垫以保护垫片。再将样板放在加热段的中心线上，均匀施力，使弯曲段沿弯管样板弧线弯曲，对已弯到位的弯曲部位，可随时浇水冷却，防止弯曲过度。当温度低于800 ℃时，应重新加热至弯曲温度，再继续弯制，但次数不宜过多。弯头弯好后，应放在空气中或盖上一层干砂，使其逐渐冷却。由于加热区管子的氧化层已被烧掉，因此，应在加热区域的管段上涂一层机油，以防再次氧化。

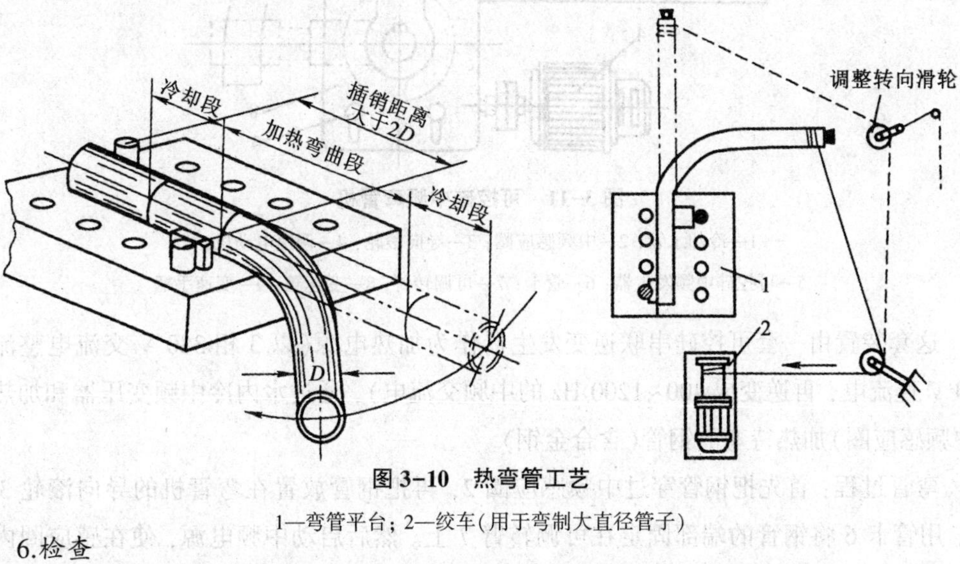

图3-10 热弯管工艺

1—弯管平台；2—绞车(用于弯制大直径管子)

6.检查

管子弯制后，应对其弯曲半径和弯曲角度用样板或在画有管样（比例1∶1）并焊有限位铁的平台上检查。弯头勾头或扬头一般不应超出2~10 mm；弯曲半径偏差、椭圆度偏差应符合规定。还应检查有无外表缺陷，如裂纹、褶皱、凸起、凹坑。

7.热处理

合金钢管弯管后需进行热处理，主要是对弯曲部位进行正火和回火。

8.管子除砂

管子弯曲完毕以后，在空气中自然冷却。冷却后将管塞拆掉，用手锤敲打弯管，使管子内的砂子倒出。砂子倒完后，再用钢丝刷和压缩空气将管内吹扫一遍，以清除粘在管子内壁上的沙砾。

管内如果存留砂子，在生产中受到流体冲击后，将脱离管壁随流体跑入管件或设备内，影响生产的正常进行。

四、可控硅中频弯管

可控硅中频弯管是利用中频电源感应加热管子，主要用于弯制直径较大的钢管，如图 3-11 所示。

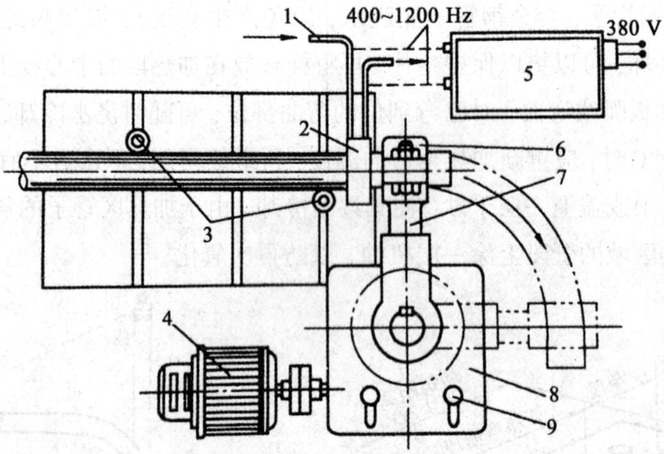

图 3-11　可控硅中频弯管机

1—冷却水管；2—中频感应圈；3—导向滚轮；4—调速电动机；
5—可控硅中频发生器；6—管卡；7—可调转臂；8—变速箱；9—变速手柄

这套装置由一套可控硅串联逆变发生器作为加热电源(以 3 相 380 V 交流电整流为 500 V 直流电，再逆变成 400~1200 Hz 的中频交流电)，通过水内冷中频变压器和加热圈(中频感应圈)加热待弯的钢管(含合金钢)。

弯管过程：首先把钢管穿过中频感应圈 2，再把钢管放置在弯管机的导向滚轮 3 之间，用管卡 6 将钢管的端部固定在可调转臂 7 上。然后启动中频电源，使在感应圈内部宽 20~30 mm 的一段钢管感应发热。当钢管的受感应部位温度升到近 1000 ℃时，启动弯管机的调速电动机 4，减速轴带动转臂旋转，拖动钢管前移，同时使已红热的钢管产生弯曲变形。管子前移、加热、弯曲是一个连续的同步的过程，直到弯至所需的角度为止。

第四节　管道连接

发电厂热力系统管道种类有很多，如蒸气、给水、凝结水、循环水、空气、疏水、排污等管道系统等，按照连接方法可以分为焊接、法兰连接和螺纹连接。焊接方式应用最为广泛。在高压管道系统中，除了与设备连接处采用法兰连接外，大都采用焊接，以减少泄漏。其他管道系统，在不影响设备检修和管道组装的前提下，也应尽量少采用法兰连接。螺纹连接主要用于工业水管道系统及其他低温低压管道系统。

一、焊接

焊接是高压管道工程中应用最广泛的连接方式。在较大直径（$DN \geqslant 32$ mm）的焊接钢管、各种规格的无缝钢管中均采用焊接连接。焊接的主要工序为管子切割、管口处理（清理、铲坡口）、对口、点焊、管道平直度校正、施焊等。焊接由管道工和焊工合作完成，其各自专业知识和操作技术水平、配合的默契程度，都直接影响焊接连接的质量。

1. 焊接管道检修

焊接管道检修要点及技术要求如下。

（1）检查。检查焊缝和管子锈蚀程度。低压管道只需查看焊缝是否有裂纹、渗漏及锈蚀程度即可，而高温、高压管道则必须按照金属监督规程进行检查。

（2）核对。更换管道时，首先要对选用的管子进行材质鉴定，查看质检证书等相关技术文件，核对无误后方可使用。

（3）清理。管子及其管件在组装前，应将内部清理干净，并装设临时堵头，以防杂物进入管道内。

（4）割管。管段可用手工切割（见图 3-12）、火焊割管工具切割（见图 3-13，它适用于切割大直径的管子，在割管的同时也割出坡口），也可用无齿锯（见图 3-14）、电动锯管机（见图 3-15）切割。

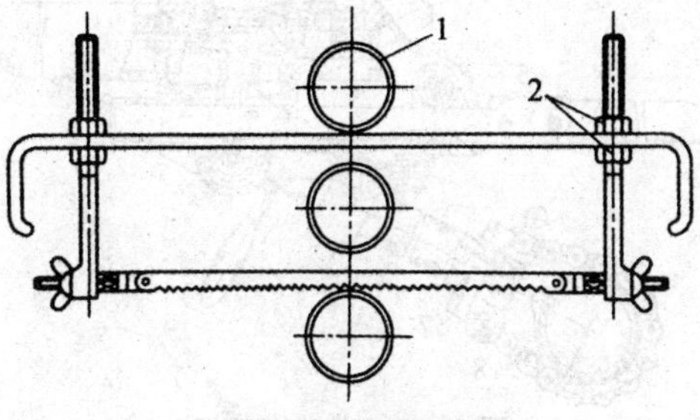

图 3-12　可调手锯

1—管子；2—可调螺帽方法

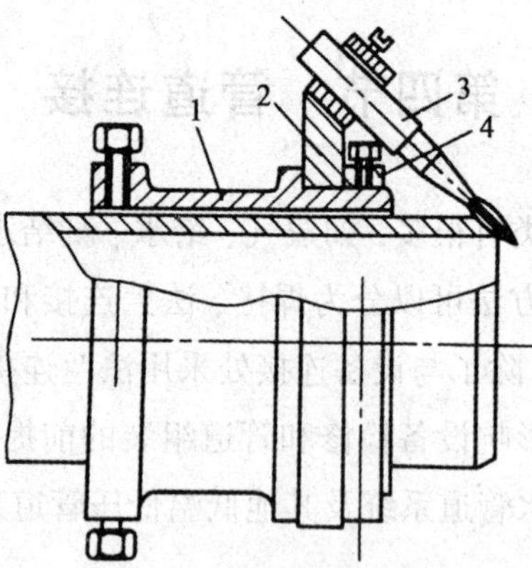

图 3-13 火焊割管工具

1—管套；2—可转动的火嘴环；3—火嘴；4—挡环

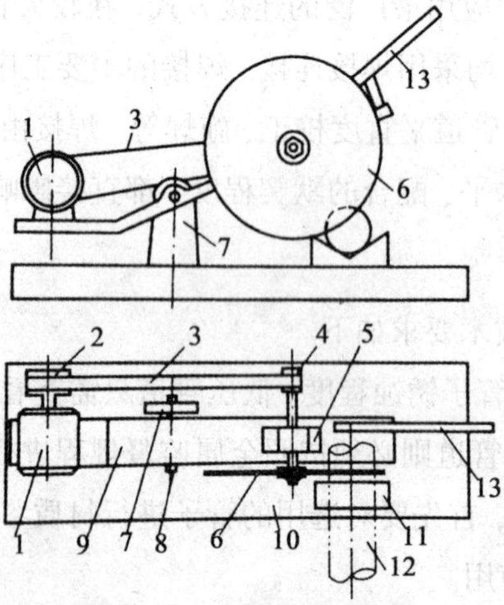

图 3-14 砂轮片无齿锯

1—电机；2—电机皮带轮；3—皮带；4—无齿锯皮带轮；5—轴承；6—砂轮片；

7—支架；8—轴；9—托架；10—底座；11—管子支架；12—管子；13—手柄

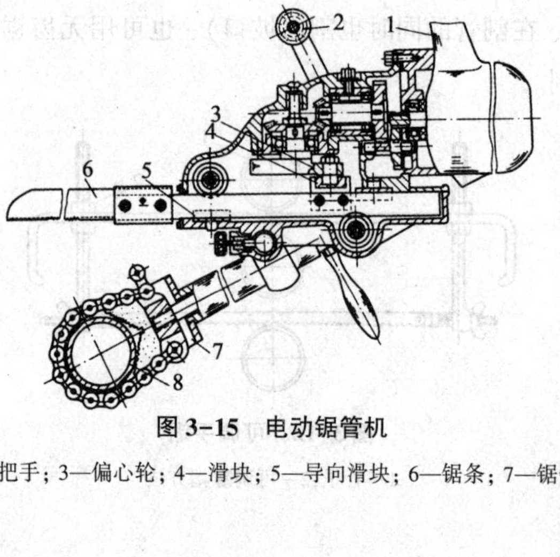

图 3-15 电动锯管机

1—电机；2—把手；3—偏心轮；4—滑块；5—导向滑块；6—锯条；7—锯钳；8—管子

(5)所有焊接管子均需制作焊接坡口。其目的是使基本金属焊透，保证接头强度。焊接坡口必须采用机械加工，当管子数量较多时，应选用坡口机加工坡口，图 3-16 和图 3-17分别为内塞式和外卡式电动坡口机结构示意图。

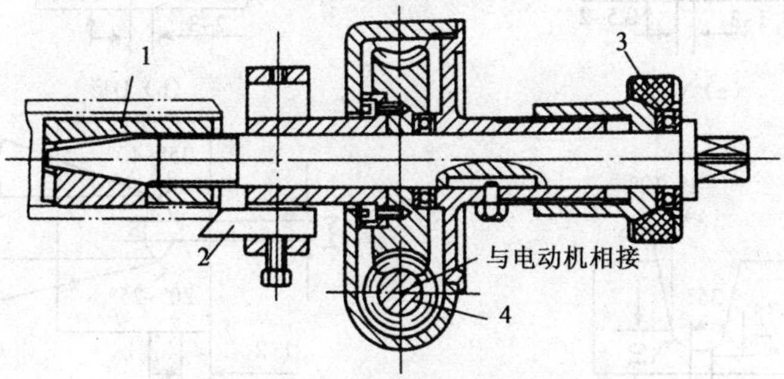

图 3-16 内塞式电动坡口机结构示意图

1—内塞；2—车刀；3—进刀螺帽；4—蜗杆

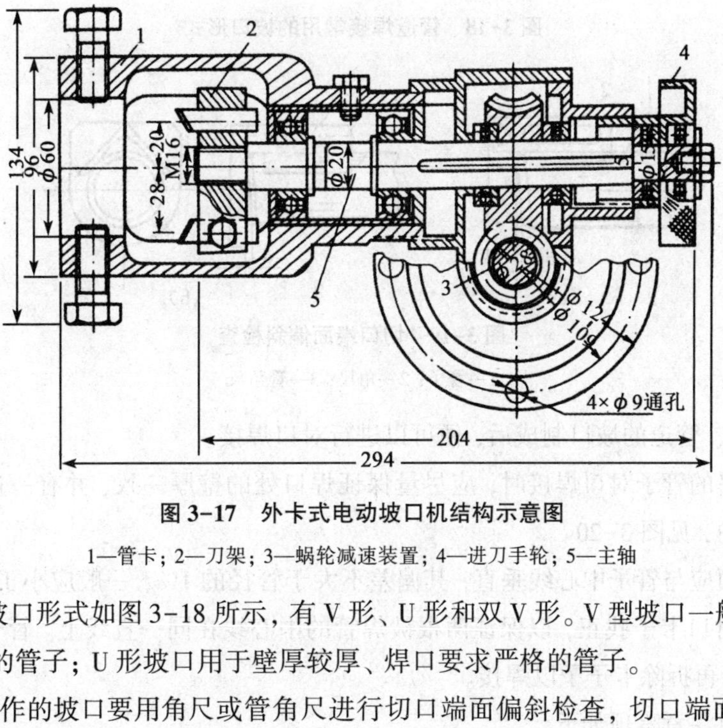

图 3-17 外卡式电动坡口机结构示意图

1—管卡；2—刀架；3—蜗轮减速装置；4—进刀手轮；5—主轴

常用的坡口形式如图 3-18 所示，有 V 形、U 形和双 V 形。V 型坡口一般用于壁厚不大于 16 mm 的管子；U 形坡口用于壁厚较厚、焊口要求严格的管子。

(6)对制作的坡口要用角尺或管角尺进行切口端面偏斜检查，切口端面偏斜值 δ 应不大于管子外径的 1%，且不得超过 3 mm，如图 3-19 所示。

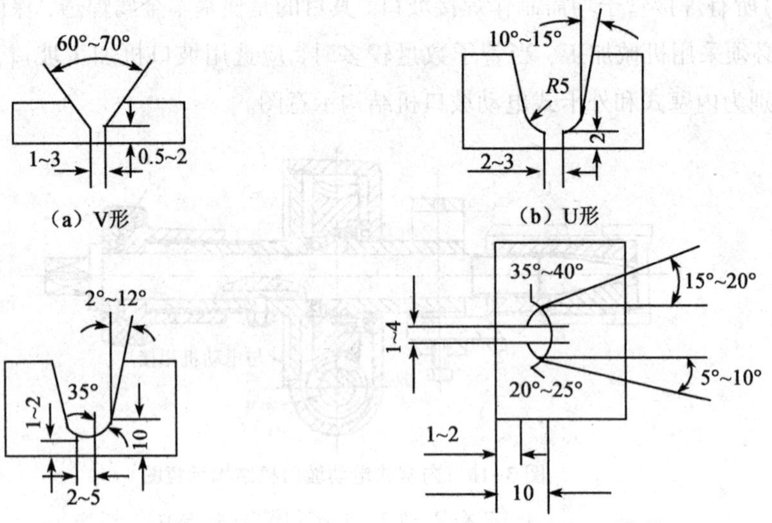

图 3-18　管道焊接常用的坡口形式

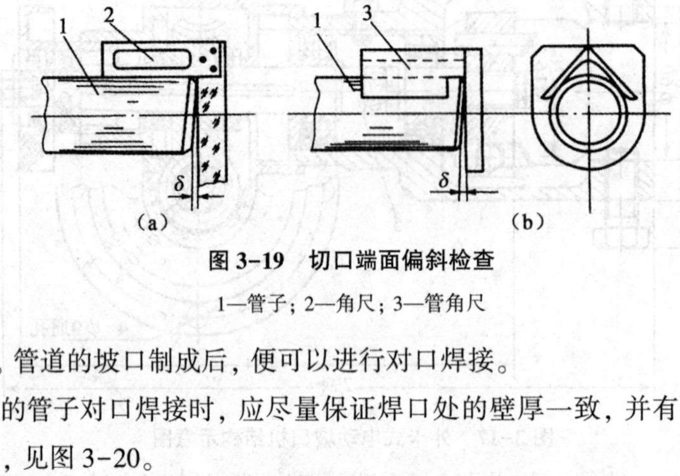

图 3-19　切口端面偏斜检查

1—管子；2—角尺；3—管角尺

(7)对口。管道的坡口制成后，便可以进行对口焊接。

不同壁厚的管子对口焊接时，应尽量保证焊口处的壁厚一致，并有一过渡区，以免形成应力集中，见图 3-20。

管口端面应与管子中心线垂直，其偏差不大于管径的 1%，一般应小于 1 mm。对口焊接时常用对口卡子找正，以保证两根被焊管的中心线在同一直线上。管子对口后，先用点焊固定，再拆除卡子予以焊接。

管道对口注意事项如下。

①在两管进行对口时，两管中心线必须对正，管道对口中心线的允许偏差值不大于 3 mm。测量方法为在距焊缝中心线 200 mm 处用样板尺检查。

②两管对口时，应保证两管口内径相等，不许错口。但实际工作中，高压管道的对口内径错口及对口间隙偏差不许超过如下规定：管内径错口偏差不许大于 1 mm，对口间隙偏差不许大于 2 mm。

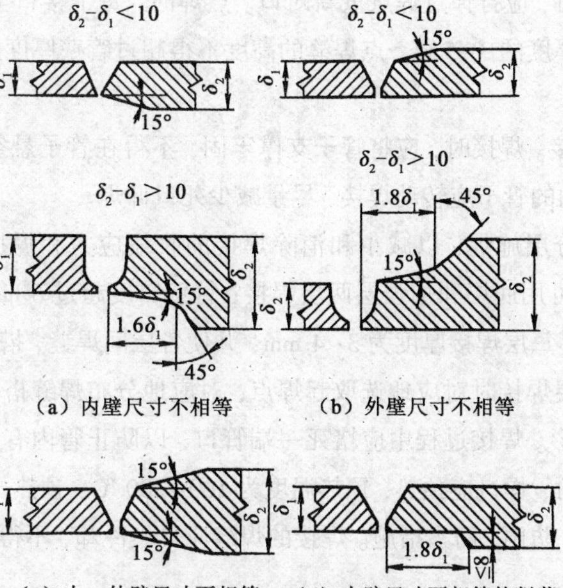

（a）内壁尺寸不相等　（b）外壁尺寸不相等

（c）内、外壁尺寸不相等　（d）内壁尺寸不相等的削薄

图 3-20　不同壁厚的对口类型

③修整、调整好两管口，必须保证两管中心线对正、不错口，可用拉板沿圆周布置 4~6 块拉板，点焊固定。

④管道对口完成后，测量对口是否符合要求，有无变化；如发生变化，应修正或重新对口。

⑤相同壁厚管子对口加工方法。高压管道的焊接坡口应采用焊接方法加工，当管壁厚小于 16 mm 时，采用 V 形坡口；管壁厚度为 17~34 mm 时，可采用双 V 形坡口。

⑥不同厚度的管子对口加工方法。不同厚度的管子对口加工时，总的原则是尽量保证焊口处的壁厚一致，并有一个过渡区，以免形成应力集中。

(8) 高压管道的对口要求。高压管道的焊缝不允许布置在管道的弯曲部位。在对接焊口时，应达到以下标准。

①对接焊缝的中心线，距离管子的支吊架边缘至少应为 70 mm。

②管道上对接焊缝中心线距离管子的弯曲起点不得小于管子外径，且不得小于100 mm。

③两道对接焊缝中心线之间的距离不得小于 150 mm，且不得小于管子的直径。

④对于合金钢管子，其钢号在组合前均需经光谱测定或滴定分析检验进行鉴定。

⑤除设计规定的冷拉焊口外，组合焊接时不得强力对正，以免引起管道的附加应力。

⑥管子对口的加工必须符合设计图样或有关技术要求，管口平面应垂直于管子中心线，其偏差值不应超过 1 mm。

(9) 点焊及校正。管子对口后，应立即点焊固定，并应对接口的平直度进行检查，如发现错口偏差过大时，应打掉点焊点重新对口。点焊时，每个接口至少点焊3~5处，每处点焊长度为管壁厚度的3~5倍，点焊缝的高度不得超过管壁厚度的70%。点焊操作由施焊的焊工进行。

(10)接口的焊接。焊接时，应将管子支撑牢固，不得在管子悬空时或处于外力作用下施焊。凡可以转动的管子应转动焊接，尽量减少死口仰焊。

管口的焊接应分层施焊，以减小和消除焊接的收缩应力和焊接变形。对于管壁厚6 mm以下的管道，可用底层和加强层两层焊接；管壁厚度超过6 mm的管道，应用增加中间层的三层焊接，每层焊接厚度为3~4 mm，并使各层间焊缝、搭接点相互错开。大直径管焊接，应在每层焊接时对应地选取起焊点，对应地分布焊缝搭接点，以避免焊口因受热集中而产生变形。焊接过程中应堵死一端管口，以防止管内有穿堂风流动。焊接环境温度低于-20 ℃时，焊口应预热，预热温度为100~200 ℃，预热长度为200~250 mm。室外焊接应有防风、防雨、防雪措施。焊接的焊缝应自然冷却，不得浇水骤冷。

2.焊接方法选择

管道的焊接方法有电焊和气焊两种，其特点如下。

(1)电焊的电弧温度高，穿透能力比气焊大，易将焊口焊透。因此，电焊适于焊接4 mm以上的焊件，气焊适于焊接4 mm以下的薄焊件。在相同条件下，电焊的焊缝强度高于气焊。

(2)用气焊设备可进行焊接、切割、开孔及加热等多种作业，即使是全部采用电焊的管道工程，也离不开一套气焊设备的辅助。

(3)气焊的加热面积较大，加热时间相对较长，焊件因此易产生局部变形。电焊的加热面狭小，焊件引起变形的程度比气焊小。

(4)气焊消耗氧气、乙炔气、气焊条，电焊消耗电能和电焊条，相比之下，气焊成本高于电焊。

由此可见，就焊接而言，电焊优于气焊，故应优先采用。一般规定只有公称直径小于50 mm、管壁厚度小于3.5 mm时，才考虑使用气焊进行焊接。

手工电弧焊使用的机具是焊机、焊钳、面罩、连接导线、手把软线等。气焊和气割使用的机具是乙炔瓶、氧气瓶、焊炬、割炬、连接胶管等。

二、法兰连接

法兰连接是管道的连接件法兰盘在螺栓、螺帽(紧固件)的紧固下，压紧两片法兰盘之间的法兰垫片，使管道连接起来的一种连接方式。法兰连接具有拆卸方便、连接强度高、严密性好等优点，适用于各种高、低压管道，法兰阀件，带法兰接口的设备配管的连接。法兰连接包括法兰盘与管道之间的连接，以及法兰盘与法兰盘之间的连接。

1.法兰密封面的形式

法兰密封面的各种形式、特性和适用范围见表 3-3。

表 3-3　法兰密封面的形式、特性和适用范围

名称	图例	特性和适用范围
普通密封面		结构简单，加工方便，但垫子不易放正。其多用于低、中压管道系统中
单止口密封面	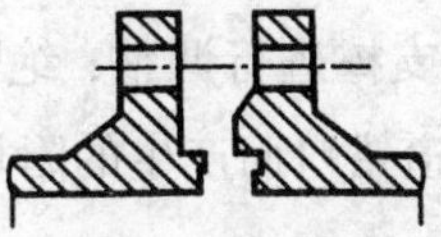	密封性能比普通密封面好，安装时便于对中，能防止非金属软垫由于内压作用被挤出。当配用高压石棉垫时，可承受 6.4 MPa 的压力；当配用金属齿形垫时，可承受 20 MPa 的压力
双止口密封面		密封面窄，易于压紧，垫子不会因内压或变形而被挤出，密封可靠。但法兰对中困难，受压后不易取出。使用的垫料、可承受的压力与单止口密封面基本相同，但不宜采用金属齿形垫。其多用于有毒介质或密封要求严格的场合
平面沟槽密封面	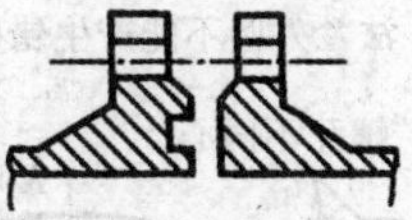	安装时便于对中，不会因垫子而影响装配尺寸基准，耐冲击振动。当配用橡胶 O 形圈时，可承受压力为 32 MPa或更高，密封性好。其广泛用于液压系统和真空系统
梯形槽密封面	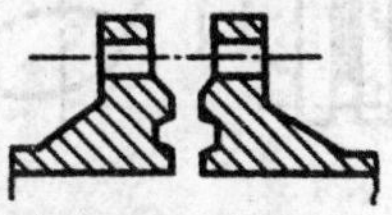	与八角形截面或椭圆形截面的金属垫配用，密封可靠。其多用于压力高于 6.4 MPa 的场合
镜面密封面	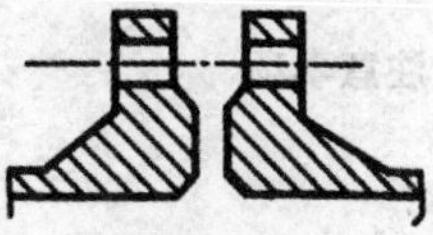	密封面的精度要求高，并要求精密成镜面，加工困难。其不加垫子或加镜面金属垫，多用于特殊场合
研合密封面		两密封面需刮研，中间一般不加垫子，多用于设备的中分面

2.法兰连接管道的组装要求

(1)组装前必须清除法兰接合面原有的旧垫。注意铲除方法，铲除时不得把密封面

刮伤，同时用划针清理密封面上的密封线，如图 3-21 所示。

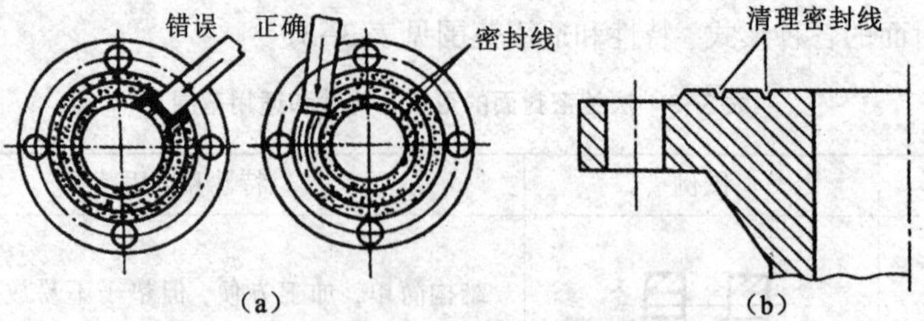

图 3-21　清理法兰密封面

(2)法兰密封面应干净、平整、无划痕，应对不符合要求的法兰进行更换。

(3)两法兰面在未紧螺栓时，平行差不得超过 1.5 mm。如果两法兰面错位、歪斜或螺孔不同心，应采取校正管子的方法，或对管道的支撑进行调整，绝不允许强行对口或依靠螺栓紧力强行拉拢，法兰及螺栓不应承受因管道错口而产生的附加应力，如图 3-22 所示。

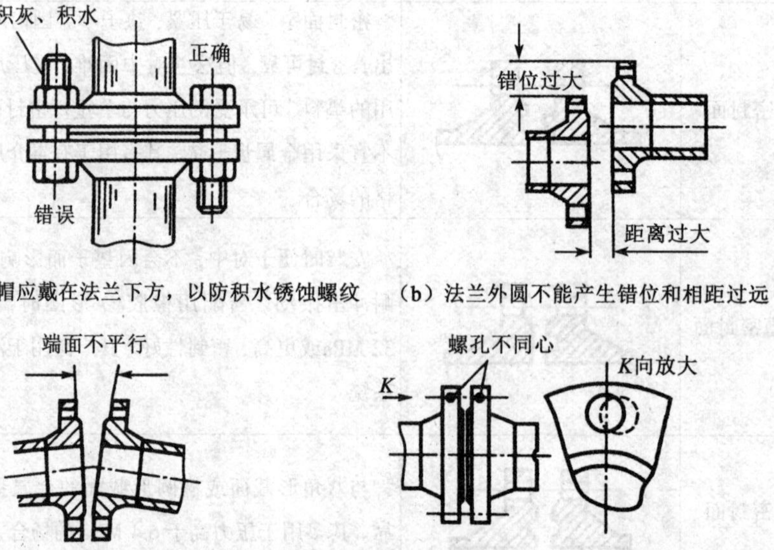

(a) 螺帽应戴在法兰下方，以防积水锈蚀螺纹　(b) 法兰外圆不能产生错位和相距过远

(c) 法兰端面（密封面）应平行　(d) 两法兰上的螺孔应同心，保证螺栓穿入时不受蹩

图 3-22　组装管道法兰的注意事项

(4)合理选用垫料，正确制作、安放垫片。

(5)法兰螺栓对称拧紧后，要求两法兰面平行。低压法兰用钢尺检查，目视合格即可；高压法兰用游标卡尺检测。法兰组装工艺如图 3-23 所示。

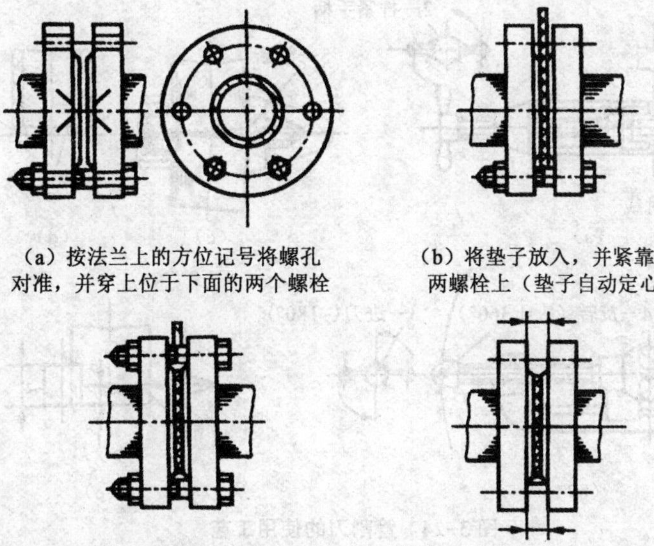

(a) 按法兰上的方位记号将螺孔对准，并穿上位于下面的两个螺栓

(b) 将垫子放入，并紧靠在两螺栓上（垫子自动定心）

(c) 装上其他螺栓，并用手将螺帽拧到与法兰接触，然后对称，将螺栓拧紧

(d) 要求各螺栓扭矩一致，四周的间隙相等（用游标卡尺或塞尺测量）

图 3-23 法兰组装工艺

三、螺纹连接

螺纹连接又称扣丝连接，能将管端加工成的外螺纹与带有内螺纹的管子配件或附件紧密连接。它适用于镀锌钢管，较小直径(如 32 mm 以内)、较低工作压力(如 1MPa 以内)的焊接钢管，以及带螺纹的阀类和设备的连接。

1.管螺纹连接常用工具

(1)手工锯。锯断是普通的切断方法，适用于钢管、有色金属管、塑料管等。锯断可用机床切断，也可用手工切断。手工切断操作简便灵活，操作技术易于掌握，广泛应用于管子的切断。

(2)管割刀。它是专门用来切割钢管的。与手工锯相比，管割刀切割速度快，且断面平齐，在施工现场应用广泛。管割刀是在弓形刀架的一端装有一个圆形刀片，另一端装有可调节进退的手柄，螺杆的一端装有两个托轮，当转动螺杆手柄时，可控制托轮进退，使刀片紧靠或离开管子。管割刀的使用工艺如图 3-24 所示。

①将管割刀套在管子上，用两滚轮压住管子，割刀刃口对准割线，如图 3-24(a)所示。

②拧紧进刀手柄，每次旋转 180°左右，进刀后，握住进刀手柄，将管割刀旋转一圈(大于 360°)，如图 3-24(b)所示。

③进刀旋转，直到割断管子，如图 3-24(c)所示。

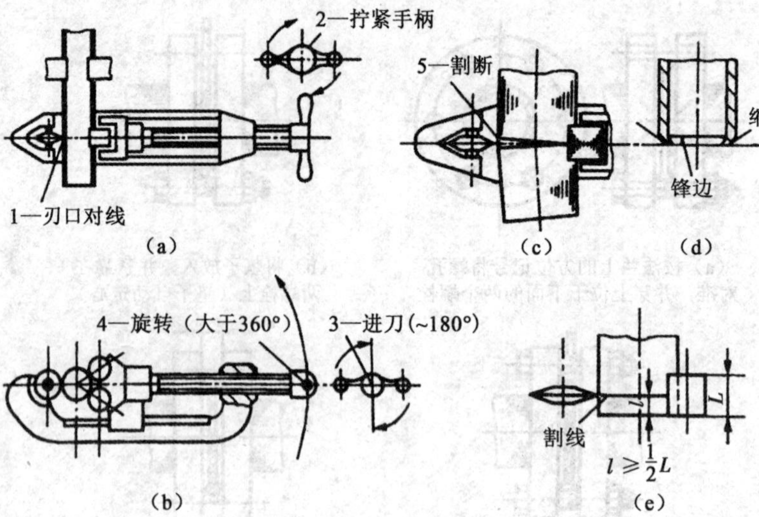

图 3-24 管割刀的使用工艺

④用管割刀切割的管材断面平整、垂直，但由于切割时割口受挤压，故割口有收口现象，并在内口出现锋边，如图 3-24(d)所示。缩口利于板丝时起扣，锋边则应用半圆锉锉平。

⑤割管时，管子端部应保留一定的极限长度，如图 3-24(e)所示。

(3)管子钳。它是拆装螺纹管子的专用工具，其规格与活动扳手相同。图 3-25 为管子钳的结构及使用方法。使用时，管子钳的开口要适度，活动钳头向外翘起，使两钳口形成一个角度 θ，从而将管子紧紧地卡住，这样在用力时管子钳才不会打滑。

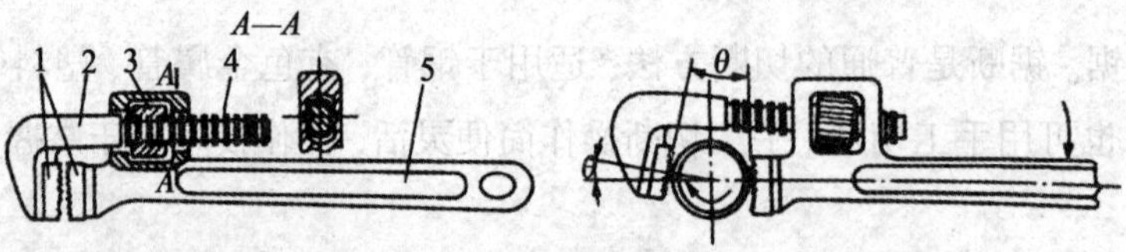

图 3-25 管子钳的结构及使用方法

1—钳口；2—活动钳头；3—方牙螺母；4—方形螺纹；5—钳身

另外，还有一种专门用于大口径管子拆装的管子钳，也称为链钳。它是用板链代替活动钳口，由于链子很长，故可用于大口径管子的拆装。

(4)管子板牙。它是扳制管螺纹的专用工具，常用的有管螺纹板牙、可调式管子板牙、电动扳丝机。使用管子板牙扳制管螺纹(套丝)的注意事项如下。

①管子板牙的螺纹大径应与管子外径相吻合。若管径过大，会损坏板牙，且易乱扣；若管径过小，则牙型不完整。

②套丝时，应先将定心爪卡住管子，但不可过紧；起扣时，应用力推住管子板牙，以利于起扣，如图 3-26(a)所示。

③使用组合式丝板时，板牙块(一般为 4 块)必须按照顺序对号入座；若装错，则必然乱扣。

④套丝长度不宜过长，只要管端露出 2 牙即可，如图 3-26(b)所示。

⑤在使用各类扳丝机具时，必须定时向板牙上注入机油，以保证刀具刃口的冷却，提高板牙的使用寿命，同时提高螺纹的精度。

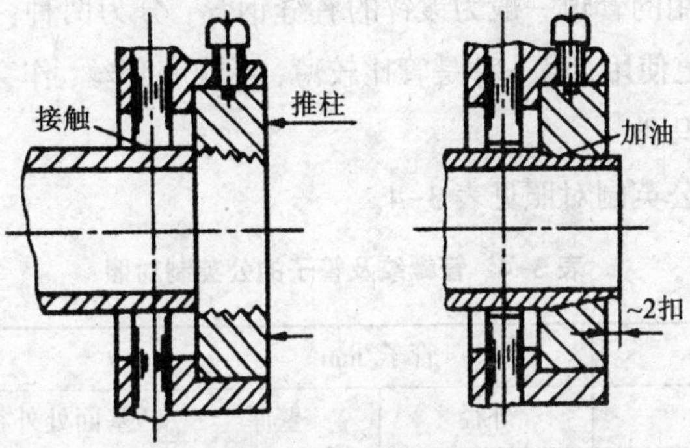

图 3-26　套丝工艺

2.螺纹连接管道的检修工艺

用螺纹连接的管道，其管径一般不超过 80 mm，管端螺纹用管子板牙扳制。扳制的外螺纹要有一定的锥度，锥形螺纹拧紧后不易发生泄漏。装配时，螺纹不能拧入过多，也不宜将管件拧得过紧，否则会胀裂，一般有 3~4 扣即可。

螺纹管道的配制及其装配顺序如下。

(1)用管割刀将管子截取所需长度。

(2)用管子板牙扳丝，扳丝长度不宜过长，只要管端露出工具 1~2 扣丝牙即可，见图3-27(a)。

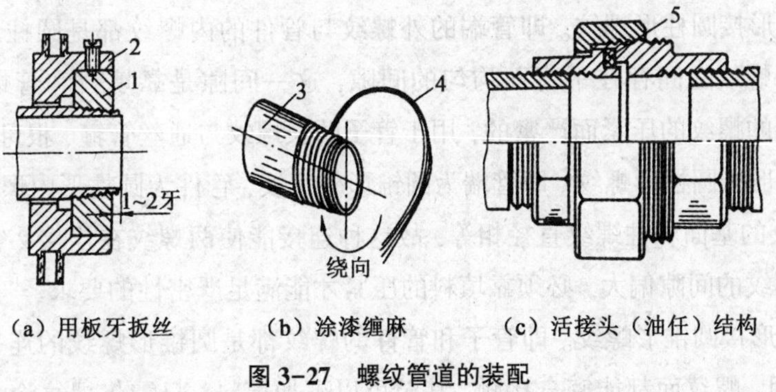

(a) 用板牙扳丝　　(b) 涂漆缠麻　　(c) 活接头（油任）结构

图 3-27　螺纹管道的装配

1—板牙；2—扳丝架；3—管子；4—麻丝；5—石棉胶垫

(3)在螺纹部位(通常只在外螺纹上)缠密封材料。传统的方法是在管螺纹部位抹层白铅油或白油漆，再沿螺纹的尾端向外顺时针方向缠上新麻丝，也可以将麻头压住由外向内缠，见图3-27(b)。现在则广泛采用生胶带密封，这是一种新型密封材料，使用方便、清洁，一般只需在螺纹上缠绕两层即可。

(4)为便于管道检修，在一定长度管道中及阀门前或阀门后应安装活接头，见图3-27(c)。活接头的接口面要放置环形垫料，对口时应平行，不许强行对口。

3.管螺纹规范及管子识别

管螺纹连接所使用的管道一般为镀锌的有缝钢管，分为两种：一种是管壁为标准厚度，专供螺纹连接管道使用；另一种是管比较薄，不能够套丝，作穿墙管或电气线路套管使用，使用时要注意识别。

管螺纹及管子的公英制对照见表 3-4。

表 3-4　管螺纹及管子的公英制对照

尺子代号		管子/mm		管螺纹	
mm	in	外径	壁厚	基面处外径/mm	每英寸牙数
15	1/2	21.25	2.75	20.956	14
20	3/4	26.75		26.442	
25	1	33.50	3.25	33.250	11
32	5/4	42.25		41.912	
40	3/2	48.00	3.50	47.805	
50	2	60.00		59.616	
70	5/2	75.50	3.75	75.187	
80	3	88.50	4.00	87.887	

4.管螺纹及其连接形式

(1)圆柱形接圆柱形螺纹。即管端的外螺纹与管件的内螺纹都是圆柱形螺纹。这种连接在内、外螺纹之间存在平行而均匀的间隙，这一间隙是靠填料和管螺纹末端最后1~2个不完全的螺纹的压紧而严密的，用于管子的长螺纹与通丝管箍、根母的连接。

(2)圆锥形接圆柱形螺纹。即管端为圆锥形外螺纹，管件为圆柱形内螺纹的连接。由于只有锥螺纹的基面和柱螺纹直径相等，故这种连接能使两螺纹在连接 2/3 长度中紧密结合，整个螺纹的间隙偏大，必须靠填料的压紧才能满足严密性的要求。

(3)圆锥形接圆锥形螺纹。即管子和管件的螺纹都是圆锥形螺纹的连接。这种连接最为紧密牢固，螺纹面都能密合接触，甚至可以不加填料，只需将螺纹涂上润滑物就可拧紧。故这种连接应该成为今后的主要连接方式。

5.螺纹连接的管件

用于管子螺纹连接的配件主要用可锻铸铁或软钢制造而成。管件的材质要求坚固并有韧性。根据管子用途的不同，可将管件分为镀锌(白铁)和不镀锌(黑铁)两种。

管件的规格是按照管子的公称直径标明的，规格在 *DN* 15~150，工作压力为 1 MPa。按照用途不同，管件可分为以下几种。

(1)外接头。例如，管箍、外丝(内接口)套管可用于直径相同管子的直线连接。它有通丝和不通丝两种。通丝管箍和锁紧螺母配以管端长螺纹，用于长丝活接头使用。

(2)弯头。它用于管道转向连接，有 90°，45°两种转弯角度弯头，有等径、异径两种规格。等径弯头是用量最大的管件之一。其规格表示方法：管径×转向角度，如 *DN*25×90°。

(3)三通和四通。它有等径和异径之分，用于相同管径或者不同管径的管路分支。分支管连接均为 90°连接。管件规格表示方法：等径三通或四通均以连接管子公称直径表示，如 *DN*25 三通、*DN*25 四通等。异径时，用“大直径×小直径”表示，如 *DN*25×15 三通或四通。

(4)活接头。又叫油任，用于两根相同直径管子的可拆卸直线连接。注意活接头在连接时不能强行对口，且两端面要平行。

(5)异径外接头和内外螺丝。用于管道变径，是两种不同直径的管子的直线连接管件。异径外接头又叫异径管箍或大小头，有同心和偏心两种。其规格表示方法为“大直径×小直径”。内外螺丝俗称补心，其连接简单，常用于三通或四通、管箍变径一侧。

(6)锁紧螺母。又叫根母，是长丝活接头或长丝管的紧固件。

(7)外方管堵。又叫管丝堵、丝堵，用于堵塞必要时可打开的管道敞口，常用于管道系统的最低点的管件内螺纹处，以打开排泄。

6.管螺纹加工及常用加工机具

管螺纹的加工制作有三种方法：一是人工绞板加工；二是电动套丝机加工；三是螺纹机床加工。在施工工地常用前两种方法制作，下面主要介绍人工绞板加工和电动套丝机加工方法。

(1)人工绞板加工。

人工绞板加工所用工具为绞板(也成代丝)。每种规格管子绞板都分别配板牙，可以套两种管径管螺纹。

管子绞板及板牙有确定的规格和使用范围。每套板牙为 4 块，刻有 1~4 的序号，由硬质碳素工具钢制成。在套丝板本体上每个板牙口处也刻有 1~4 的标号，更换板牙时要对号入座。

人工绞板套丝操作步骤如下。

①根据管子直径选择合适的套丝板及合适的板牙。更换板牙步骤：松开紧固螺栓，松扣柄达到非工作位；调整前挡板，使前挡板上的 A 线与板牙本体上的 A 线对齐。卸下

原来的板牙，装上要使用的板牙(注意要对号入座)。

②对尺寸。对尺寸步骤：松开紧固螺栓，松扣柄达到工作位；调整前挡板，使前挡板所要套制管的尺寸线与板牙本体附近的“0”线对齐。

③认扣。认扣有两种方法：推入法和压入法。一般对于小尺寸的管子采用推入法，且一般只套一遍就可以；对于大尺寸的管子采用压入法，一般要套 2~3 次。

④套制。套丝时注意用力要均匀，不能回转；注意套制时加少量机油。

⑤拔梢。在套制还剩 2~3 扣时，边松扣柄边套制，套出锥度。

⑥退板。套制结束时，松开松扣柄的同时压下套丝板。

(2)电动套丝机加工。

电动套线机加工是指用套丝机加工管螺纹，目前安装现场已普遍采用这种加工机具。电动套丝机按照结构形式分两类：一类是板牙架旋转，用卡具夹持管子纵向滑动，送入板牙内加工管螺纹；另一种是卡具夹持管子旋转，纵向滑动板牙架加工管螺纹。

使用电动套丝机的步骤如下。

①在板牙架上装好板牙。

②将管子从后卡盘孔穿入到前卡盘，留出合适的套丝长度后卡紧。

③放下板牙架，加机油后按“开启”按钮，机器转动，扳动进给把手，使板牙对准管子头，稍加一点压力。

④板牙对管子套出一段标准螺纹后，关闭开关，松开板牙头，退出把手，拆下管子。

⑤用管割刀切断管子套丝后，应用铣刀铣去管内径缩口边缘部分。

(3)管螺纹质量要求。

管螺纹的加工质量，是决定螺纹连接严密与否的关键环节。按照质量要求加工的管螺纹即使不加填料，也能保证连接的严密性；质量差的管螺纹，就是加再多的填料也难保证连接的严密性。所以管螺纹应达到如下质量标准：

①螺纹表面光滑、无裂纹，但允许微有毛刺；

②螺纹断缺总长度不超过其长度的 10%，各断缺处不得纵向连贯；

③螺纹不得有偏丝、细丝、乱丝等缺陷；

④用手可轻松拧入 2~3 扣。

7.管螺纹连接常用的下料方法

管螺纹连接常用的下料方法有计算方法和比量法，实际施工中多用比量法。钢管螺纹连接的比量法下料步骤如下：先在钢管的一端套丝，抹油缠麻，并拧紧安装前方的管件或阀门；用此管与连接后方的管件进行比量，使两管件的中心距离为构造长度，从管件的边缘量出拧入深度，在管子上用锯条锯出切断线，经切断套丝后即可安装。如遇到弯管端，先加工弯管，在弯管一端套丝，抹油缠麻，拧紧前方的管件，如上述比量下料。

8.管螺纹连接工艺及注意事项

管道连接时，管端螺纹可用铅油加麻或生料带做密封材料。一般顺时针缠绕两圈即可。

在组装管件时先用手将管件拧到管子上，再用管钳拧紧。若在同一直线上有数节管道及管件组合，没有必要装一个紧一个，可将同直线上管件全部用手拧上，然后用管钳拧紧最后一个管件。

螺纹连接所用的管件通常为标准件，具有极高的互换性。管件通常用铸铁制造，热处理后经过加工而成，其力学性能略高于铸件，不可焊接。管端螺纹用板牙套制，套制螺纹有一定锥度，因而在装配时螺纹不需拧入太多，即可有良好的密封性能，一般拧入3~4扣即可。若拧入过多，管件可能胀裂。

在组装管件时要留有一定的余量，尽量不要一次拧到位。注意拧过后不能够回拧，只能卸下重新安装。

油任是管道上的活接头，其组装工艺要求较高。在组装时，油任接口面要放置环形垫料。油任对口时应平行，不得强行对口。

第五节　管道附件

一、法兰组件

1.法兰

法兰连接是中、低压管道连接中普遍采用的一种连接形式。在一些高压管道与设备连接处或检修时需要拆装的地方，也采用法兰连接。

常用的法兰有平焊法兰和对焊法兰。平焊法兰用于设计温度低于 300 ℃，公称压力不大于 2.45 MPa 的管道；对焊法兰用于设计温度高于 300 ℃，公称压力不小于 3.92 MPa 的管道。在高压蒸气管道上有时采用活动式法兰。

法兰密封面不允许损坏，安装前应对此面进行检查。接触面状况不好的要进行刮研。选配法兰不但要注意接口尺寸，还应保证法兰的厚度符合管道公称压力的要求。

2.法兰垫片

在法兰接合面之间须设有垫片以使接合面密封。垫片种类有橡胶石棉板垫片、橡胶垫片、金属石棉缠绕片和金属齿形垫片。橡胶石棉板垫片广泛应用于空气、蒸气等介质的管路中。对于光滑面法兰，使用压力不超过 2.45 MPa；对于凹凸面和榫槽面法兰，使用压力可达到9.81 MPa，但温度不高于450 ℃。橡胶垫片因有弹性，密封性能较好，用于介质温度低于 60 ℃、公称压力小于 0.98 MPa 的管路法兰上。金属石棉缠绕片的密封性能好，广泛用于温度低于450 ℃、公称压力小于9.8 MPa的蒸气管路。金属齿形垫片用于公称压力为3.92，6.3，9.8，5.7，19.6 MPa的管路法兰上。

3.螺栓

螺栓在法兰连接中起着重要作用，对法兰接合的严密性和管道运行的安全性有很大影响。常用的是六角螺栓和双头螺栓。六角螺栓多用于低压管道的法兰连接；双头螺栓则用于高压管道的法兰连接。

紧固螺栓时，必须做好紧固力的计算，否则会造成法兰接合处的泄漏或螺栓的损坏。

二、弯头和三通

1.弯头

弯头是管道中常用的管件，用以改变管道的走向和位置。弯头一般由工厂制作，在工地现场，一些常用的弯头也可能就地制作。其根据制造方法的不同，可分为冷弯、热弯和焊接弯头等。

2.三通

当管道有分支管时，需要安装三通。三通有等径三通、异径三通等。按照其制造方法不同，又可分为铸造三通、锻造三通和焊接三通三种。

三、管道支吊架

管道支吊架是支撑和固定管道的设施。它通常固定在梁柱或混凝土结构的预埋件上。其主要功能是承受管道、附件、管内介质的重量；承受管道温度变化所产生的推力或拉力，对管道热变形进行限制和固定；防止或减缓管道的振动。

1.支架

支架分为固定支架、活动支架、导向支架等。固定支架(如图3-28所示)用来固定管道在任何方向的位移，承受管道的自重及管道温度变化所产生的力和力矩。焊接固定支架用于温度不高于450 ℃水平管道的固定支撑。管夹式固定支架用于540~550 ℃的高温管道。安装固定支架时一定要保证托架、管箍、管壁紧密接触，把管子卡紧，起到死点的作用。

活动支架承受管道的重量，而不限制管道的水平位移。活动支架又分为滑动支架和滚动支架两种。

此外还有导向支架(如图3-29所示)，用来限制或引导管道沿某一方向的位移。

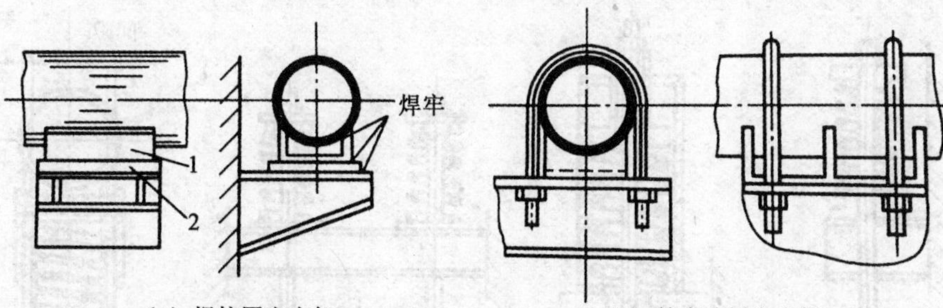

（a）焊接固定支架　　（b）管夹式固定支架

图 3-28　固定支架

1—管枕(焊接在管子上)；2—台板

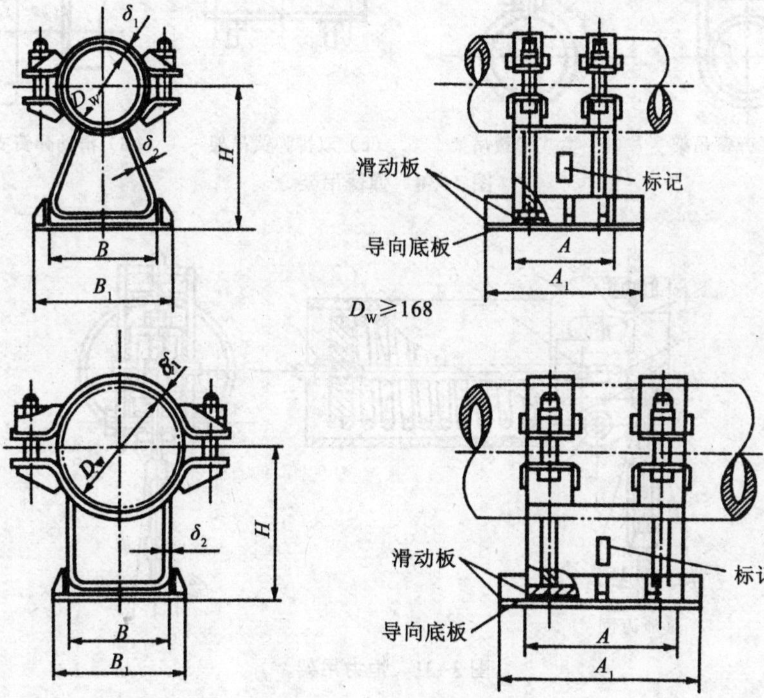

图 3-29　导向支架

2.吊架

吊架可分为刚性吊架、弹簧吊架(图 3-30)、恒力吊架(图 3-31)三种。

刚性吊架的连接件没有伸缩性，适用于垂直位移为零或位移很小的管道上的吊点。

弹簧吊架的连接件为弹簧组件，适用于有中、小垂直位移的管道，并允许少量的水平位移。位移时，弹簧受压缩，不致使工作荷重发生很大变化。

恒力吊架应用于在温差很大且有较大位移的管道上。因恒力吊架的承载能力不随支吊点的位置升降而变动，故在管道产生热位移时，不会引起管系各吊点荷载重新分配的问题，吊架始终承受基本不变的荷载，并因其承载近似恒定值而得名。

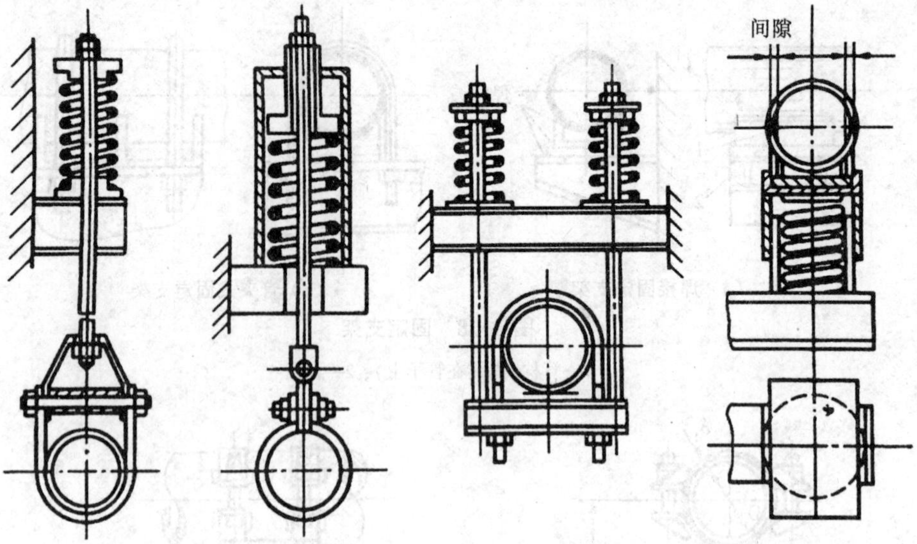

（a）普通弹簧吊架　（b）盒式弹簧吊架　（c）双排弹簧吊架　（d）滑动弹簧支架

图 3-30　弹簧吊架

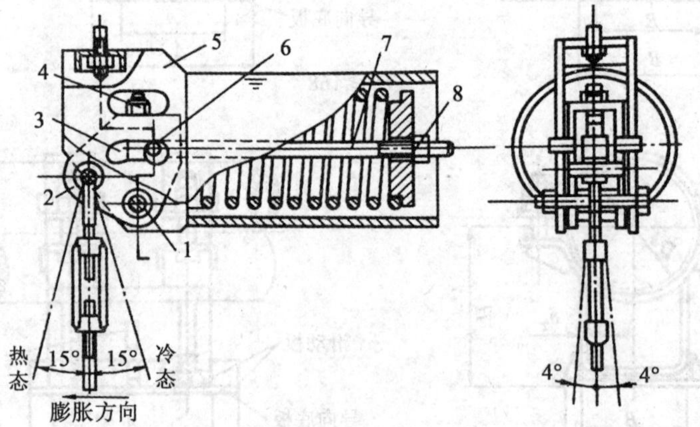

图 3-31　恒力吊架

1—支点轴；2—内壳；3—限位孔；4—调整螺帽；5—外壳；

6—限位销；7—弹簧拉杆；8—弹簧紧力调整螺帽

3.支吊架的检查与维修

(1)支吊架与建筑物的固定处不得松动和发生位移。

(2)固定支架(管道的死点)与管子的连接必须固定牢固，焊口要仔细检查；用螺栓连接的要检查紧固程度，使固定支架起到管道死点的作用。

(3)检查活动支架活动件与固定面的接触情况及磨损程度，清除活动件与固定面间的铁锈与污物，使活动支架起到活动与导向的作用。

(4)吊架的吊杆要处于受力状态。弹簧吊架与弹簧支架的弹簧要处于压缩状态(一般都采用压簧)，已全部压缩或失去弹性的弹簧，必须进行更换，保证起到弹性支、吊的作用。

四、管道补偿器

热力设备的管道因在高温下运行，所以必须考虑热伸长及补偿问题。热补偿一般是指管道吸收热膨胀、减少热应力的能力。

现代电厂的主蒸气温度一般为435~570 ℃，冷热温差可达400~520 ℃，则每米主蒸气管道的伸缩量可达5~9 mm。所以在管道设计时，必须考虑热膨胀和热补偿。

热补偿的方法有自然补偿或采用各种形式的补偿器。管路系统中，为改变流体运行方向要设置很多L形管段和Z形管段，自然补偿就是利用管道弯曲部分的变形来达到补偿目的。常用的热膨胀补偿器有填料式补偿器、波形补偿器、π形补偿器或Ω形弯管补偿器等。π形补偿器和Ω形补偿器都是由管子弯制而成的，补偿能力大，制造容易，运行可靠，适用于任何压力和温度的管道，所以最为常用。

第六节　管道系统金属技术监督

一、管道系统金属技术监督的范围

(1)工作温度不低于450 ℃的高温管道和部件，如主蒸气管道、再热蒸气管道、阀门、三通，以及与主蒸气管道相连的小管道。

(2)工作压力不小于6 MPa的承压水管道和部件，如主给水管道和机组容量在300 MW以上的低温再热蒸气管道。

二、管道系统金属技术监督的任务

做好监督范围内的各种管道和部件在检修中的材料质量、焊接质量及金属试验工作；检查和掌握受监督部件服役过程中金属组织变化、性能变化和缺陷发展情况，发现问题及时采取措施；了解监督范围内管道长期运行后的应力状态和对支吊架全面检查的结果；逐步采取先进的诊断或在线监测技术，以便及时、准确地掌握并能判断金属部件寿命、损耗程度和损伤状况，建立、健全金属技术监督档案。

蒸气管道在高温和应力作用下长期运行，钢的强度和高温性能降低。蒸气管道在高温下，在一定的应力(虽然这一应力并未超过该温度下的屈服点)作用下，会发生缓慢的、连续不断的塑性变形，这种变形就叫作蠕变变形。

1.蠕变测点的安装

蒸气温度大于450 ℃的主蒸气管道和再热蒸气管道应装设蠕变监督段。监督段一般应设置在靠近过热器和再热器出口联箱的水平管段上。该监督段必须设置 3 个蠕变测量截面。主蒸气管道、蒸气母管和再热蒸气管道的每个直管段上可根据情况设置 1 个蠕变测量截面，每条管道的蠕变测量截面的总数不得少于 10 个。直管段上的蠕变测量截面的位置距焊缝或支吊架的距离不得少于 1 m，距弯曲起点不得少于 0.75 m。锅炉出口联箱体上应至少设置 2 个蠕变测量截面，并应设置在联箱两端的无孔区上。

蠕变测点用 1Cr18Ni9Ti 不锈钢制作。对于外径小于 350 mm 蒸气管道和联箱，每个蠕变测量截面的蠕变测量点头至少应有 4 个(2 对)，分布在 2 个相互垂直的直径端点上，如图 3-32 所示。对于外径大于 350 mm 的蒸气管道和联箱，每个蠕变测量截面的蠕变测点头至少应有 8 个(4 对)，分布在 4 个成 45 等分的截面直径端点上。

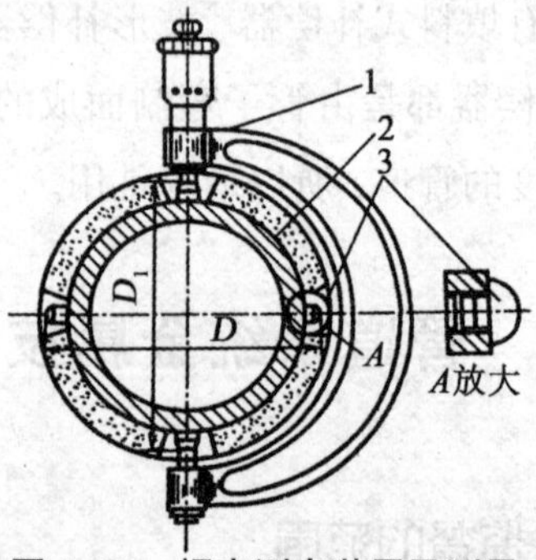

图 3-32　蠕变测点装置及测量

1—外径千分尺；2—管子；3—不锈钢测头

2.蠕变测量方法

在设计期限内或经过鉴定的超期运行期内，当蠕变变形量 $\varepsilon<0.75\%$，或管道各测量截面间的最大蠕变速度小于 0.75×10 mm/(mh)时，监督段的蠕变测量时间以 1.5×10^4 h 左右为宜；对其他蠕变测量截面，可采用轮流测量的方法，但其测量时间间隔不超过 3×10^4 h。用千分尺测量监督段截面的直径，通过直径的变化监视其蠕变变形情况。

3.蠕变监督标准

蠕变恒速阶段的蠕变速度应不大于 1×10 mm/(mh)。总的相对蠕变变形量 ε 达 1%时进行试压鉴定，总的相对蠕变变形量 ε 达 2%时更换管子。

三、主蒸气管道、高温再热蒸气管道检修中的监督

(1)按照蠕变监督的测量要求测量蠕变变形。测量人员应保持相对稳定，以保证蠕变测量结果的准确性和可比性。

(2)检查人员在机组启动和停止前后，检查管道支吊架和位移指示器的工作状况，发现松脱、偏斜、卡死或损坏等现象时，应及时修复，并做好记录。

(3)对主蒸气管道可能有积水的部位，如压力表管、疏水管道附近，以及喷水减温器下部，应加强对内壁裂纹的检查。

(4)对工作温度不低于450 ℃的钢管、钼钢蒸气管道，当其运行时间达到或超过10 h时，应进行石墨化普查，以后的检查周期约5×10^4 h。

(5)高合金钢主蒸气管道异种钢焊接接头(包括焊接管座焊接接头)运行5×10^4 h时应进行无损探伤，以后检查周期为$2\times10^4\sim4\times10^4$ h。

(6)对200 MW以上机组的主蒸气管道、高温再热蒸气管道冷、热段运行10 h后，应对管系及支吊架进行全面检查和调整。

(7)主蒸气管道、高温再热蒸气管道要保温良好，严禁裸露运行。保温材料应符合技术要求，运行中严防水、油渗入管道保温层。保温层破裂或脱落时，应及时修补。管道上不允许焊接保温钩，不得借助管道起吊重物。

(8)对于工作温度高于450 ℃的主蒸气管道、高温再热蒸气管道及其部件，要注意掌握其运行状况，检修时应对其进行全面的外观和无损探伤检查，对直管、弯头进行壁厚测量、金相检查、弯管不圆度测量，对监视段进行硬度、金相、碳化物检查。凡更换部件应确保质量，做好记录，存档备案。

四、高温高压管道螺栓的监督

1.对高温高压螺栓的要求

高温高压管道上的螺栓，由于受到金属蠕变作用及管道、法兰膨胀所产生外力的影响，要求螺栓具有优良的机械性能及抗蠕变性能。因此，高温高压螺栓均采用优质合金钢制造并进行热处理。

在加工时，对螺栓、螺母的加工精度、表面粗糙度及螺纹配合有严格要求。为了保证螺纹的良好配合，螺栓与螺母应配对使用。重要部位的螺栓应建立卡片，注明材质、热处理工艺、无损探伤结果、使用日期等。

2.螺栓的使用

(1)为了防止螺纹副在紧固和拆开时发生螺纹部位被拉伤、卡死等现象，防止经长期运行产生锈蚀，在检修时必须对螺栓副进行认真的清洗，并在螺纹部位涂上润滑剂。常用的润滑剂有片状石墨粉、二硫化钼(使用温度不高于400 ℃)。

(2)大部分螺栓可在常温下进行紧固，无须加热。对于大直径螺栓，因螺纹之间的摩擦力很大，要使螺纹副达到要求的紧力，应该采用加热的方法紧固。在运行中，螺纹副可能发生松弛，其原因是螺栓因蠕变而形成永久性伸长，螺栓的线膨胀系数大于法兰的线膨胀系数。

为了防止螺纹副的紧度逐渐降低，造成法兰密封泄漏，应将其紧度恢复到原来的程度。螺栓在有效期内允许进行数次再紧固，其次数决定于螺栓累计总伸长量(其值不应超过材料的允许极限)。常用钢材允许紧固的弹性伸长值为1%，所以，对重要的螺栓应记录其原始长度及每次再紧固的增长值。

(3)螺栓的检查有两种形式：一是用放大镜进行宏观检查，主要检查螺纹有无碰伤、变形及螺栓有无明显裂纹、弯曲等；二是金属技术监督检查，主要进行着色或磁粉探伤、超声波探伤、硬度检查及金相组织检查。对于不小于 M32 的高温合金螺栓应进行无损探伤、100%光谱复查和硬度检查；使用 5×10^4 h 的合金钢螺栓应进行金相检验，必要时进行冲击韧性抽查，抽查周期控制在 $3\times10^4 \sim 5\times10^4$ h。根据发现的缺陷情况，分析产生缺陷的原因，找出处理方法。如果发现螺栓出现裂纹，必须更换新螺栓。

思考题

(1)管子使用前应做哪些检查？

(2)管子套丝的方法有哪些？加工时应注意什么问题？

(3)对法兰接合面的密封垫片有什么要求？

(4)弯管时，为什么要有一定的过弯度？

(5)弯制有缝钢管时，为什么要将焊缝置于中性层？

(6)弯管后应检查哪些项目？

(7)弹簧支吊架在检修时应注意哪些事项？

(8)火力发电厂管道系统金属技术监督的范围是什么？

(9)如何进行高温管道的蠕变测量？

第四章　阀门检修

阀门是管道系统中不可缺少的部件，用来接通或截断管路中的通流介质，调节介质的流量和压力，改变介质的流动方向及保护管路系统或设备的安全运行。

在火电厂中，阀门的规格品种繁多。对阀门的要求是关闭严密、流动阻力小、有一定的强度、结构简单、操作方便、容易维修。随着发电机组向大容量、高参数方向发展，阀门也随介质参数的提高向高温、高压方向发展，对其结构也提出了新的要求。

第一节　阀门的分类及型号

一、阀门的分类

阀门是开启、关闭或控制设备和管道中介质流动的机械装置。其种类很多，分类的方法也比较多。

1.按照作用性质分类

(1)关断阀门。它主要用于截断或接通介质流通通路，包括闸阀、截止阀、隔膜阀、球阀、旋塞阀、碟阀、球阀等。

(2)调节阀门。它主要用于调节介质的流量、压力等，包括调节阀、节流阀、减压阀等。

(3)保护阀门。它用于保护设备、防止事故发生。安全阀、止回阀和具有快速关断功能的阀门及疏水器、水锤消除器等都属于保护类阀门。

2. 按照主要参数分类

(1)按照压力分类。

真空阀：工作压力低于标准大气压的阀门；

低压阀：公称压力不大于 1.6 MPa 的阀门；

中压阀：公称压力为 2.5~6.4 MPa 的阀门；

高压阀：公称压力为 10.0~80.0 MPa 的阀门；

超高压阀：公称压力不小于 100 MPa 的阀门。

(2)按照介质工作温度(t)分类。

常温阀门用于介质工作温度为-40~120 ℃的阀门；

中温阀门用于介质工作温度为 120~450 ℃的阀门；

高温阀门用于介质工作温度高于 450 ℃的阀门。

3. 按照结构分类

按照结构分类，可将阀门分为球形阀、闸板阀、针形阀、转芯阀、自密封阀门。

4.按照连接方式分类

法兰连接阀门：阀体带有法兰，与管道采用法兰连接；

螺纹连接阀门：阀体带有内螺纹或螺纹，与管道采用螺纹连接；

焊接连接阀门：阀体带有焊口，与管道采用焊接连接。

5.通用分类方法

通用分类方法既按照原理、作用，又按照结构划分，是目前国内、国际最常用的分类方法。一般分为闸阀、截止阀、旋塞阀、球阀、蝶阀、隔膜阀、止回阀、节流阀、安全阀、减压阀、疏水阀、调节阀、电磁释放阀。

二、阀门的型号

阀门的型号是用来表示阀类、驱动及连接形式、密封圈材料和公称压力等要素的。由于阀门种类繁杂，为制造和使用方便，国家对阀门产品型号的编制方法作了统一规定。阀门产品的型号由 7 个单元组成，用来表明阀门类别、驱动方式、连接形式、结构形式、密封面或衬里材料、公称压力及阀体材料，其排列顺序如图 4-1 所示。

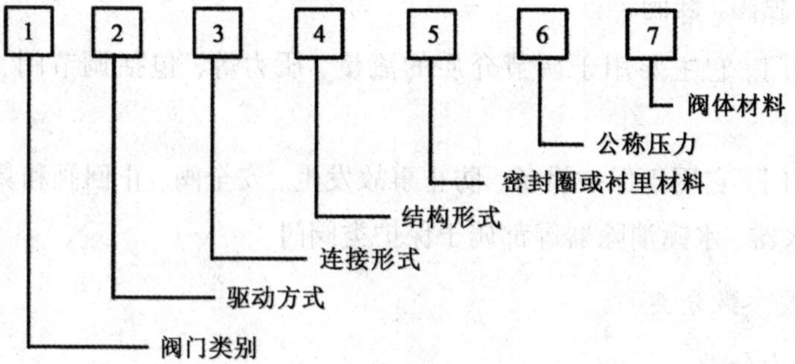

图 4-1　阀门产品型号的编制方式

(1)第 1 单元为阀门类型代号，典型类型代号用汉语拼音表示，见表 4-1。

表 4-1 阀门类型代号

阀门类型	代号	阀门类型	代号
闸阀	Z	蝶阀	D
截止阀	J	隔膜阀	G
止回阀	H	安全阀	A
节流阀	L	调节阀	T
球阀	Q	旋塞阀	X
减压阀	Y	疏水阀	S

在阀门类型字母前加“D”为低温阀，即温度低于 0 ℃；在截止阀前加“W”，表示波纹管密封阀门；在闸阀前加“B”，表示驱动装置为防爆型电动装置；在地下水用闸阀前加“S”表示竖式安装，加“W”表示卧式安装；闸阀前加“P 表示排渣阀，加“X”或“K”为排渣用泥浆阀；蝶阀前加“D”表示短系列，加“Q”表示球蝶阀，加“S”表示用于地下管网的蝶阀。

(2)第 2 单元为驱动方式代号，用阿拉伯数字表示，见表 4-2。

表 4-2 阀门的驱动方式及代号

驱动方式	代号	驱动方式	代号
电液动	0	伞齿轮	5
电磁-液动	1	气动	6
电-液联动	2	液动	7
蜗轮	3	气-液联动	8
正齿轮	4	电动	9

注：1.手轮、手柄、扳手传动及安全阀、减压阀、疏水阀省略本代号。

2.对于气动和液动：常开式用 6K，7K 表示；常闭式用 6B，7B 表示；气动带手动用 6S 表示；防爆电动用 9B 表示。

(3)第 3 单元为阀门连接形式代号，其用阿拉伯数字表示，见表 4-3。

表 4-3 阀门的连接形式及代号

连接形式	代号	连接形式	代号
内螺纹	1	对夹	7
外螺纹	2	卡箍	8
法兰	4	卡套	9
焊接	6	—	—

(4)第 4 单元为结构形式代号，用阿拉伯数字表示，同一数字表示的结构形式与阀门类别有关，见表 4-4 至表 4-11。

表 4-4　闸阀的结构形式及代号

闸阀的结构形式	明杆楔式			明杆平行式		暗杆楔式	
	弹性闸板	刚性单闸板	刚性双闸板	刚性单闸板	刚性双闸板	刚性单闸板	刚性双闸板
代号	0	1	2	3	4	5	6

表 4-5　截止阀、节流阀的结构形式及代号

结构形式	直通式	角式	直流式	平衡直通式	平衡角式	三通式
代号	1	4	5	6	7	9

表 4-6　止回阀的结构形式及代号

结构形式	升降		旋启		
	直通式	立式	单瓣式	多瓣式	双瓣式
代号	1	2	4	5	6

表 4-7　蝶阀的结构形式及代号

结构形式	杠杆式	垂直扳手	斜板式
代号	0	1	3

表 4-8　球阀的结构形式及代号

结构形式	浮动球直通式	浮动球三通式		固定球直通式	固定球三通式
代号	1	L 型	T 型	7	8
		4	5		

表 4-9　隔膜阀的结构形式及代号

结构形式	屋脊式	截止式	直流式	阀板式
代号	1	3	5	7

表 4-10　减压阀的结构形式及代号

结构形式	薄膜式	弹簧薄膜式	活塞式	波纹管式	杠杆式
代号	1	2	3	4	5

表 4-11　疏水阀的结构形式及代号

结构形式	浮球式	钟形浮子式	脉冲式	热动力式
代号	1	5	8	9

(5)第5单元为阀座密封面或衬里材料代号，阀座密封面或衬里材料代号用汉语拼音字母表示，见表4-12。

表4-12　阀座密封面或衬里材料代号

阀座密封面或衬里材料	代号	阀座密封面或衬里材料	代号	阀座密封面或衬里材料	代号
铜合金	T	巴氏合金	B	衬胶	J
橡胶	X	合金钢	H	衬铅	Q
尼龙塑料	N	渗氮钢	D	搪瓷	C
氟塑料	F	硬质合金	Y	渗硼钢	P

(6)第6单元为公称压力代号，公称压力代号用阿拉伯数字表示，其数值是以兆帕(MPa)为单位的公称压力的10倍。

(7)第7单元为阀体材料代号，阀体材料代号用汉语拼音字母表示，如表4-13所示。*PN*≤1.6 MPa的铸铁和*PN*≥2.5 MPa的碳素钢阀体省略本代号。

表4-13　阀体材料的代号

阀体材料	代号	阀体材料	代号
灰铸铁	H	铬钼合金钢	I
球墨铸铁	Q	镉镍钛钢	P
碳钢	C	铬钼钒钢	V

例如，Z948W-10型的含义：Z表示闸阀，9表示电动机驱动，4表示法兰连接，8表示暗杠平行式双闸板，W表示密封面由阀体直接加工，10表示公称直径为1 MPa，阀体材料为灰铸铁，全称为电动暗杠平行式双闸板闸阀；J61Y-200V中的J表示截止阀、手轮传动，6表示焊接，1表示直通式，Y表示密封面材料为硬质合金，200表示公称压力为20 MPa，V表示阀体材料为铬钼钒钢。

三、阀件标志的识别

锅炉中所用的阀门属于通用件，在选用时，其规格中一般以公称压力*PN*(单位为MPa)及公称直径*DN*(单位为mm)来表示。

(1)“→”表示阀件是直通式，介质进口与出口的流动方向在同一或相平行的中心线上。

(2)“↱”表示阀件是直角式，介质进出口的流向成90°角，而且介质作用在关闭件下。

(3)“↔”表示阀件是三通式，介质有几个流动方向。

第二节 火力发电厂常用的阀门

发电厂的阀门众多，结构各异，但主要由阀体、启闭件、阀盖、填料、填料压盖、阀杆螺母、驱动装置、阀杆、阀座、支架等零部件组成，如图 4-2 所示。

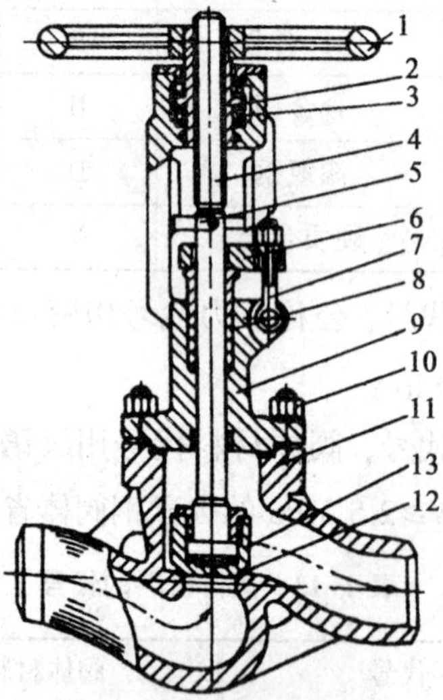

图 4-2 阀门结构

1—手轮；2—螺母；3—推力轴承；4—阀杆；5—导向板；6—盘根压盖；7—压盖螺栓；8—盘根；9—阀盖；10—连接螺栓；11—阀体；12—阀座；13—阀瓣

阀体：阀门的主体，是安装阀盖、安放阀座、连接管道的重要零件。

启闭件：由于种类较多，叫法也多样，如阀瓣、门芯、闸板、蝶板、隔膜等，它是阀门的工作部件，与阀座组成密封副。

阀盖：它与阀体形成耐压空腔，上面有填料盒，还与支架和压盖相连接。

填料：是在填料盒内通过压盖能够在阀盖和阀杆间起密封作用的材料。

填料压盖：通过压盖螺栓或压套螺母，能够压紧填料的一种零件。

阀杆螺母：它与阀杆组成螺纹副，也是传递扭矩的零件。

驱动装置：是把电力、气力、液力或人力等外力传递给阀杆，用来启闭阀门的装置。根据输出轴运动方式的不同，其可分为多圈回转式、部分回转式和直线往复式。多圈回转式适用于阀杆或阀杆螺母需要回转多圈才能全开或全关的阀门，如截止阀、闸阀等。部分回转式适用于阀杆回转在一圈之内就能全开或全关的阀门，如球阀、蝶阀等。直线往复式适用于阀杆只做直线往复运动就能全开或全关的阀门，如电磁阀等。

阀杆：它与阀杆螺母或驱动装置相接，其中间位与填料形成密封副，能传递扭力，起到开、闭阀门的作用。

阀座：用镶嵌等工艺将密封圈固定在阀体上，与启闭件组成密封副。有的密封圈是用堆焊或用阀体本体直接加工出来的。

支架：支承阀杆和驱动装置的零件。有的支架与阀盖做成一整体，有的无支架。

一、闸阀

闸阀又称闸板阀，只用作截断装置。在阀体内设有一个与介质流向成垂直方向的平面闸板，通过闸板的全开或全闭来接通或切断介质通路。

闸阀主要由阀体、阀盖、阀杆、阀座、闸板及其他零件构成。

闸板分单闸板和双闸板两种。闸板的两个密封面成一定角度的为楔式闸板；两个密封面平行的为平行式闸板；两个密封面平行，其间加有弹簧的为弹性闸板。阀门开启时阀杆伸出阀体的叫作明杆式，不伸出阀体的叫作暗杆式。各种闸板、阀杆的不同组合，就构成了结构不同的闸阀。

闸阀的优点：流道通畅，流动阻力小，启闭省时，外壳长度方向尺寸较小，对管路介质流向不受限制。

闸阀的缺点：密封副有两个密封面，启闭时密封面间有相对摩擦，易引起擦伤；加工复杂，成本高，检修工作量大；高度方向尺寸较大，启闭时间较长。

1.明杆楔式单闸板闸阀

明杆楔式单闸板闸阀的阀体、阀盖、支架、闸板等零件为灰铸铁铸造而成。阀体密封圈用螺纹将阀体连接，便于拆卸、维修，使用寿命长。阀门还设有上密封装置，全开时，上密封起作用，保护填料不被介质浸蚀。阀杆全部采用黄铜制成，耐腐蚀。支架采用组合结构，便于加工，组装后易调试，启闭扭矩小。阀门的阀体加强筋板低、宽、少，便于工艺操作，且造型美观、刚度好。明杆楔式单闸板闸阀开启时，阀杆的上端向外移动，其高度随着闸阀开启的程度而增大，所以阀杆上升的位置即表示闸阀开启的程度。阀杆螺纹在阀体的外面，与工作介质不相接触，并且容易涂加润滑剂。该类阀门可用在有腐蚀性或污浊的介质中。这类楔式闸阀有很多型号，其公称直径为50~600 mm。图4-3为明杆楔式单闸板闸阀结构。

2.明杆楔式双闸板闸阀

明杆楔式双闸板闸阀的阀体、阀盖均为铸造成型。阀体密封圈焊接在阀体上，密封面堆焊司太立硬质合金。闸板用闸板连架连接，靠中间的楔块撑开，起到密封作用。闸板密封面堆焊司太立硬质合金，使密封面耐冲刷、耐腐蚀、耐磨损。

当旋转手轮关闭闸阀时，闸板下降，并以很大的力量压到阀体的密封面上。如果楔形封面的角度为6°，阀杆传递的力为P，那么作用在密封面上的力$Q \approx 2P$。图4-4为明杆楔式双闸板闸阀结构示意图。

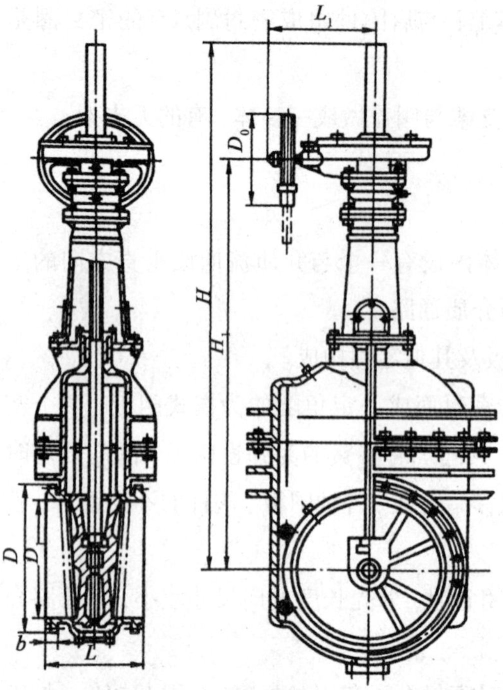

图 4-3　明杆楔式单闸板闸阀结构示意图

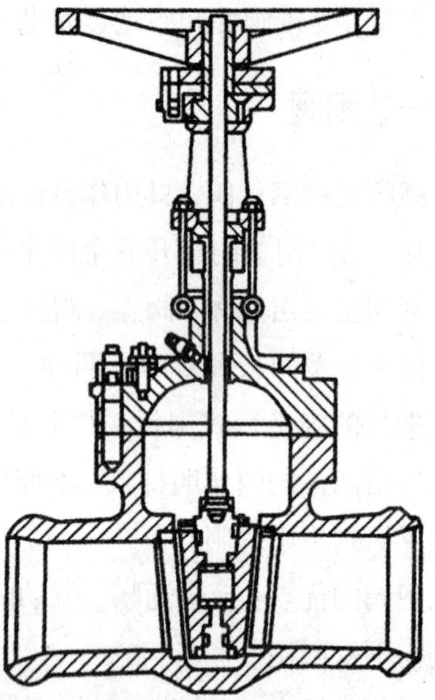

图 4-4　明杆楔式双闸板闸阀结构示意图

3.暗杆楔式单板闸阀

暗杆楔式闸阀的阀体内安装有楔形闸板，闸板在非密封面两侧有槽与阀体上的凸缘相配合，形成导向装置。带梯形螺纹的螺母装在闸板上部，当手轮带动阀杆转动时，闸板就上升或下降，即开启或关闭通路。暗杆楔式闸阀的阀杆在阀门开启或关闭时，不向外活动，所以阀杆尺寸高度不大。为了确定阀板的位置，可采用专门的指示器。这种阀门的阀杆只有旋转动作，有利于保证盘根的严密性。阀杆螺纹在阀体内直接与介质接触，如果介质腐蚀性较大，则很容易损坏。暗杆楔式单闸板闸阀有多种型号，其公称直径为450～1000 mm，甚至更大。所以，其一般应用于温度在200～250 ℃以下的介质中。温度较高时，由于阀本体和闸板将受到不均匀热膨胀的影响，楔形闸板有卡住的危险。若楔形闸板的密封面经过高度精密的加工和仔细的研磨调整，也可用于较高温度的介质。楔形闸阀可以装在各种不同的位置上，即阀杆的位置

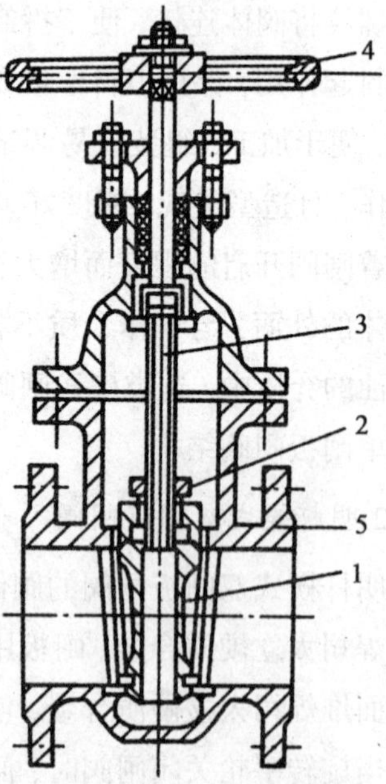

图 4-5　暗杆楔式单板闸阀结构示意图

1—楔形闸板；2—螺母；3—阀杆；
4—手轮；5—阀体

可以垂直向上或向下，或成某一角度。图4-5为暗杆楔式单板闸阀结构示意图。

4.高温高压闸阀

随着电厂参数的提高，对主蒸气管道和给水管道上的一些闸阀也提出了新的要求，如针对部件的作用力、温度变化所造成的热应力及严密性等问题。高温高压阀门在运行中是否可靠，对发电厂的安全经济运行起着重要的作用。例如，高温高压阀门不能保证严密不漏，那么就不能切断介质的流通，该停止的设备就不能停止，会造成严重的事故；又如阀盖上的法兰螺栓拉断，会使阀盖飞出，造成重大的事故。

高温高压闸阀的结构形式大致与前面所述形式接近，只是根据高温高压设备运行的经验进行某些改变。例如，其零件采用优质材料制成；提高了加工的质量和精度；大部分采用焊接连接，不用法兰连接。

图 4-6 所示为一种锻钢制高温高压楔式闸阀。其阀体与带夹子的阀盖采用模锻制成。小口径阀门在多数情况下焊接在配管上，阀体选择适用于焊接的钢种。此阀由于采

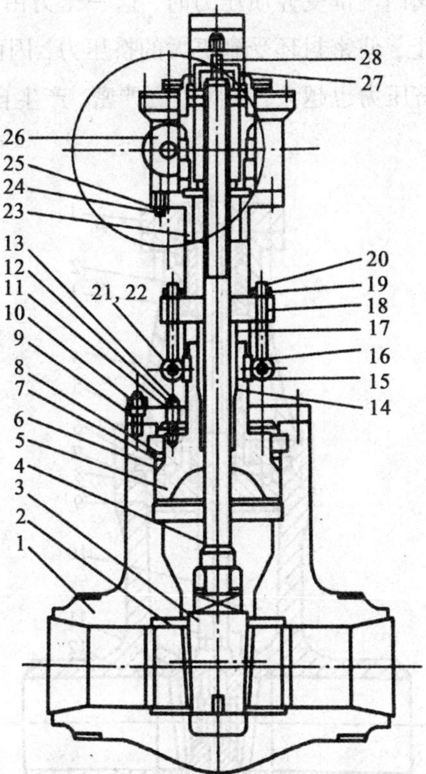

图 4-6　锻钢制高温高压楔式闸阀

1—阀体；2—阀座密封圈；3—弹性闸板；4—阀杆；5—阀盖；6—密封垫环；7—密封垫环压环；8—对开圆环；9—双头螺栓；10，12，19，21，22，25，28—六角螺母；11—弹簧垫圈；13，24—双头螺栓；14—填料垫；15—填料；16—开口销；17—填料压套；18—填料压板；20—活节螺栓；23—轭夹子；26—手动操作装置；27—限制器

用压力密封阀盖方式，与螺栓紧固阀盖相比，其高压密封好、重量轻。高温高压阀比较重，用自压密封阀盖可减轻多余的重量。对于密封垫环的密封面，则以特殊的加工方法进行超精加工，即使高温高压流体进入密封垫环内，也不会从里面渗漏出来。闸板及阀座密封多采用蠕变强度高的铬钢、铬钼钢等材料，这是高温高压阀的特点。对于阀座密封面和闸板密封面都堆焊司太立硬质合金，因此不会导致咬死，并且耐磨损、耐冲刷、耐腐蚀。阀杆也采用与闸板相同的蠕变强度高的合金钢制成，并对其表面采用氮化处理，增加表面硬度，保证足够的强度，因此可以防止发热咬死，保证操作正常。

高温高压阀在操纵操作手柄时，千万不要超过额定力矩，否则很危险。

闸阀从阀杆与阀壳的连接方式上可分为压力密封（自密封）式和法兰密封式两种，前者用于高压阀门，后者用于低压阀门。图 4-7 所示为自密封式闸阀基本结构示意图，其阀盖被沉放入阀壳中，阀盖的边缘上有密封环、密封垫圈和四合环。密封环与阀盖的边缘以斜面接触，阀盖被压在压紧圈下，可以压紧密封环和密封垫圈，这一预紧力通过四合环再传导到阀壳上。当阀门内部受介质压力时，这一压力由于与螺栓预紧力方向相同而被叠加到阀盖的预紧力上，使密封环受到更大的挤压力，因而产生更牢固的密封作用。内部介质压力越大，这一挤压力也越大，使阀盖更严密，产生自动密封作用，因而称为压力密封或自密封。

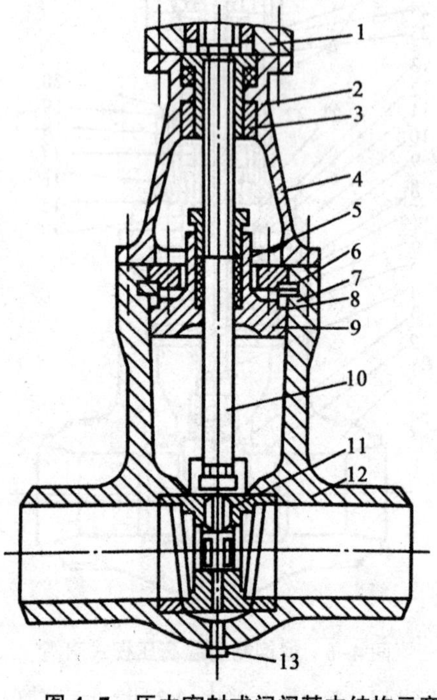

图 4-7　压力密封式闸阀基本结构示意图

1—传动装置；2—止推轴承；3—阀杆螺母；4—框架；5—填料；6—四合环；7—密封垫圈；8—密封环；9—阀盖；10—阀杆；11—阀芯；12—阀壳；13—螺塞

图 4-8 所示为法兰密封式闸阀基本结构示意图，其阀盖与阀壳依靠法兰螺栓的紧力来密封。阀盖与阀壳之间有密封圈，其一般用相对较软的材料制作或制成齿形。这种结构的特点是阀内介质的压力与螺栓的紧力方向相反，压力越大，密封性越差，越容易泄漏。因此，为了防止泄漏，通常采用较大的螺栓紧力，以抵消内部介质的压力。因此必须选用加大的螺栓和较厚的法兰，使阀门变得笨重。这种结构比较简单，一般用在低压管道上。

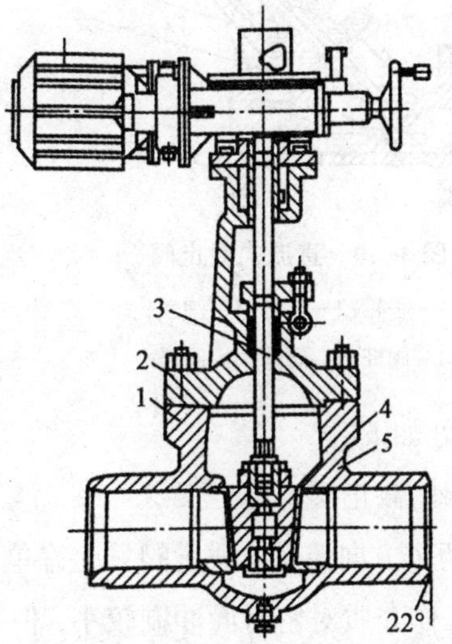

图 4-8　法兰密封式闸阀基本结构示意图

1—阀体；2—阀盖；3—阀杆；4—阀瓣；5—万向顶

闸阀的结构特点是具有两个密封圆盘从而形成密封面，阀瓣如同一块闸板插在阀座中。工质在闸阀中流过时流向不变，因而流动阻力较小。当闸阀全开时，工质不会直接冲刷阀门的密封面，故阀线不易损坏。闸阀只适用于全开或全关，而不适用于调节。

在主蒸气管道和大直径给水管道中，减少管路的流动阻力损失具有很大的意义，所以在这些管道中普遍采用闸阀作关断之用。由于小直径闸阀结构相对较复杂，制造和维修难度较大，且在实际使用中，往往是管道直径小于 100 mm，所以一般不用闸阀，而采用截止阀。大型闸阀一般采用电动操作。

二、截止阀

截止阀利用装在阀杆下面的阀瓣作启闭件与阀体上的阀座相配合，并沿阀座密封面的轴线做升降运动从而达到开闭阀门的目的。截止阀的主要功能是接通或切断管路介质，通常作为关断用阀门。

根据阀体结构的不同，可将其分成直通式、直流式和角式截止阀，如图 4-9、图4-10 和图 4-11 所示。在使用时，对介质的流向有一定的要求，所以应在阀体外部用箭头标出流向。

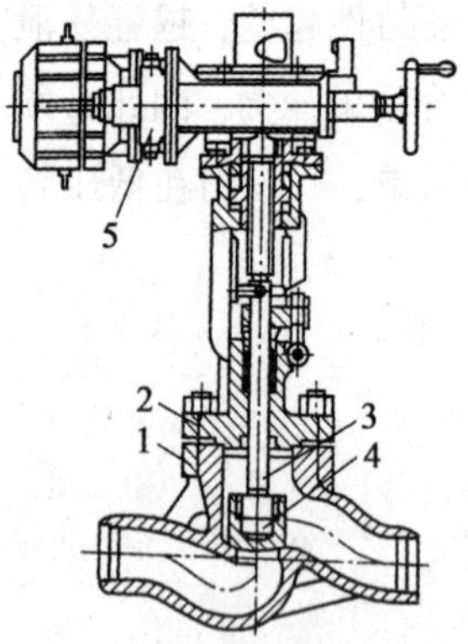

图 4-9　直通式截止阀

1—阀体；2—阀盖；3—阀杆；4—阀芯；5—电动头

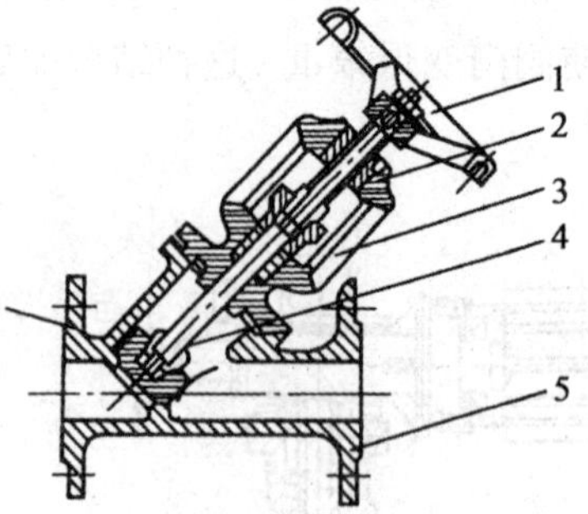

图 4-10　直流式截止阀

1—手轮；2—丝母；3—阀盖；4—阀杆；5—阀体；6—阀瓣

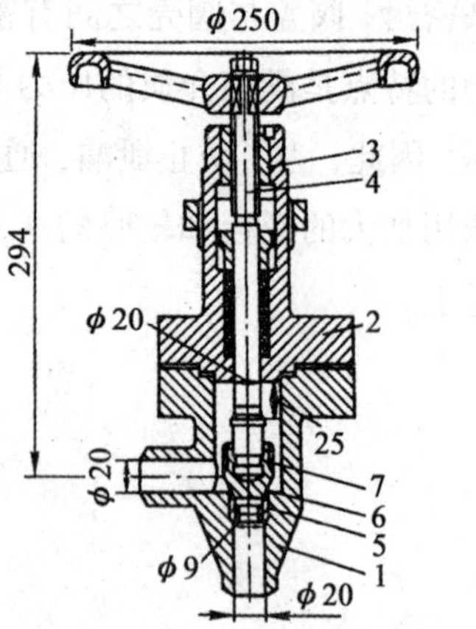

图 4-11　角式截止阀

1—阀座；2—阀盖；3—丝母；4—阀杆；5—阀座密封圈；6—阀头；7—开口环

闸阀与截止阀的不同之处如下。

(1)在开关阀门时，闸阀比截止阀省力。

(2)闸阀可允许介质向两个方向流动，截止阀只允许单向流动。

(3)闸阀在完全开时，工作介质对密封面冲刷较小，但对截止阀的冲刷严重。

(4)对于相同工作介质流量来说，闸阀的通径要比截止阀小。例如，对于参数为 7.84 MPa，480 ℃的蒸气，当流量为一定量时，闸阀的直径可选择 210 mm，截止阀的直径则为 300 mm。

(5)闸阀的制造长度小于截止阀，阀体的制造也较简单。闸阀的流体阻力比截止阀要小，介质的流向和流速通过闸阀后变化很小。截止阀的压力损失较大。闸阀的闸板制造与密封要比截止阀的闸板复杂。闸阀的高度要比截止阀的高度高很多，其阀杆行程也比截止阀的阀杆行程大。

(6)高压截止阀的通径一般不大于 100 mm，在较大直径的蒸气与给水管路上应采用高压闸阀。

(7)截止阀的阻力系数比闸阀大得多。小直径截止阀的阻力系数可达 9~10，随着直径的增加，阻力系数下降，当直径达到 100 mm 时，阻力系数又开始上升，但上升幅度不大。随着直径的增大，闸阀的阻力系数逐渐减小。

截止阀用于直径较小的管道上，而闸阀用于直径较大的管道上。为确保截止阀关闭后阀杆的密封填料不承受压力，以延长填料的寿命并便于维修，介质通常是从截止阀密封面的下部流入、上部流出。由于介质流经截止阀时，流向和流通界面变化较大，介质的压降较大，当介质流量较大时，因压降增大造成的动力消耗较大。

截止阀阀芯面积与直径的平方成正比。随着管道直径的增加，介质作用在阀芯上的力大幅度提高，阀杆所承受的力也随之提高，这给制造带来困难。所以，截止阀适用于管道直径较小、对阀门关闭严密性要求较高的工况，如疏水阀、定期排污阀及燃油阀等。

由于介质通过闸阀时不改变流动方向，流动截面变化较小，闸阀的压降比较小，有时为了缩小闸阀的体积并减轻重量、降低闸阀阀杆的扭矩，可以采用将闸阀通道缩小的方法。即使闸阀的通道缩小，流动阻力增加，但阻力明显低于截止阀。阀门的阻力系数见表 4–14。

表 4–14　阀门的阻力系数

阀门类型	阻力系数
截止阀	2.5~5.5
通道截面不缩小的闸阀	0.20~0.25
通道截面缩小一半的闸阀	0.96

从表 4–15 可以看出，通道截面不缩小的闸阀，其流动阻力仅为截止阀的 1/22~1/12；若闸阀的流通截面缩小一半，其流动阻力约为截止阀的 1/6~1/3。闸阀阀芯的厚度小于直径，其投影面积较小，介质作用在阀芯上的力较小，因而阀杆所受的力也较小。当介质流量较大时，流动阻力的减小可以明显降低动力消耗。所以，闸阀适用于流量较大、经常处于开启状态的工况，如主蒸气阀或主给水阀常采用闸阀。

图 4–9 所示为高压直通式截止阀。其阀体、阀盖和支架连为一体，锻造而成，和管道用焊接连接。阀座密封面直接在阀体堆焊司太立硬质合金，然后加工出锥面，为锥面密封。阀杆和阀瓣制成一体，靠阀杆头部的锥面密封阀杆，其密封采用柔性石墨编织填料，用填料压套、止推环、填料压板压紧密封。阀杆套上有表示开关的指示标志，可以清晰地表示出阀门的开闭状态。阀杆螺母安装在导向套内，导向套安装在架上，然后用阀杆螺母压盖压紧；在阀杆螺母的台肩处上下各有滚针轴承和减磨垫，以减少操作时的摩擦力；在阀杆螺母压紧盖处有 O 形密封圈，可以防止污物进入轴承。阀杆螺母与手轮采用螺纹连接，并用挡圈卡住，旋转手轮就可开启和关闭阀门。

阀门阀体采用碳钢制成，阀杆采用铬钼钢，阀杆螺母采用铝青铜，填料压套采用铬钼钢。该阀门还有电动、气动操作。

一般截止阀安装时使流通工质由阀芯下面往上面流动，这样当阀门关闭时，阀杆处的密封填料不致遭受到工质压力和温度的作用，并且在阀门关闭严密的情况下，还可进行填料的更换工作。其缺点是阀门的关闭力较大，关闭后阀线密封性易受介质的压力作用而产生“松动”现象。因此，有时也使介质由阀芯上面向下面流动，但这样阀门的开启力较大。

三、蝶阀

蝶阀是近年来发展较快的阀门品种之一，在火电厂中多用在冷却水系统、凝结水系统及凝结水除盐系统。

蝶阀的优点：长度短，重量轻，体积小，可水平、垂直或倾斜安装，与闸阀相比重量约可减轻一半，所以在不少场合取代了闸阀和截止阀；蝶板只需转动90°，因此易于实现快速启闭；由于蝶板两侧均有介质作用，使力矩互相平衡，驱动力较小；蝶阀的阀体通道与管道相似，蝶板表面又常呈流线型，故流阻较小；利用蝶板表面形状及其在不同的旋转位置，可以改变流量特性，因而也常用来调节流量。

蝶阀的缺点：由于蝶阀的密封副受材料限制，多采用软密封结构，故不适用于高温和高压的场合。近年来，随着技术进步和发展，已经研制出硬密封蝶阀，可适用的温度和压力也有较大提高。

图4-12所示为电动蝶阀，它由蝶式执行机构、手动及电动两用二级蜗轮蜗杆减速器操纵部分组成。阀门控制管路内的流动介质主要靠转动蝶板来实现，蝶板转角的大小可调节流量。当蝶板与管路成垂直或水平位置时，可达到切断与接通管路的目的。蝶板的转角靠电动装置的驱动来实现。蝶板可在0°~90°内旋转，当作为调节介质流量时，其有效转角一般为7°~67°，最大调节比可达到1∶30。当无电源时，可手动调节。

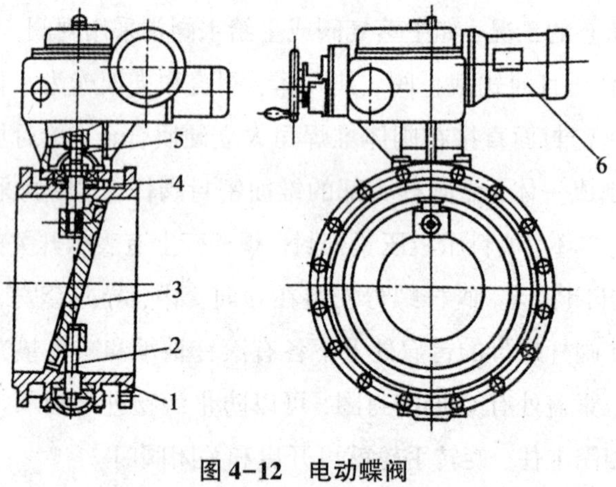

图4-12　电动蝶阀

1—阀体；2—固定轴；3—阀盘；4—阀杆；5—传动轴；6—驱动电机

蝶阀的阀体、箱体、蝶板、箱盖材料为铸铁，密封圈压环、扇形蜗轮为稀土镁球墨铸铁，小蜗轮、阀体密封圈为青铜，阀杆、蜗杆、离合器为碳钢，O形密封圈为丁腈耐油橡胶。

蝶阀可以任意角度安装，就位时，其阀盘稍打开一点。对蝶阀的维护没有特殊的要求。

需要更换阀座密封时，先使阀盘处于关闭位置，然后将蝶阀从管道上拆下来，拧松密封压环上的螺丝，取下压环，将蝶阀转到开启位置，就可拿下阀座密封，换上新的密封，然后按照上述相反的步骤再重新组装。

更换阀杆密封时，先拿开阀上的操作器，松下螺栓，拆下压盖，把密封圈拿出来，清洗干净阀杆、密封室和压盖，将密封套入阀杆上，然后装上压盖，以对称的方式拧紧螺栓。

阀杆旋转 90°，蝶阀则由全开位置转至全关位置。在阀上设有两个成 90°的限位止动销，保证蝶阀的开关度。

四、调节阀

调节阀在锅炉机组的运行调整中起重要作用，可以用来调节蒸气、给水或减温水的流量，也可以调节压力。

调节阀能按照控制要求，借助驱动装置来调节阀门的开度，以改变阀内的通流截面积，使流体压力、流量发生变化或保持一定数值。调节阀相当于一个局部阻力可变的节流元件，能适应不同使用条件和工况变化的需要。所以其确切的名称应叫节流调节阀，但通常简称调节阀。

1.单级节流调节阀

图 4-13 为单级节流调节阀结构示意图，也称为针形调节阀。单级节流调节阀是一种球形阀，与截止阀非常相似，只是在阀芯上多出了凸出的曲面部分。其通过改变阀杆的轴向位置来改变阀线处的通流面积，以达到调整流量或压力的目的。单级节流调节阀的特点是流体介质仅经过一次节流就达到调节目的，因而结构简单、紧凑、重量轻、价格便宜，但仅适用于压降较小的管路。

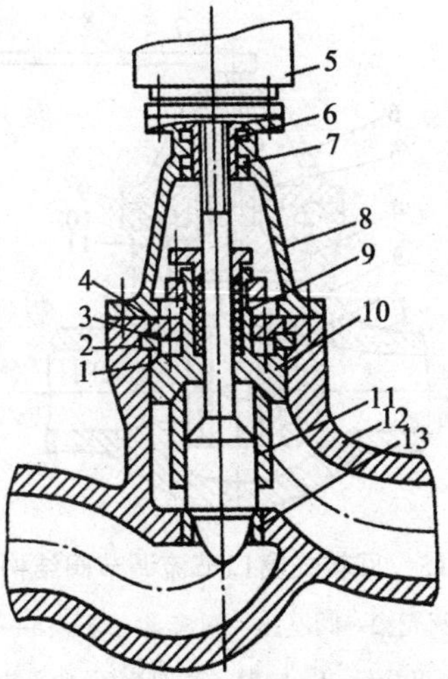

图 4-13　单级节流调节阀结构示意图

1—密封环；2—垫圈；3—四合环；4—压盖；5—传动装置；6—阀杆螺母；7—止推轴承；8—框架；9—填料；10—阀盖；11—阀杆；12—阀壳；13—阀座

2.多级节流调节阀

图 4-14 为多级节流调节阀结构示意图，其特点是流体介质要经过 2~5 次节流才能达到调节的目的，在其阀芯和阀座上具有 2~5 对阀线，调节时阀杆做轴向位移。在管道系统中这种调节阀前后介质的压降较大，故调节灵敏度高，适用于较大压降的管路。其缺点是结构复杂。

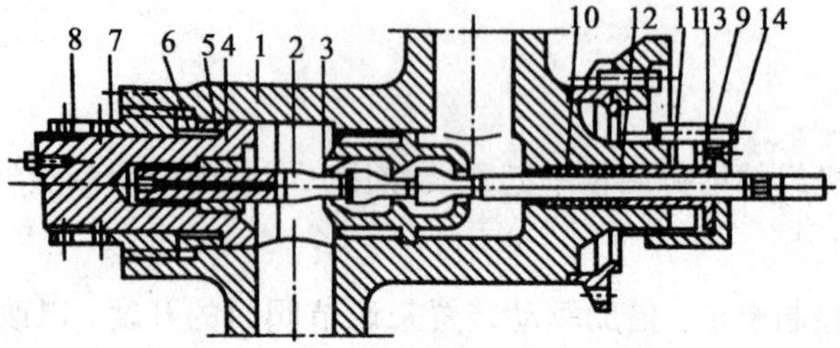

图 4-14　多级节流调节阀结构示意图

1—阀体；2—阀杆；3—阀座；4—自密封阀头；5—自密封填料圈；6—填料压盖；7—压紧螺栓；8—自密封螺母；9—密封螺帽；10—导向垫圈；11—密封压盖；12—填料；13—附加环；14—锁紧螺钉

3.回转式窗口节流调节阀

图 4-15 为回转式窗口节流调节阀结构示意图，其特点是利用阀芯与阀座的一对同心圆筒上的两对窗口改变相对位置来进行节流调节。当阀芯上的窗口与阀座上的窗口完全错开时，调节阀仅有漏流量；当窗口完全吻合时，调节阀流量最大。在调节时，阀杆不做轴向位移，而只进行回转运动。这种调节阀以国产为多，结构较为简单，但调节阀关闭时其漏流量大。

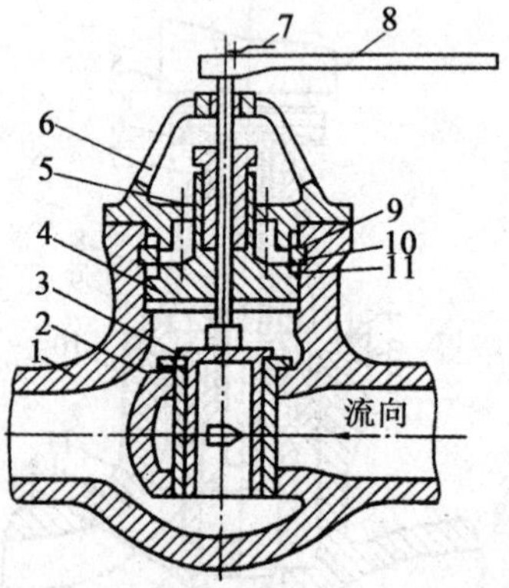

图 4-15　回转式窗口节流调节阀结构示意图

1—阀壳；2—阀座；3—阀瓣；4—阀盖；5—填料；6—框架；7—开度指针；8—转臂；9—四合环；10—垫圈；11—密封环

4.柱塞式调节阀

图 4-16 为柱塞式调节阀结构示意图，其阀座为圆筒式，周围有流体可通过圆筒的孔，靠阀瓣在阀座中做轴向位移　改变阀座通流面积来调节流量。

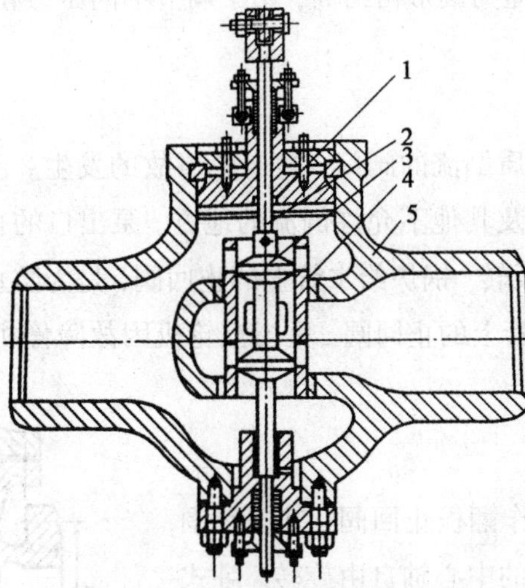

图 4-16　柱塞式调节阀结构示意图

1—自密封阀盖；2—阀杆；3—阀瓣；4—阀座；5—阀体

5.挡板式调节阀

图 4-17 为挡板式调节阀结构示意图，其内部结构与闸阀相似。阀瓣为一实心矩形闸板，阀座呈平行式，阀体为直通式，阀瓣上部与阀杆用挂接方式联动，阀体内侧有两条平行滑道，闸板可沿其滑道上下滑动，阀内出口侧阀座为圆形孔板，采用焊接方式进行密

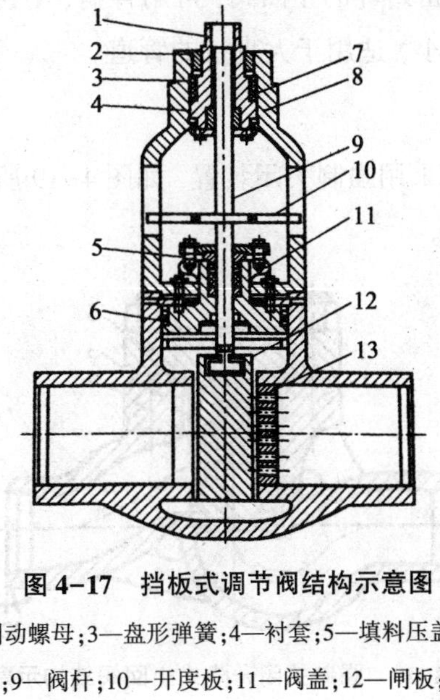

图 4-17　挡板式调节阀结构示意图

1—阀杆螺母；2—制动螺母；3—盘形弹簧；4—衬套；5—填料压盖；6—阀体；7—轴承；8—阀盖框架；9—阀杆；10—开度板；11—阀盖；12—闸板；13—出口网板

封。其依靠介质工作压力紧贴于孔板，当全部遮盖孔时为关闭状态，当闸板提升时露出的孔数增多，使工质流量逐渐增加；当闸板下降时，露出的孔数变少，工质流量逐渐减少，使之达到调节流量的作用。挡板式调节阀其阀瓣上开孔的形式不同，有圆孔、方孔或三角孔等不同的形状。阀座为圆形密封面，用于调节不同压力和流量。

五、止回阀

止回阀是用来防止介质倒流的阀门，能避免事故的发生。止回阀安装在泵出口、锅炉给水管、汽轮机抽汽管及其他不允许倒流的地方。泵出口的止回阀，是防止水泵停止运行后，介质倒流，使泵反转。锅炉给水管上的止回阀，是为防止在给水泵停止后高压给水倒流。装在汽轮机抽汽管上的止回阀，是当汽轮机因故障停机或紧急停机时防止抽汽回流，造成汽轮机超速。

1.旋启式止回阀

旋启式止回阀，也叫作翻板止回阀，其阀盘围绕垂直于本体通路中心线的中心轴自由旋转。卧式旋启式止回阀结构示意图如图 4-18 所示。正常情况下，阀盘靠自身重量挂在转轴上，紧贴阀门座的密封面。当有介质流过时，阀盘被抬起，它能围绕转轴从关闭位置自由地转动到开启位置，并且差不多与介质的流向相平行。装在低温低压管道上的止回阀，其阀盘上的密封环材料可采用橡胶；对于高温高压场合的密封环的止回阀，可用青铜、不锈钢等。旋启式止回阀可制成大通路的形式，由于其阻力小，适用于大直径的管道。

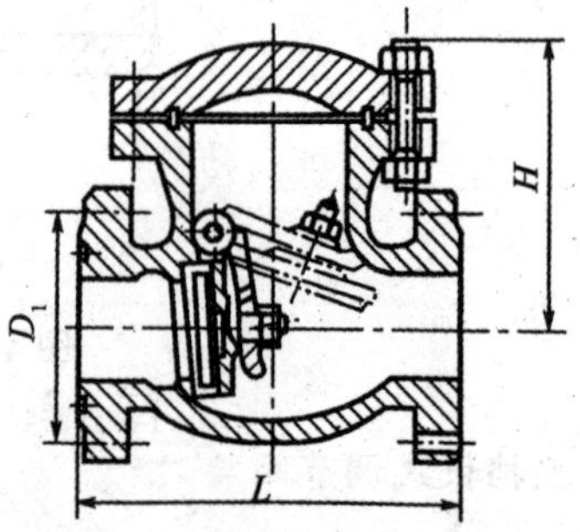

图 4-18　卧式旋启式止回阀结构示意图

2.升降式止回阀

大通径高压止回阀大都采用强制关闭装置，如图 4-19 所示。在阀盖与阀盘上部之间装一弹簧，能起到保护作用。

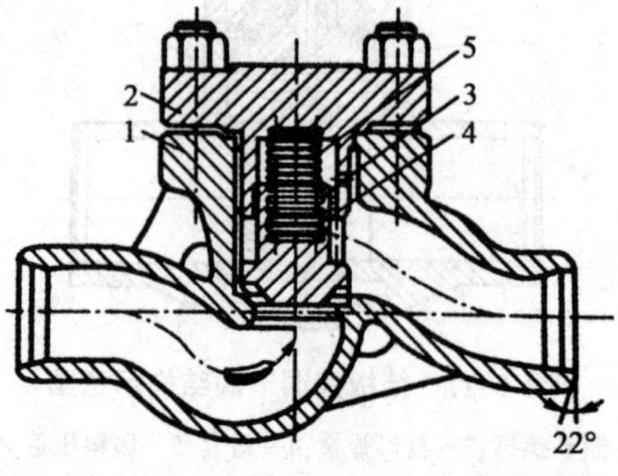

图 4-19　强制关闭升降式止回阀结构示意图

1—阀体；2—阀盖；3—阀头；4—衬套；5—弹簧

六、安全阀

安全阀用在各种受压容器和管道系统上，以防压力升高超过许用数值，从而起到安全保护的作用。

安全阀是一种自动阀门，它不借助任何外力，而是利用介质本身的能力来排出额定数值的介质，以防止系统超压。当压力恢复正常后，阀门自行关闭。直接载荷安全阀是指直接用机械载荷(重锤、弹簧)来克服由阀瓣下介质压力所产生的作用力的安全阀。先导式安全阀是指依靠从导阀排出介质来驱动或控制的安全阀，导阀本身应是符合标准要求的直接载荷安全阀。

常用的安全阀有弹簧式安全阀、重锤式安全阀、外加负载弹簧式安全阀、脉冲式安全阀、全量型安全阀五种，下面分别介绍。

1.弹簧式安全阀

弹簧式安全阀在系统正常运行时，阀瓣上方受弹簧加载力的作用，阀门处于关闭状态。当系统压力超过规定值时，阀瓣下方介质作用力克服弹簧加载力，使阀门开启泄压；当系统压力降低到规定值时，阀门在弹簧作用下关闭。弹簧式安全阀结构示意图如图4-20所示。

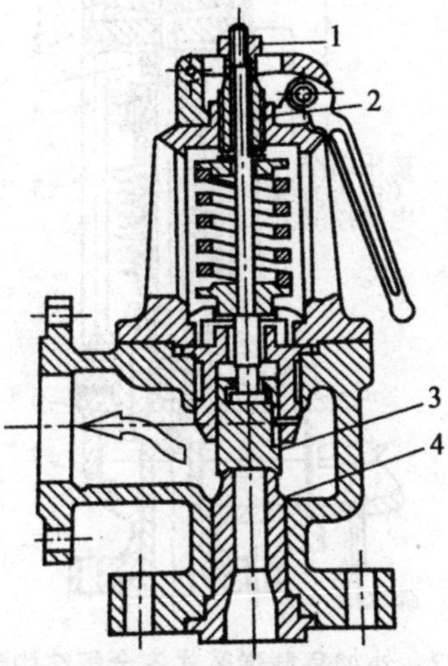

图 4-20 弹簧式安全阀结构示意图

1—并紧螺帽；2—调整螺帽；3—阀芯；4—阀座

2.重锤式安全阀

重锤式安全阀通过杠杆将重力作用在阀杆上，使阀瓣紧压在阀座上，阀门关闭。当系统压力大于重锤作用在阀瓣上的力时，阀瓣开启，压力降低，从而起到保护作用。调整重锤的位置，可得到不同的开启压力。重锤式安全阀结构示意图如图 4-21 所示。

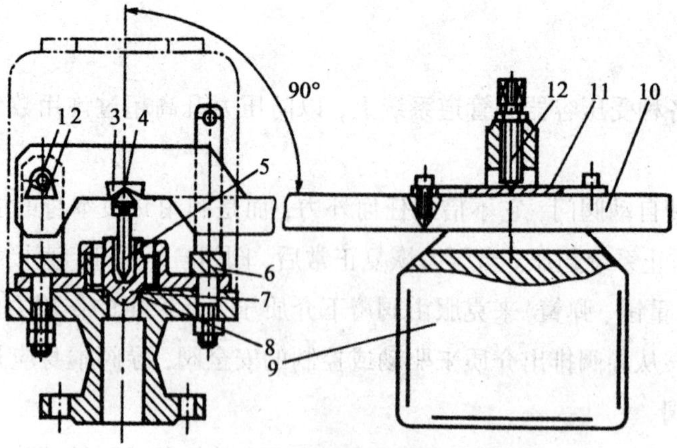

图 4-21　重锤式安全阀结构示意图

1—支点刀口;2—支点刀座;3—力点刀座;4—力点刀口;5 —阀杆;6—导向杆;7—阀芯;8—阀座;9—重锤;10—杠杆;11—垫板;12—重锤定位螺栓

3.外加负载弹簧式安全阀

外加负载弹簧式安全阀结构示意图如图 4-22 所示。

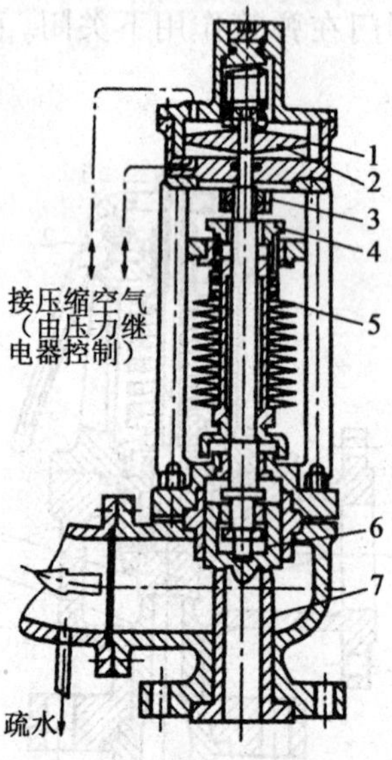

图 4-22　外加负载弹簧式安全阀结构示意图

1—O 形密封圈;2—气动活塞;3—定位螺帽;4—调整螺帽;5—蝶形弹簧;6—阀芯;7—阀座

4.脉冲式安全阀

脉冲式安全阀结构示意图如图 4-23 所示。

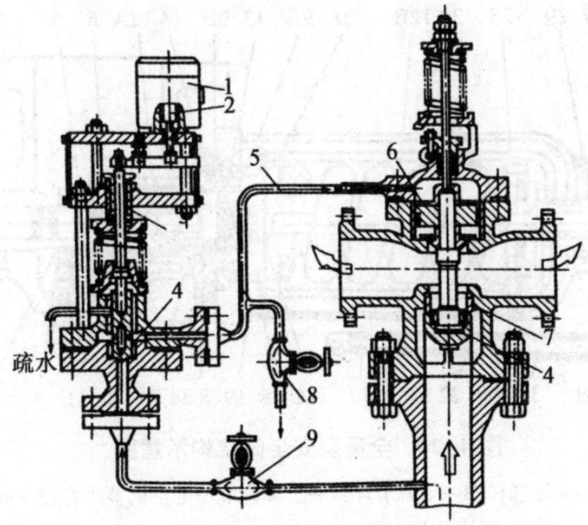

图 4-23　脉冲式安全阀结构示意图

1—电磁铁；2—活动铁芯；3—调整螺帽；4—阀芯；5—脉冲气管；
6—气动活塞；7—阀座；8—节流阀；9—脉冲门入口阀

5.全量型安全阀

现代大机组常用的全量型安全阀应用于蒸气温度低于 540 ℃、整定压力小于 21 MPa 的锅炉或压力容器，以防止蒸气压力超过规定值，确保其安全运行。全量型安全阀布置在汽包、过热器出口主蒸气管道和再热器出口管道上。当锅炉气压达到阀门整定值时，安全阀克服弹簧压力立即起跳，排放蒸气泄压，确保锅炉安全运行。根据美国《ASME 锅炉和压力容器规范》规定，安全阀的总排放量应不小于锅炉设计的最大蒸气流量。

为了保证在锅炉出现超压时有一定的蒸气流量流过过热器，所有过热器安全阀起座压力均应小于汽包安全阀最低起座压力。另外，在过热器安全阀上游的主蒸气管道上还装有一只电磁泄压阀，其起座压力小于过热器安全阀最低起座压力。在过热器超压时，电磁泄压阀先于安全阀起跳，可有效地减小安全阀的起跳次数。电磁泄压阀进口侧带有一只隔离阀，用于检修时与锅炉隔离。在电磁泄压阀隔离时，锅炉仍能继续运行，因为电磁泄压阀的排放量不包括在安全阀总排放量之内。

全量型安全阀结构示意图如图 4-24 所示。安全阀由阀瓣和阀座组成密封面，阀瓣与阀杆相连，阀杆的总位移量必须满足阀门从关闭到全开的要求。安全阀的起跳压力主要通过螺栓改变弹簧压力来调整。阀杆上部装有杠杆机构，用于在动作试验时手动提升阀杆。阀体内装有上、下两个调节环，调节下调节环可使阀门获得一个清晰的起跳动作，上调节环用来调节回座压力。若回座压力过低，阀门保持开启的时间较长；若回座压力太高，将使阀门持续起跳和关闭，产生震颤，导致阀门损坏，而且还会降低阀门的排放量。上部调节环的最佳位置应能使阀门达到全行程。

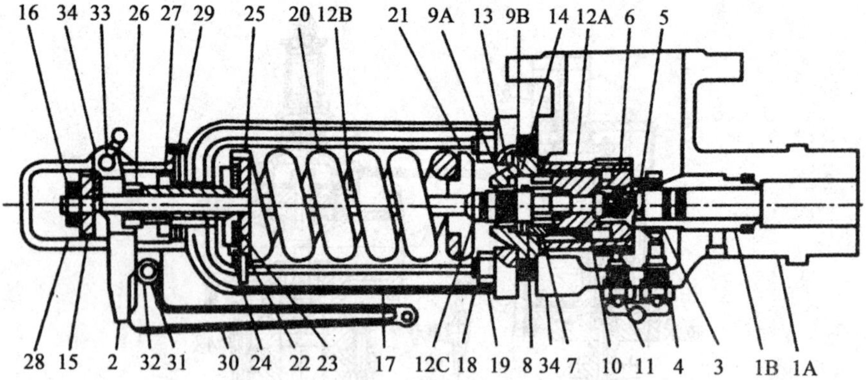

图 4-24　全量型安全阀结构示意图

1A—阀件；1B—阀座；2—叉形杠杆；3—下调节环；4—下部调节环定位调节螺钉；5—阀瓣；6—阀瓣夹持圈；7—锁紧螺母；8—锁紧螺母销子；9A—导向套；9B—导向套轴承；10—上调节环；11—上调节环定位调节螺钉；12A—阀杆基准点；12B—阀杆；12C—阀杆销子；13—活塞；14—活塞定位夹；15—阀杆螺母；16—阀杆螺母销子；17—阀盖；18—阀盖螺栓；19—阀盖螺母；20—弹簧；21—下弹簧座；22—上弹簧座；23—支持轴承；24—支持轴承瓦块；25，31，32，33，34—销子；26—调整螺栓；27—调整螺母；28—盖帽；29—盖帽定位螺钉；30—杠杆

安全阀运输时，在阀瓣和阀座之间装有水压试验安全塞。安全塞作用有二：一是防止阀门密封面在运输中损坏；二是由于装有安全塞，使弹簧压力增加，可防止安全阀在初次水压试验时开启。在锅炉投运之前，必须将安全塞拆下，装上阀瓣。

安全阀还带有临时压紧装置，该装置附加在阀杆上，用压紧螺钉将阀杆压住，以防止阀门开启。在水压试验不超过安全阀最低整定试验压力时，阀门只使用临时压紧装置，不用水压试验安全塞。当水压试验压力超过安全阀最低整定压力时，应同时使用水压试验安全塞和临时压紧装置。当整定起跳压力较高的阀门时，可用临时压紧装置，以防止起跳压力较低的阀门开启。

在水压试验和安全阀整定期间，阀杆将受热膨胀，当锅炉压力低于安全阀最低整定压力的80%时，压紧螺钉松开，以允许阀杆随温度变化而自由膨胀；当锅炉压力升到安全阀最低整定压力的80%时，只能用手动拧紧压紧螺钉，防止压紧过度引起阀杆弯曲和阀门密封面损坏。

在锅炉正常运行时，绝对不能使用临时压紧装置。

安全阀或电磁泄压阀的排气管不应与安全阀出口管直接连接。排气管直径大于出口管直径，排气管套在出口管的外面，两者之间留有足够的间隙。允许排气时，出口管在排气管内侧自由移动。出水管装有疏水盘，以承接排气管的疏水。

全量型安全阀的工作原理如下。当安全阀阀瓣下的蒸气压力超过弹簧的压紧力时，阀瓣就被顶开。阀瓣被顶开后，排出的蒸气由于下调节环的反弹而作用在阀瓣夹持圈上，使阀门迅速打开，见图4-25(a)。随着阀瓣的上移，蒸气冲击在上调节环上，使排气方向趋于垂直向下，排气产生的反作用力推着阀瓣向上，并且在一定的压力范围内使阀瓣保持在足够的提升高度上，见图 4-25(b)。

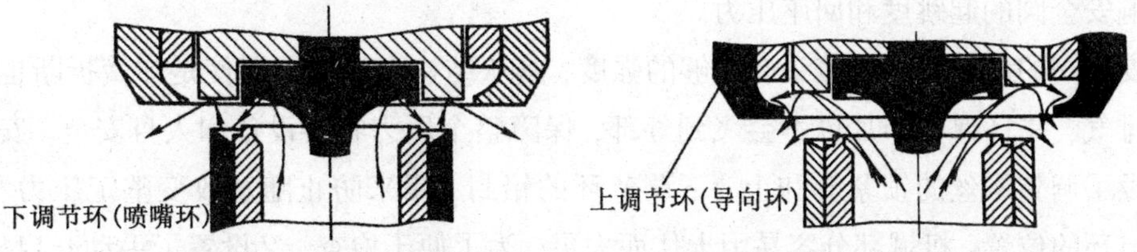

（a）下调节环（喷嘴环）的作用　（b）上调节环（导向环）的作用

图 4-25　调节环的作用

随着安全阀的打开，蒸气不断排出，系统内的蒸气压力逐步降低。此时，弹簧的作用力将克服作用于阀瓣上的蒸气压力和排气的反作用力，从而关闭安全阀。

向右(逆时针方向)移动上调节环(导向环)，即升高上调节环，从而减少安全阀的排气量，提高安全阀的回座压力；向左移动上调节环，即降低上调节环，从而增加安全阀的排放量，降低安全阀的回座压力。调整上调节环位置的高低，实际改变蒸气对阀瓣的反作用力。上调节环下移，则蒸气对阀瓣的反作用力增大，使安全阀不易回座，这样可降低其回座压力。

上调节环的调节必须配合下调节环(喷嘴环)的微小调节，才能使安全阀的运行更为可靠、灵敏、正确。向右(逆时针方向)转动下调节环，则升高下调节环，使阀门迅速打开而且强劲有力，同时增加阀门排放量；向左转动下调节环，则降低下调节环，减少蒸气的排放量。如果下调节环移到过低的位置，阀门将处于连续启闭的状态。

全量型安全阀阀座设计成拉伐尔喷嘴形状，阀座内径大于 1.15 倍喉部直径。安全阀达到全开位置时，阀座口处通流面积大于 1.05 倍喉部面积，安全阀进口处通道面积大于 1.7 倍喉部面积。根据拉伐尔喷嘴介质流动原理，阀座出口介质流速达到声速，使安全阀排放系数大于 0.975，排放量比其他安全阀大。

阀座突出在阀体内，避免阀体热应力对阀座密封面的影响。密封件采用阀瓣夹持圈与阀瓣焊接的结构，并与阀瓣套筒用螺纹固定在一起，避免阀瓣套筒和阀瓣的热应力对阀瓣夹持圈(也称热阀瓣)密封的影响，从而提高密封性。

阀瓣夹持圈(热阀瓣)用韧性好、强度高、抗冲击、耐高温的材料制作。这种阀瓣夹持圈结构的优点是当密封面有少量蒸气泄漏时，泄漏的蒸气经阀瓣夹持圈降压同时降温，使夹持圈下部温度低于上部温度，从而产生弯曲变形，令夹持圈紧靠于阀座上，增加密封比压，提高密封能力。

当介质压力升高，介质作用力与弹簧力相平衡时，泄漏无法避免。当泄漏量增加到一定程度时，下调节环上部与阀瓣夹持圈下部形成的压力区域内的内压力将随着泄漏量增加而迅速增加，从而改变蒸气对阀瓣的作用力，使介质有足够压力来克服弹簧力，令安全阀起跳。调整下调节环位置高低，改变压力区域内的压力(或作用于阀瓣的作用力)，能得到满意的起跳压力。调整上调节环位置的高低，改变蒸气对阀瓣的反作用力，能影响安全阀的起跳度和回座压力。

安全阀的阀体及入口接头有足够的强度，其从结构上保证了即使是弹簧折断也不能阻碍排气，并且弹簧碎片也不会飞到外部，保障整个压力容器设备和人身安全。安全阀还装设了调整螺丝的锁紧套和上、下调节环的铅封，用来防止随意改变整定压力和上、下调节环的位置。机械部分容易因卡住而失灵，为了便于检查，又设置了手动开启机构。在阀体最底部设置了疏水孔，防止排气管发生水击现象。

第三节　阀门检修

一、阀门A级检修项目

阀门A级检修项目包括标准项目和特殊项目，具体内容如下。

1.标准项目

(1)检修安全阀。

(2)检修各常用汽水阀门。

(3)检修电动汽水门的传动装置。

(4)更换阀门填料并校验灵活。

(5)安全阀校验、整定试验。

2.特殊项目

特殊项目为更换高压电动主气门或高压电动给水门、安全阀。

二、阀门检修前准备

1.准备工具

准备工具包括：各种扳手、手锤、錾子、锉刀、研磨工具、螺丝刀、套管、工具袋、油盒、换盘根工具等；游标卡尺、卷尺、内外径千分尺等测量工具；对口径较大的阀门还要准备葫芦、吊带、钢丝绳、麻绳、吊环、U形卡等起吊工具；对于需要打磨及更换阀门的工作还需要准备磨光机、电源盘等电动工具。

2.准备材料

准备材料包括：研磨砂布、研磨砂、盘根、螺丝、各种垫片、机油、黄油、煤油(松锈剂)及其他消耗性材料。

3.准备场地

小口径阀门可在工作台架上检修。高压阀门大部分是焊接阀门，一般就地检修，检修场地要设警示区，地面应铺设橡胶垫；某些地方需搭设脚手架，拆除保温层，为方便拆卸可提前对阀门螺丝喷上松锈剂。

三、通用阀门的检修工艺及质量标准

阀门检修可分为解体检查、缺陷处理、阀门组装及严密性检验等环节。

1.解体检查

阀门检修前应先行解体，对各零件进行一次全面检查，以便针对检查出来的缺陷进行修理。

解体的顺序大致是：拆下传动装置，卸下填料压盖，清除旧填料，卸下阀盖，铲除垫料，旋出阀杆，取下阀瓣。解体时应注意在连接件上标注记号，防止装配时错位。

(1)解体阀门的一般步骤。

①首先进行阀门外部清理，清洗阀门外部的灰垢(包括拆除保温层)，将格兰螺栓、法兰螺栓清理干净，喷上松锈剂。

②在阀体与阀盖法兰连接处标好方位记号，防止装配时错位。

③将阀门阀杆置于开启状态。

④拆下传动装置并解体。

⑤拆下填料压盖螺母，将填料压盖提至上部并用绳索系牢，用盘根钩取出填料盒内盘根。

⑥拆下阀体与阀盖连接螺栓，连同阀杆取下阀盖，铲除垫片。

⑦从阀杆上取下阀瓣，妥善保管。

⑧从阀盖中旋出阀杆，取出填料压盖。

⑨取下螺纹套筒和平面轴承。

⑩将拆下的零件逐一检查、清洗，并按照解体顺序摆放整齐。

2.缺陷处理及质量标准

阀门解体并经认真检查后，即可确定检修内容。

全面检查的主要内容有：检查阀体和阀盖有无裂纹，阀杆的弯曲和腐蚀情况，阀瓣和阀座密封面的腐蚀磨损情况，填料有无损坏，各配合间隙是否适当，等等。

(1)检修阀门零部件及质量标准。

①清理阀杆表面锈垢，检查阀杆弯曲度(不超过 1/1000)和椭圆度(不超过 0.1~0.2 mm)，阀杆螺纹部分应完好，与螺纹套筒配合灵活。

②清除填料盒内盘根残渣，检查其内部填料座圈是否完好，内孔与阀杆间隙应符合要求(一般为 0.1~0.2 mm)。

③清理填料压盖的锈垢，表面应清洁、完好，压盖内孔与阀杆间隙应符合要求(一般

为 0.1~0.2 mm)，其外壁与填料盒应无卡涩。

④清理各法兰螺栓，检查其是否有裂纹、断扣等缺陷，螺母应完整且转动灵活。

⑤清洗螺纹套筒，检查内外螺纹是否完好，旋转是否灵活。

⑥检查阀体、阀盖表面有无砂眼、裂纹等缺陷，如果有轻微的砂眼、裂纹可进行补焊，严重的需更换阀门；阀体与阀盖接合面要平整，凹口和凸口无损伤，其径向间隙为 0.2~0.5 mm。

⑦检查轴承的滚珠、滚道，应无麻点、腐蚀、剥皮等缺陷。

⑧传动装置动作要灵活，各配合间隙应符合要求，手轮要完整无损坏。

⑨检查阀瓣、阀座，若密封面有划痕、锈坑、裂纹等缺陷，应对阀瓣、阀座进行研磨，缺陷严重时应更换。

(2)阀门检修项目及修理要点。

①阀体。高压阀门由于运行中温度的变化或制造的问题，阀体可能产生裂纹、砂眼等缺陷。对其裂纹的检查及修理方法可参照汽包、汽缸裂纹的检查及修理方法。补焊后的阀体，要做 1.5 倍工作压力的水压试验。当缺陷过大时，应更换阀门。

②门芯与门座。由于密封面经常受到汽水的冲刷、侵蚀、磨损，致使密封面受损，造成泄漏。阀门检修的主要工作就是研磨门芯与门座的密封面。当密封面锈坑过深时，可先用车床处理后再研磨。若密封面经多次修理已经变得很薄时，就可将构成密封面的实体(密封环或密封座)取下更换(注：这类可拆卸的密封环一般采用过盈配合嵌合在门芯、门座上)。如果门芯、门座的密封面不是采用嵌合体的结构，就可采用在密封面上堆焊的办法解决。

③阀杆。阀杆最易出现的缺陷就是锈蚀、磨损及弯曲。如果锈蚀、磨损很严重，可以采用涂镀或热喷镀处理，并应测量弯曲值，如弯曲值超过允许值，就应进行校直。阀杆上的螺纹应完好无损。若发现滑丝、缺牙，则应更换新阀杆。

④螺栓。有裂纹或滑丝、缺牙的螺栓，一定要更换。高压螺栓应按照金属监督的规定进行处理。

⑤垫子。阀门所用的垫子，在每次大修时都应更换新的，因为旧垫已老化失去弹性，起不到密封作用。旧的金属垫经退火处理后可以重新使用。

⑥盘根。每次大修都应全部更换并认真清理填料盒。

⑦动力驱动装置。每次大修都应进行解体检查与调试。检查传动、减速装置的磨损情况，调整过扭力保护装置及限位机构，更换轴承及减速箱的润滑油。通知相关部门对自控系统、电气设备进行修理调试。

(3)阀门常见故障。

阀门在运行中常会发生各种故障，现将各种常见的故障现象、发生故障的原因分析及常规处理方法列在表 4-15 中，供检修时参考。

表 4–15　阀门常见故障及处理方法

故障现象	原因分析	处理方法
阀体渗漏	主要是制造问题，阀体坯件有砂眼、气孔、裂纹	一般的阀门做更换处理，重要的阀门可采取补焊的方法修复
阀杆与螺母的螺纹发生滑丝	长期使用螺纹磨损严重，螺纹配合过松，操作有误，用力过大	更换阀杆或螺母；避免随意加长力臂关阀
阀杆弯曲或阀杆头折断	阀杆弯曲多为关阀的扭力过大；阀杆头折断多发生在开启阀门时，由于阀瓣卡死或开度已至最大仍继续用力开阀	当阀门关紧后不许继续用力关阀，此时若有泄漏则说明密封面有问题；开启阀门时，若用正常扭力打不开，应解体检查
阀体与阀盖之间的接合面泄漏	螺栓的紧力不够或螺栓滑丝、折断；接合面不平；密封垫损坏	运行中严禁拧紧螺栓，应在停机后进行检查修理
阀门关闭不严，关紧后仍然泄漏	阀门没有真正关紧；阀瓣与阀座密封面受损或没有研磨好；阀体内有异物、阀瓣不能下落到位	将阀门开启再重新关闭，并适当加力；若加力关紧后还是泄漏，则等停机后解体检查
阀座与阀体的配合处泄漏	装配紧力不够；阀座密封环的强度不够，因热变形而松动；阀体的配合处有砂眼或裂纹	取下阀座密封环进行堆焊或镀铬，再按照过盈配合标准精车；更换新密封环；对阀体的砂眼、裂纹进行补焊修复
开启阀门时阀杆在动，但阀门没有打开	此类故障多发生在阀杆头与阀瓣连接处的部件上，因该处一直受到介质的冲刷、腐蚀，且启闭阀门时，该处受力最大，是阀门故障的多发区。例如，阀杆头折断，阀杆头与阀瓣的连接销脱落或折断，阀杆头与阀瓣的卡口磨损，阀瓣上螺母滑丝等	检修时应仔细鉴别，并尽可能将零件换成防腐蚀的材料
运行中的阀门突然自行关闭		该处理方法同上。某些重要管道上的阀门，如油系统的阀门，要求阀门横装或倒装，以防范此类事故发生
启闭阀门特别费力或启闭不动	盘根压得过紧或压盖偏紧；阀杆螺纹与螺母螺纹锈死；阀门长期处于全开或全关状态，其活动部件锈住；阀杆严重弯曲；冷态下阀门关得太紧，受热后胀住；阀门开启过头被卡死	适当拧松压盖螺母，再试着开启阀门；在检修时，对阀门的活动零件应采用润滑和防锈防腐处理；阀门应定期进行启闭活动，预防因长期不活动而锈住，阀门全开后再关回 1/2～1 圈

(4)检修阀门注意事项。

①阀门检修若当天不能完成，应采取安全措施，防止异物掉入系统内。

②在阀门与管道焊接前，要先把阀门开启2~3圈，以防焊接过程中阀头因温度过高而胀死、卡住或把阀杆顶弯。

③阀门在研磨过程中，要经常检查密封面是否被磨偏，以便随时纠正或调整研磨角度。

④在阀门组装前，要对合金钢螺栓进行光谱和硬度检查，以防错用材质。

⑤更换新合金钢阀门时，对新阀门各部件均应打光谱、鉴定，防止发生错用材质，造成行业事故。

3.阀门组装

(1)组装阀门一般步骤。

①固定阀体，清理阀体内部，擦净阀座。

②把轴承涂上黄油，连同螺纹套筒一起装入轴承座内。

③将阀杆穿入填料盒内，套上填料压盖，旋入螺纹套筒，至全开位置。

④擦净阀瓣并装于阀杆上。

⑤擦净法兰止口，放入涂有涂料的垫片。

⑥将阀盖扣到阀体上，并对准连接法兰上的方位记号。

⑦将连接螺栓涂上防锈剂，旋上螺母，分几次对称拧紧，并使法兰四周间隙一致。

⑧在添加盘根前，应使阀门处于关闭状态。

⑨将盘根按照要求压入填料盒内，拧紧填料压盖螺栓，压紧盘根。

(2)阀门组装注意事项。

①在装阀门时，应注意将阀杆上的套装件按照顺序套在阀杆上。在装阀盖时，阀杆的位置必须处于开启的状态，以防阀杆与阀体拧紧后将门芯与门座压伤或将阀杆顶弯。

②在管道上焊接阀门时，应先点焊，然后把阀门旋开几圈，再进行接口全焊，以防温度过高卡住门芯或顶弯阀杆。

③在安装带法兰的阀门时，阀门应全关，以防杂屑落入密封面。阀门法兰的螺孔与管道法兰的螺孔必须对正，不允许强力对口。

④阀门在安装时，一定要弄清介质流动方向，防止装反。除普通闸板阀可不考虑方向外，其他阀门都有方向性，包括特殊结构的闸板阀。如果阀门装反，就会影响阀门使用的效果与寿命(如节流阀)，或根本不起作用(如减压阀)，甚至造成危险(如逆止阀)。各种阀门的安装方向如图4-26所示。

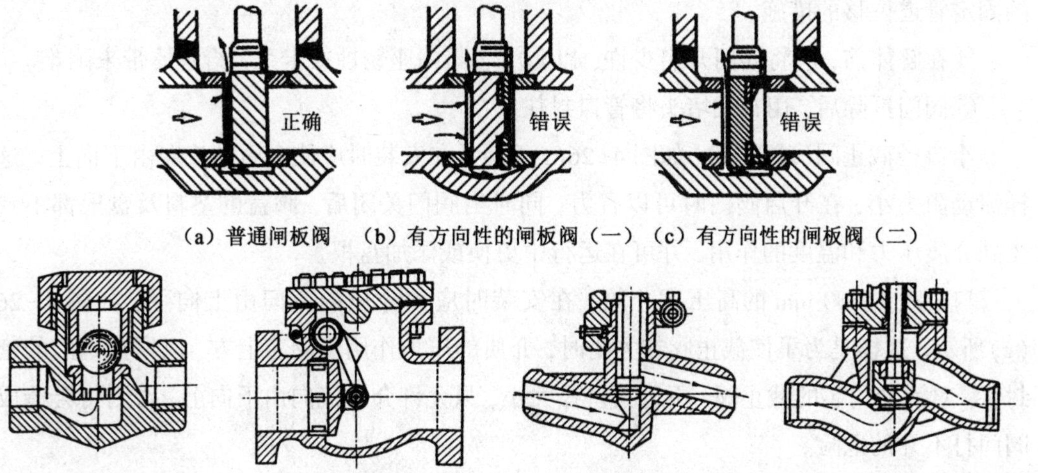

(a) 普通闸板阀 (b) 有方向性的闸板阀(一) (c) 有方向性的闸板阀(二)

(d) 逆止阀(一) (e) 逆止阀(二) (f) 小口径截止阀 (g) 口径大于100 mm的截止阀

图 4-26 阀门安装方向

(3)阀门拆卸注意事项。

对于焊接在管道上的高压阀门，如属于一般性缺陷，则通常就地检修；若损坏严重，则应把阀门从管道上切割下来，运到修理车间进行检修。对于法兰连接的阀门，也要视其缺陷情况和阀门大小，决定是否需要从管道上拆卸下来修理。

①拆卸前必须检查确认阀门连接的管道已从系统中断开，管道内已无压力。将待检修的阀门从运行系统中隔断，一般采用单向隔断，如图 4-27(a)所示。单向隔断要考虑流体是否有倒灌(流体从其他管道回流)的可能，必要时可采取双向隔断，即将检修部位的两端都隔断，如图 4-27(b)所示。作为隔断用的阀门、堵板必须可靠、不泄漏，有足够的强度，并采取有效的监护措施(如挂牌、加封条等)。

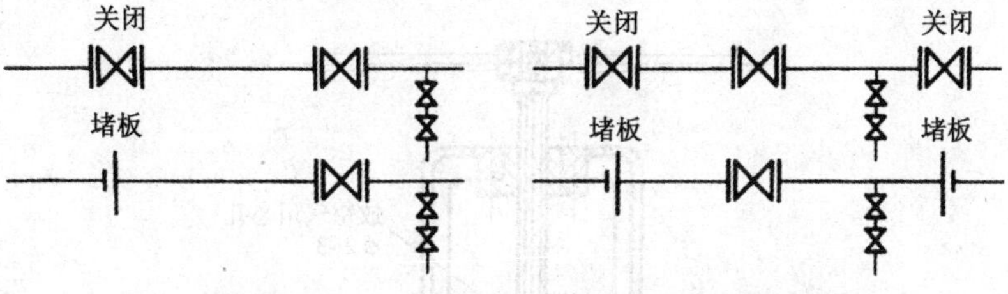

(a) 单向隔断 (b) 双向隔断

图 4-27 管道系统的隔离方法

阀门从系统上隔断后，应将这段上的疏水阀、排污阀全部打开，直到检修完毕投入运行时方可关闭。若此段无疏水、排污装置，就可用阀门自身的排放孔进行排放，或将旁路管卸下进行排放。

②在系统上拆装较重的阀门时，要有可靠的起吊装备。检修部位应有足够强度的工作平台或脚手架。

③在拆卸阀门前，应考虑此阀门卸下后两端管道会产生什么样的位移，并采取相应

的固定管道位移的措施。

④在解体前，应将阀门开启少许，以防门芯与门座锈蚀或卡死，给解体带来困难。

⑤阀门拆除后，用布或堵头将管口封住。

小口径截止阀(球形阀)[如图 4-26(f)所示]在安装时应使介质的流向由下向上。这样流动阻力小，在开启阀门时可以省力；同时当阀门关闭后，阀盖的垫料及盘根都不致受到介质压力和温度的作用，并可在运行中更换或添加盘根。

口径大于 100 mm 的高压截止阀，在安装时应使介质的流向由上向下，如图 4-26(g)所示。这样是为了使截止阀在关闭时，介质的压力作用于阀芯上方，以增加阀门的密封性。对活动门芯的截止阀，不论其口径大小，只允许介质流向由下向上，否则将会造成阀门打不开的危险。

⑥阀门的动力头(动力驱动装置)应在阀门安装后进行安装，以防损坏传动部件。根据动力驱动装置的结构，准确调整行程开关位置，要求能将阀门关严和开足；同时根据技术规定进行过扭力保护试验。

⑦更换新阀门时，除制造厂有特殊规定外，在安装前均应进行解体检查，并按照技术标准重新组装。

⑧凡是将要装在管道上的阀门(修理的或新更换的)，在安装前必须做水压试验，并有试验合格证明方可使用。

4.严密性检验

阀门检修好后，应及时进行水压试验，合格后方可使用。未从管道上拆下来的阀门，其水压试验可以和管道系统的水压试验同时进行。拆下来检修后的阀门，其水压试验必须在试验台上进行，如图 4-28 所示。

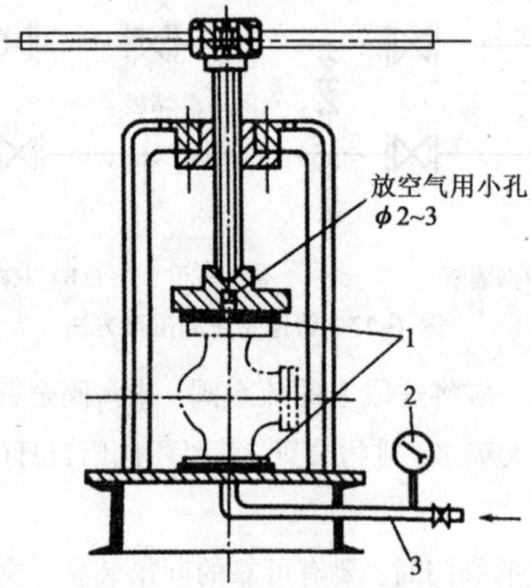

图 4-28　阀门水压试验台

1—垫片;2—压力表;3—压力水管

(1)低压旋塞和低压阀门试验。

①低压旋塞(考克)的试验，可以通过嘴吸，只要能吸住舌头 1 min，即合格。

②低压阀门的试验，可将阀门入口向上，倒入煤油，经数小时后，阀门密封面不渗透，即可认为严密。

③最佳试验法是将低压阀装在具有一定压力的工业用水管道上进行试压；若有条件用一小型水压机进行试压，则效果更佳。

(2)高压阀门水压试验。

高压阀门的水压试验分为材料强度试验和气密性试验两种。

①材料强度试验。

试验的目的是检查阀盖、阀体的材料强度及铸造、补焊的质量。试验方法：把阀门压在试验台上，打开阀门并向阀体内充满水，然后升压至试验压力，边升压边检查。试验压力为工作压力的 1.5 倍，应在此压力下保持 5 min，如没有出现泄漏、渗透等现象，则强度试验就合格。

需要做材料强度试验的阀门，必须是阀体或阀盖出现重大缺陷(如变形、裂纹)，并经车削加工或补焊等工艺修复的。对于常规检修后的阀门，只需做气密性试验。

②气密性(严密性)试验。

试验的目的是检查门芯与门座、阀杆与盘根、阀体与阀盖等处是否严密。其试验方法如下。

❖门芯与门座密封面的试验：将阀门压在试验台上，并向阀体内注水，让水进入阀体内并充满，再加压到试验压力。

❖阀杆与盘根、阀体与阀盖的试验：经过密封面试验后，把阀门打开，让水进入阀体内并充满，再加压到试验压力。

❖试压质量标准：试验压力为工作压力的 1.25 倍，并恒压 5 min，如没有出现降压、泄漏、渗透等现象，气密性试验即合格。如不合格，应再次进行修理，修后再重做水压试验。试压合格的阀门，要挂上“已修好”的标牌。

第四节　阀门研磨

由于阀瓣与阀座密封面经常受到汽、水的冲刷、侵蚀和磨损，致使密封面受损，造成泄漏，因此研磨阀瓣与阀座密封面是阀门检修中的重要任务。

阀门的研磨是以手工或机械的方法来研磨阀芯和阀座之间的密封面，从而达到严密接合的目的的。阀门研磨的质量将直接影响阀门的正常运行。这一过程工作量大、要求高，应引起重视。

一、研磨材料及规格

阀门的研磨材料有砂布、研磨砂、研磨膏。

1.砂布

根据布上沙砾的粗细，可将砂布分为00号，0号，1号，2号等，其中00号最细。

2.研磨砂

根据沙砾的粗细，研磨砂的规格分为磨粒、磨粉、微粉三种。一般磨粒作为粗研磨用。当表面粗糙度要求低于0.2 μm时，应选用微粉研磨。常用的研磨砂的种类及其用途见表4-16。

表4-16 常用研磨砂的种类及其用途

名称	主要成分	颜色	粒度号数	适用于被研磨的材料
人造刚玉	Al_2O_3（92%~95%）	暗棕色、淡粉红色	120~M5	碳素钢、合金钢、可锻铸铁、软黄铜等（表面渗碳钢、硬质合金不适用）
人造白刚玉	Al_2O_3（97%~98.5%）	白色	160~M5	
人造碳化硅（人造金刚石）	Si_2C（96%~98.5%）	黑色	160~M5	灰铸铁、软黄铜、青铜、紫铜
人造碳化硅	Si_2C（97%~99%）	绿色	160~M5	
人造碳化硼	B（72%~78%） C（20%~24%）	黑色		硬质合金、渗碳钢

3.研磨膏

研磨膏是用油脂（石蜡、甘油、三硬脂酸等）和研磨粉调制成的，一般作为细研磨用。

二、手工研磨与机械研磨

研磨分为手工研磨和机械研磨两种方式。

1.手工研磨的专用工具

手工研磨阀门密封面的专用工具，也称为胎具或研磨头、研磨座。开始研磨密封面时，因其损坏程度不一致，直接对磨既浪费材料，又易将阀瓣、阀座磨偏，故不能将阀瓣与阀座直接对磨，在粗磨阶段应用胎具分别与阀瓣、阀座进行研磨。研磨阀瓣用研磨座，研磨阀座用研磨头。常用的研磨胎具如图4-29所示。

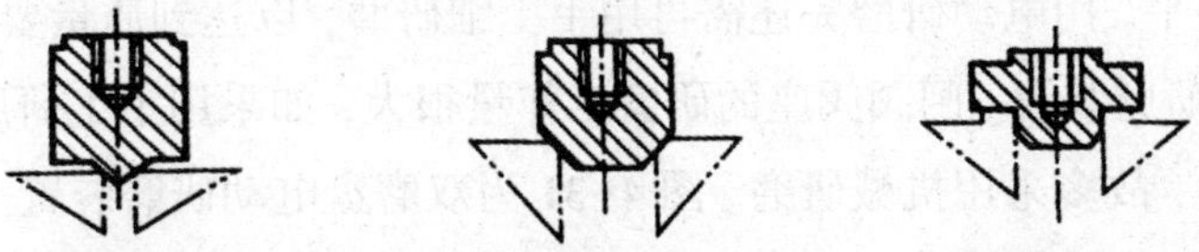

（a）研磨头

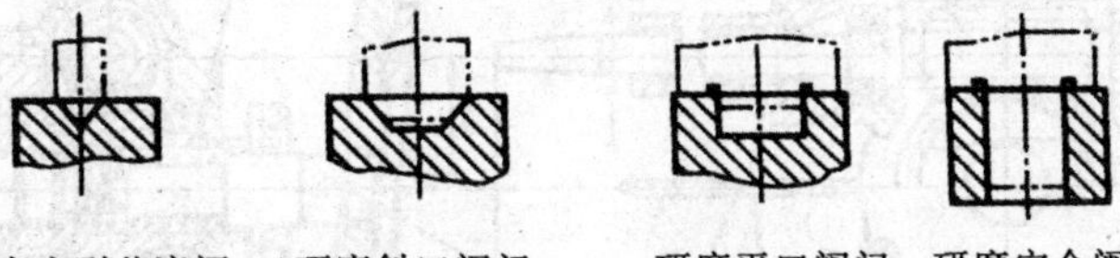

（b）研磨座

图 4-29　研磨胎具

在制作和使用研磨专用工具时，应注意以下几点。

(1)研磨胎具的材料硬度要低于阀瓣、阀座，通常选用低碳钢或生铁制作。胎具的尺寸、角度应与被研磨的阀瓣、阀座大小一致。

(2)在研磨时要配上研磨杆。研磨杆与胎具建议采用止口连接，见图 4-30(a)。这种连接便于更换胎具，并使研磨杆与胎具同心。

(3)在研磨过程中，研磨杆与阀座要保持垂直。图 4-30(a)所示的研磨杆用一嵌合在阀体上的定心板 4 进行导向，使研磨杆在研磨时不发生偏斜。如发现磨偏时，应及时纠正。

研磨杆的头部也可安装锥度铣刀头 5，直接对门座进行铣削，以提高研磨效率，如图 4-30(b)所示。

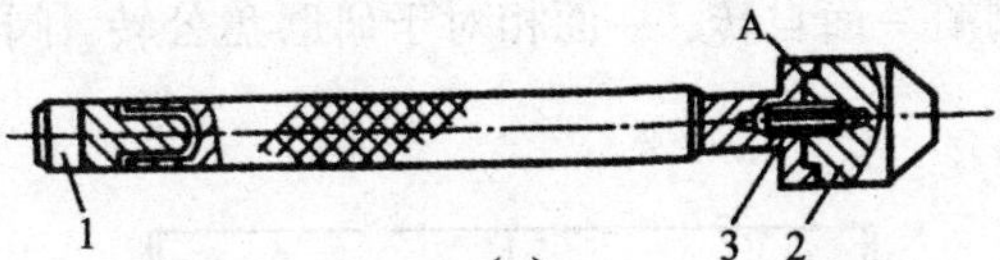

(a)

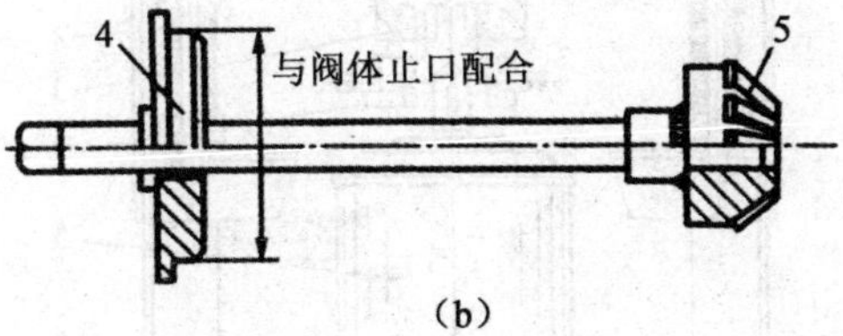

(b)

图 4-30　研磨杆

1—活动头；2—研磨头；3—丝对；4—定心板；5—铣刀头

2.机械研磨

(1)球阀电动研磨。为减轻研磨阀门的劳动强度，加快研磨速度，研磨小型球阀时可用手枪电钻夹住研磨杆进行。电钻研磨效率很高，如研磨门座上 0.2~0.3 mm 深的坑，只要几分钟就能磨平。用电动研磨完还需再用手工细研磨，以达到质量要求。

(2)闸板阀研磨装置。闸阀阀座的研磨工作量很大，如采用手工研磨，不仅费时，而且很难保证质量，故多采用机械研磨。图 4-31 为双磨盘电动研磨装置。

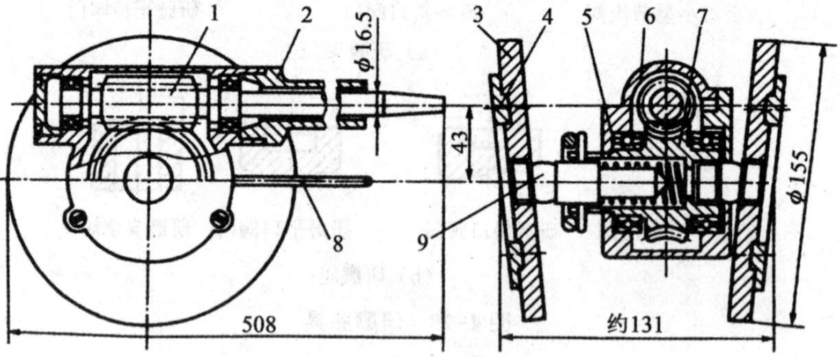

图 4-31　双磨盘电动研磨装置

1—蜗杆；2—套筒；3—磨盘；4—压盘；5—弹簧；6—外壳；7—蜗轮；8—拉杆；9—万向接头

这种装置以手电钻为动力，经减速带动磨盘转动。研磨时，在磨盘上涂上研磨砂或在压盘上压上环形砂布进行。研磨前，将装置放入阀腔内，放入时要把拉杆 8 提起，弹簧 5 压缩；放入后对正阀座再放下拉杆，弹簧张开，使磨盘与阀座贴紧，再启动电动机进行研磨。因其研磨速度很快，故需随时检查研磨情况。

(3)振动式研磨机。图 4-32 是振动式研磨机的结构示意图，研磨盘 1 用生铁铸造，表面精车；弹簧 2 支撑研磨盘，并使其产生振动，弹簧张力可调；偏心环 4 装在电机轴颈上，其偏心距可调，电机转动时其离心力使电机振动。研磨时，在研磨盘上涂以研磨砂，将阀瓣要研磨的一面放在研磨盘上，启动电机后，偏心环引起的振动通过弹簧带动研磨盘振动，研磨盘上的阀瓣一面自转，一面相对于研磨盘公转，阀瓣密封面通过振动与旋转达到研磨的目的。

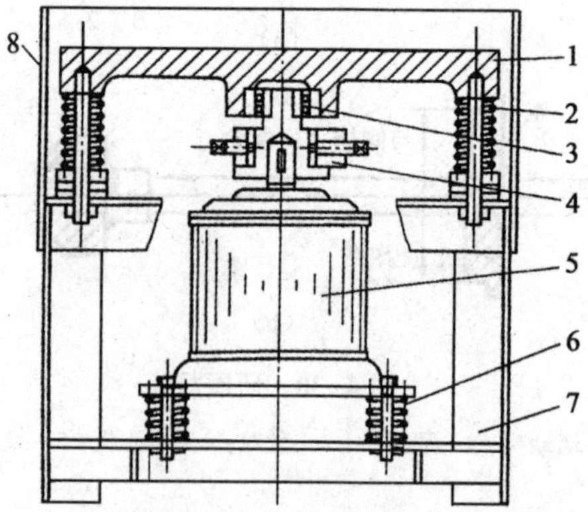

图 4-32　振动式研磨机结构示意图

1—研磨盘；2—弹簧；3—向心球面滚珠轴承；4—偏心环；

5—电动机；6—弹簧；7—机架；8—安全罩

(4) FLC 系列阀门研磨机。图 4-33 所示为 FLC 系列阀门研磨机结构示意图，它具有一机多用、加工范围广(可研磨各类阀门和法兰密封面)的特点。其主要由磨头系统、驱动系统、底座、可调支架、电动杆、动力源六大部分组成。工作原理：接通电源，按下电源开关并锁定，动力通过电动杆内的一对锥齿轮、万向节和伸缩的花键轴传至驱动系统。驱动系统由两对齿轮组成，将运动一分为二传至磨头系统，通过一个大锥齿轮带动大磨盘做低速转动。同时，又通过一套独特的行星齿轮传动机构，驱动研磨盘上的 5 个小磨头自转，从而达到研磨阀门的目的。

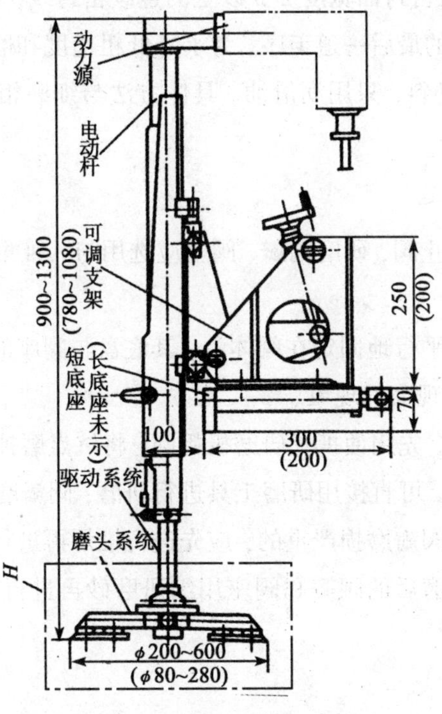

图 4-33 FLC 系列阀门研磨机结构示意图

三、阀门研磨步骤及方法

1.用研磨砂研磨

当阀瓣与阀座密封面上麻点、锈坑、刻痕的深度在 0.5 mm 以内时，可采用研磨的方法修复；当缺陷深度大于 0.5 mm 时，应先上车床车光，再进行研磨。用研磨砂研磨阀门密封面时，一般有以下几个步骤。

(1) 粗磨。阀门密封面锈蚀大于 0.5 mm 时，应先车光，再进行研磨。具体做法是在密封面上涂一层 280 号或 320 号磨粉，用约 15 N 的力压着胎具顺着一个方向研磨，磨到从胎具中感到无沙砾时，把旧砂擦去换上新砂再磨，直至麻点、锈蚀坑完全消失。

(2) 中磨。把粗磨留下的砂擦干净，加上一层薄薄的 M28 ~ M14 微粉，用 10 N 左右的力压着胎具，仍顺一个方向研磨，磨到无沙砾时或砂发黑时就更换新砂。经过几次换砂后，查看密封面基本光亮，隐约看见一条不明显、不连续的密封线，或者在密封面上用铅笔划几道横线，合上胎具轻轻转几圈，铅笔线被磨掉，就可以进行细磨。

(3)细磨。用 M7～M5 微粉研磨，用力要轻，使用压力为 5 N 左右。细磨不用研磨头和研磨座，而是直接用阀门上的阀瓣对着阀座研磨。阀瓣与研磨杆应装正，磨料用微研磨膏稍加一点润滑油稀释。

先顺转 60°～100°，再反转 40°～90°，来回研磨，磨到微粉发黑时，再更换微粉，直至看到一圈又黑又亮的且占密封面宽度 2/3 以上的连续密封线，则可以进行精磨。

(4)精磨。这是研磨的最后一道工序。为了降低粗糙度和磨去嵌在金属表面的沙砾，研磨时不加外力也不加磨料，只用润滑油。具体方法与细磨相同，一直磨到加进的油不变色为止。

2.截止阀的研磨要点

(1)锥面密封面的截止阀，研磨阀瓣、阀座应选用与其锥角一致的研磨胎具，其角度偏差不大于 0.02 mm。

(2)手动研磨胎具应平行地固定在阀体上，其底盘与阀座的间隙以不大于 0.2 mm 为宜，以防止研磨杆歪斜出现磨偏现象。

(3)阀座磨损较大时，先用便携式研磨机粗磨，将坑点磨掉后再用手工细磨。

(4)阀瓣冲刷轻微的，可直接用研磨工具进行研磨；阀瓣磨损较大的，可先上车床车光，再用研磨工具研磨；阀瓣磨损严重的，应先进行堆焊再进行机加工及手工研磨。

(5)将分别与胎具研磨后的阀瓣和阀座用细研磨砂再进行对研，接触宽度应为阀座密封面的 2/3 以上。

3.闸阀的研磨要点

(1)闸阀的阀座用专用研磨机研磨，研磨机应安装正确，研磨盘直径与阀座口径应一致，以防磨偏。

(2)阀座磨损严重的，先用金刚砂轮研磨，然后用不干胶砂纸贴在研磨盘上，由粗到细依次研磨，最后用细研磨砂研磨抛光。

(3)阀瓣磨损轻微的，可在研磨平台上手工研磨，手研时要检查研磨平台平整度是否符合要求。

(4)阀瓣磨损较严重的，先在磨床上研磨或在车床上精车，然后在平台上手研，应一次性完成。

(5)较大的阀瓣也用研磨机研磨。

(6)研磨结束后，用红丹粉检验阀门密封面的接触情况是否均匀良好。

4.用砂布研磨

用研磨砂研磨质量虽好，但是效率太低，费时费力。用砂布研磨速度快，也比较干净，尤其是代替用研磨砂的粗磨和中磨效果更佳，目前多采用这个方法。

用砂布研磨阀门需要有专门的研磨工具，根据阀门、阀瓣和阀座的尺寸、角度制成研磨头和研磨座。

用砂布研磨时，如阀门有严重缺陷，可分三步研磨，先用2号粗砂布把麻坑磨平，再用1号砂布或0号砂布把用粗砂布研磨出的纹路磨掉，最后用抛光砂布磨一遍即可。如阀门有一般缺陷，可以分两步进行研磨，先用1号砂布把缺陷磨掉，再用0号或抛光砂布磨一次即可；如阀门有轻微缺陷，可以直接用1号砂布或0号砂布研磨即可。

以上所述是对阀座而言，若阀头有缺陷可以用车床车光，不用再研磨即可组装，也可以用抛光砂布放到研磨床上磨一次即可。

用砂布研磨阀门时，可以一直按照前进方向研磨，不必向前转多少度或向后倒退多少度，但要经常检查，只要把缺陷磨掉即可更换较细的砂布继续研磨。此外，研磨工具和阀门间隙要小，一般每边间隙在0.20 mm左右，如果间隙太大容易磨偏，这在制作研磨工具时要注意。在使用机械化工具研磨时，用力要轻而均匀，否则很容易使砂布皱叠而把阀门研磨坏。

第五节 阀门密封材料检修

阀门的阀杆是活动部件，为防止阀杆与阀盖之间发生介质泄漏，必须采用合适的密封方法将其密封。

起密封作用的部件(如垫圈、盘根等)，通常称为密封件，简称密封。

密封分为静态密封和动态密封两类。处于相对静止的两接合面之间的密封称为静态密封，如法兰的垫圈、阀门的阀体与阀盖接合面的垫圈，均属静态密封；处于两接合面之间有相对运动的密封称为动态密封，如阀门用的盘根、泵类轴颈用的填料、活塞用的皮碗、胶圈等，均属动态密封。

阀门的盘根和垫圈在检修阀门时，一般要换新的。在选用盘根和填料时，一定要根据阀门在管道中的介质类型、压力大小、温度高低和材料规格正确选择，以免造成不必要的损失。

一、盘根的选用

填料俗称盘根，用于动、静部件间的密封。盘根主要由棉线、麻、石棉和铅粉制成，阀门检修时应根据介质的理化性质和工作参数选用合适的盘根，见表4-17。

表 4-17 常用的盘根

种类	材料	压力/MPa	温度/℃	介质
棉盘根	棉纱编结棉绳；油浸棉绳；橡胶棉绳	<20~25	<100	水、空气、油类
麻盘根	麻绳；油浸麻绳；橡胶麻绳	<16~20	<100	水、空气、蒸气、油类
普通石棉盘根	油和石墨浸渍过的石棉线，夹铝丝石棉编织线，用油、石墨浸渍；夹钢丝石棉编织线，用油、石墨浸渍	<4.5 <4.5 <6	<250 <350 <450	水、空气、蒸气
高压石棉盘根	石棉布(线)，以橡胶为黏结剂，石棉与片状石墨粉的混合物	<6	<450	蒸气
石墨盘根	石墨制成的环，并在环间填充银色石墨粉，掺入不锈钢丝，以提高使用寿命	<14	540	各种介质
碳纤维盘根	经预氧化或碳化的聚丙烯纤维，浸渍聚四氟乙烯乳液	<20	<320	各种介质
氟纤维盘根	聚四氟乙烯纤维，浸渍聚四氟乙烯乳液	<35	260	各种介质
金属丝盘根	铅丝、钢丝	<35	230 500	蒸气、油
PSM-O 型柔性石墨密封圈	柔性石墨(成品为矩形截面圆圈)	<32		用于高压阀门

二、盘根的密封装置

阀门的阀杆是一个活动部件，它与阀盖之间的密封均采用盘根密封法，即用填料围着阀杆装进盘根室内，并将填料压紧达到密封的目的。随着高温高压技术的出现，对阀杆的密封做了一些改进。如图 4-34 所示的阀杆反向密封装置结构示意图，它是把盘根室的下方加工成一反向阀门座，当阀门全开时，靠门芯的背部与反向座密封，内压不致作用于盘根上，但只有在阀门全开时，才起到密封作用，而且在阀门启闭的过程中还是依靠盘根密封，故存在一定的局限性。

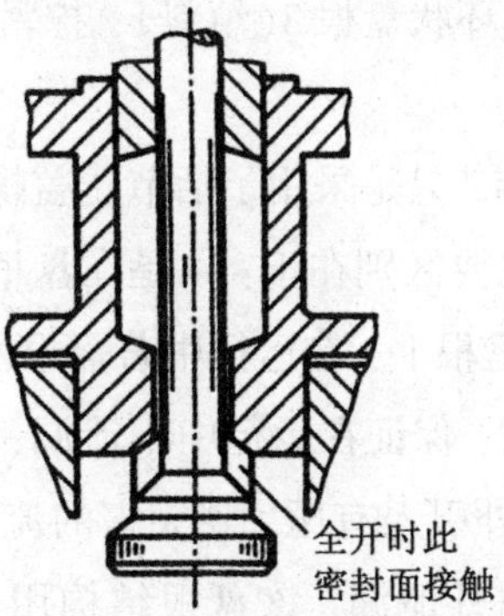

图 4-34 阀杆反向密封装置结构示意图

尽管盘根密封法有不足之处，如泄漏，阀杆易磨损、腐蚀，运行中检修困难等，但此法经济、使用方便、适应性强、技术上成熟，至今尚无其他方法与其相比，故应熟练掌握其工艺。

1.认识盘根密封装置

盘根密封装置基本上由填料室(盘根盒)、填料(盘根)、填料压盖(格兰)、压盖螺栓等部分组成，图 4-35 展示了盘根密封装置的各种形式。

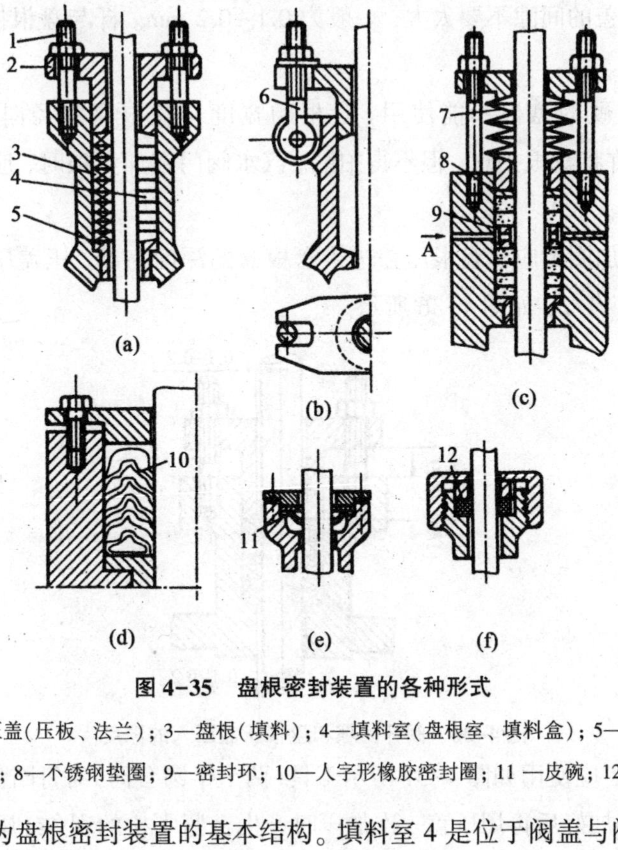

图 4-35 盘根密封装置的各种形式

1—压盖螺栓；2—压盖(压板、法兰)；3—盘根(填料)；4—填料室(盘根室、填料盒)；5—衬套；6—活节螺栓；7—碟形弹簧；8—不锈钢垫圈；9—密封环；10—人字形橡胶密封圈；11 —皮碗；12—O 形密封圈

图 4-35(a)为盘根密封装置的基本结构。填料室 4 是位于阀盖与阀杆之间的环形空

间，其中围绕阀杆填入一圈圈的环状盘根3(填料)，拧紧压盖螺栓1，使填料压盖2压紧盘根，从而达到密封目的。

图4-35(b)也属于基本结构，只是采用了活节压盖螺栓，便于加、取盘根。

图4-35(c)与其他形式的主要区别在于：一是在盘根上部装有弹性很强的碟形弹簧7，压盖2通过碟形弹簧作用在盘根上，在运行中若盘根发生收缩变形而松弛时，则可依靠碟形弹簧的张力将其自动压紧，保证在运行中不泄漏；二是在盘根室中部装有密封环9(类似泵类的水封环)，从阀体外引入有压力、无害的流体(图中A处)，对盘根起密封作用，并保证阀体内的流体不向外泄漏。该盘根结构用于有毒或有放射性的流体及其环境。

图4-35(d)的填料采用的是人字形橡胶密封圈10，可承受60 MPa压力，可用于高压油、气阀门。

图4-35(e)采用皮碗11密封，适用于压缩空气阀门。

图4-35(f)为小口径低压阀门阀杆密封的基本结构。

2.更换盘根的方法及注意事项

(1)根据流体参数、理化性质及盘根盒尺寸，正确地选用盘根。

(2)阀杆与阀盖的间隙不要太大，一般为0.1～0.2 mm。杆与盘根接触段应光滑，以保证其密封性能。

(3)破裂或干硬的盘根不能使用。盘根的宽度与盘根盒的径向间隙相差不大时(2 mm左右)，允许将盘根拍扁，但不得拍散。汽水阀门在加盘根时，应放入少量鳞状干石墨粉，以便取出。

(4)盘根的添加圈数应以盘根压盖进入盘根盒的深度为准。压盖压入部分应是压盖可压入深度的1/3～1/2，如图4-36所示。

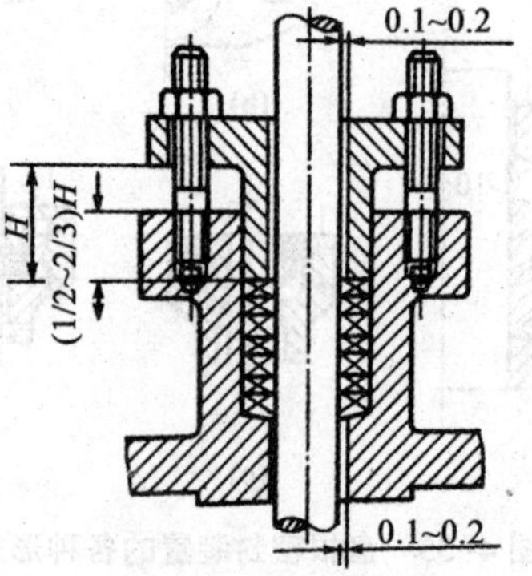

图4-36　阀杆间隙和盘根压盖压入的深度

(5)加盘根时，应使用如图4-37所示工具(两个半圆套筒)对每圈盘根进行压紧，以防止出现盘根全部加好后再用压盖一次加压时产生上紧下松的现象。压盖压紧后与阀杆四周的径向间隙要求一致。

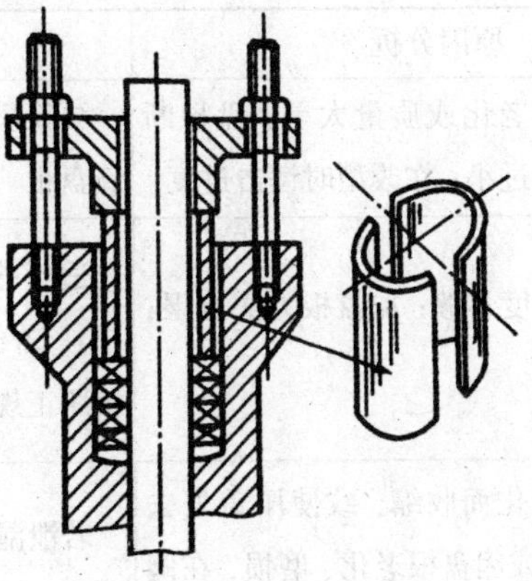

图 4-37 压紧盘根的方法

(6)新加入的盘根接头，应切成 30°～45°斜口，相邻两圈接头错开 120°～180°。切割时，将盘根绕在和阀杆等径的圆棒上进行，以保证其尺寸准确，如图 4-38 所示。

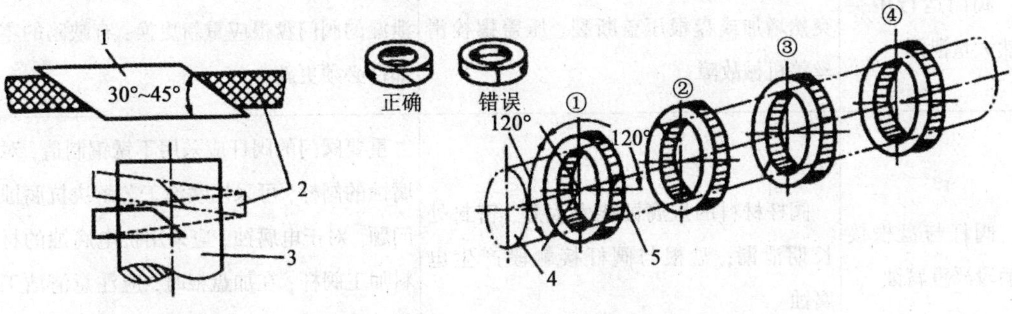

(a) 盘根接头 (b) 盘根填装

图 4-38 盘根接头与填装

1—样板；2—盘根；3—与阀杆等径的圆棒；4—阀杆；5—盘根接头

为了增强盘根的密封性能及改进在现场制作盘根圈的烦琐工艺，目前一些主要系统上的阀门已采用用密封材料制成的各种规格的密封圈（如 PSM-O 形柔性石墨密封圈）。这类密封圈可单独使用，通常在密封圈的上下加上用不锈钢材料制作的保护垫圈，并要求阀杆的表面粗糙度达到 0.6 μm，阀杆不同心度控制在 0.05 mm 以下。为了便于安装，密封圈开有切口，在安装时不可将密封圈切口沿径向拉开，而应沿阀杆轴向扭转，使切口错开。密封圈套进阀杆不能做多次往复扭转。

3.盘根密封主要缺陷及处理方法

盘根密封装置的主要缺陷、发生原因及处理方法见表 4-18。

表 4-18　盘根密封装置的主要缺陷、发生原因及处理方法

缺陷	原因分析	处理方法
安装盘根时盘根断裂	盘根过期、老化或质量太差；盘根断面尺寸过大或过小；在改型时锤击过度	更换质量合格并与盘根盒规格相符的新盘根
阀门投入运行即发生泄漏	盘根压紧程度不够；加盘根方法有误；盘根尺寸过小	适当拧紧盘根螺丝（允许在运行中进行），若仍泄漏，应停运取出盘根，重新按照正规工艺添加合格的盘根
阀门长时间运行后发生泄漏	由于盘根老化而收缩，致使压盖失去原有的紧力，或因盘根老化、磨损，在阀杆与盘根之间形成定型的轴向间隙；因阀杆严重锈蚀而出现泄漏	若泄漏严重，则应停机检查；若泄漏量不大，允许在运行中拧紧压盖螺帽；对锈蚀的阀杆必须进行复原及防锈处理
阀门运行中突然大量泄漏	多属于发生突然事故，如系统的压力突然增加或盘根压盖断裂、压盖螺栓滑丝等机械故障	检查系统压力突增的原因，凡发生大量泄漏的阀门盘根应重新更换；有缺陷的零部件必须更新
阀杆与盘根接触段严重腐蚀	阀杆材料的抗腐蚀能力太差，密封处长期泄漏；盘根与阀杆接触段产生电腐蚀	重要阀门的阀杆应采用不锈钢制造，对腐蚀的阀杆，可采用喷涂工艺解决抗腐蚀问题。对于电腐蚀，应采用抗电腐蚀的材料加工阀杆；在加盘根时，应注意清洁工作，做水压试验时要用凝结水以减少电解作用
盘根与阀杆、盘根盒严重粘连及盘根盒内严重腐蚀	长期泄漏或阀门长期处于全开或全关状态；工作人员不负责任，未认真清理旧盘根和盘根盒，加盘根时不加干黑铅粉	阀门不允许发生长期泄漏；在检修时必须认真清理盘根盒，加盘根时，在盘根盒内抹上干黑铅粉或抗腐蚀的涂料

4. 衬垫的更换和配置

阀门阀体和阀盖相接触处的严密性主要是靠衬垫来保证的。衬垫的材料是根据压力和温度来选择使用的，衬垫材料使用正确，检修工艺好，就可保证阀门长期安全运行。高压阀门都采用齿形垫，为了保证其可靠性，通常采用石墨齿形垫。

总的来说，衬垫的材料应具有一定的强度、弹性和韧性，能抵抗介质侵蚀，且受温度变化的影响要小。装配阀门衬垫时，应先将阀体和阀盖上的接合面清理干净，在衬垫上均匀抹上掺油的黑铅粉，再抹上干铅粉；然后将衬垫放在阀体接合面上，扣上阀盖（此时阀瓣、阀杆等已经装配好），对称地紧固螺栓。在紧固螺栓时，应随时注意检查法兰平面之间的四周的间隙是否均匀。表 4-19 是衬垫常用的垫料。

表 4-19　衬垫常用的垫料

种类	材料	压力/MPa	温度/℃	介质
纸垫	软钢板纸	<0.4	<120	油类
橡皮垫	天然橡胶		-60~100	水、空气、稀盐(硫)酸
	普通橡胶(HG 4—329—1966)		-40~60	水、空气
夹布橡皮垫	夹布橡皮(GB 583—1965)	<0.6	-30~60	水、空气、油
橡胶石棉垫(JB 1161—1973)(JB 87—1959)	高压橡胶石棉板(JC 125—1966)	<6	<450	水、空气、蒸气
	中压橡胶石棉板(JC 125—1966)	<4	<350	浓度小于98%硫酸
	低压橡胶石棉板	<1.5	<200	浓度小于35%盐酸
	耐油橡胶石棉板(GB 539—1966)	<4	<400	油、氢气、碱类
OGAE 橡胶圈(JB 1235—1976)(JB 921—1975)	耐油、耐低温、耐高温的橡胶	<32	-60~200	油、空气、水蒸气
	耐酸碱的橡胶	2.5	-25~80	浓度为20%硫酸、盐酸
金属平垫	紫铜、铝、铅、软钢、不锈钢、合金钢	<20	600	蒸气、水、油、酸、碱
金属齿形垫、异形金属垫(八角形、梯形、椭圆形的垫)	10(08)钢、(0Cr13)	>4	600	
	铝、合金钢	>6.4	600	

思考题

(1)阀门在解体与组装时，阀芯应处于什么位置？为什么？

(2)添加盘根时应注意什么？

(3)盘根的主要缺陷有哪些？

(4)如何进行弹簧式安全阀的压力校验？

(5)阀门泄漏的原因有哪些？如何处理？

(6)阀杆的校直方法有哪些？

(7)截止阀和闸阀各用于什么管道？

第五章　锅炉本体主要部件检修

锅炉是火电厂最主要的设备之一。它的功能是使燃料在炉膛内燃烧，利用燃料燃烧时产生的热量把水变成具有一定压力和温度的蒸气，实现燃料的化学能到蒸气热能的转换。

锅炉的运行状况，对保证发电厂安全经济运行具有重大意义。当锅炉运行一定时间之后，由于零部件的磨损和变形，以及严密程度降低，材料使用期限缩短，受热面的结垢和腐蚀，以及堵灰、结渣等现象的出现，均会影响锅炉的安全经济运行，降低设备使用寿命，从而危及整个发电厂的生产。因此，必须定期地、有计划地对锅炉设备进行预防性和恢复性的检修，以便及时检查、发现和排除设备存在的缺陷，消灭潜在的事故因素，提高设备健康水平，确保锅炉机组运行的安全性和经济性。

由于锅炉设备技术复杂，涉及的内容很多，本章仅择其主要部件，就检修中的有关内容作详细介绍。

第一节　锅炉本体主要组成部件

锅炉的种类很多，但构造大体相同。图 5-1 为我国生产的 HG-410/9.8-2 型高压蒸气锅炉结构示意图。该锅炉的技术规范是：额定蒸发量 410 t/h，过热蒸气出口压力(表压力)10 MPa，过热蒸气出口温度 540 ℃，给水温度 215 ℃。

锅炉设备包括锅炉本体和辅助设备两大部分。锅炉本体，按照其作用分为“锅”与“炉”。“锅”是由水、汽系统的承压部件组成，包括给水管道、省煤器、汽包、水冷壁、过热器等。“炉”则由燃烧系统所包括的风道、空气预热器、燃烧器、燃烧室(也称炉膛)和烟道等组成。

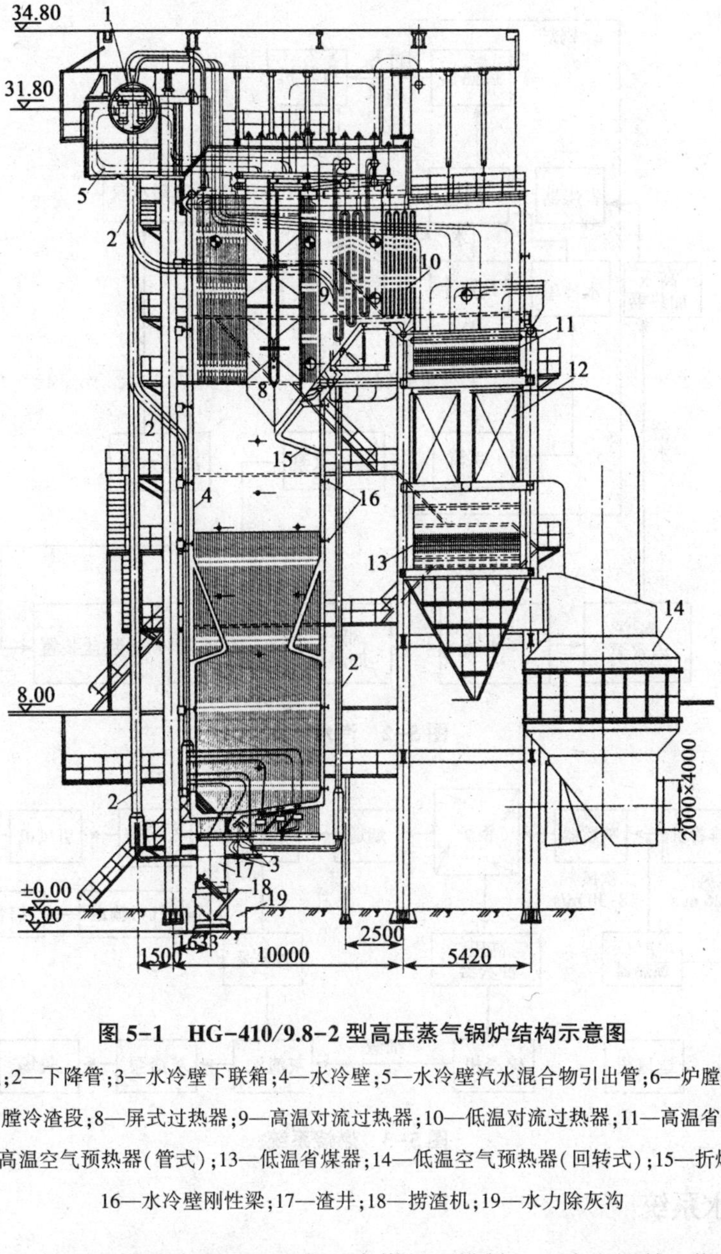

图 5-1　HG-410/9.8-2 型高压蒸气锅炉结构示意图

1—汽包；2—下降管；3—水冷壁下联箱；4—水冷壁；5—水冷壁汽水混合物引出管；6—炉膛熔渣段；7—炉膛冷渣段；8—屏式过热器；9—高温对流过热器；10—低温对流过热器；11—高温省煤器；12—高温空气预热器(管式)；13—低温省煤器；14—低温空气预热器(回转式)；15—折焰角；16—水冷壁刚性梁；17—渣井；18—捞渣机；19—水力除灰沟

锅炉辅助设备主要指给水泵、送风机、磨煤机、排粉机、除尘器等。作为锅炉设备的各个组成部分，它们之间及其与其他设备之间的关系体现在汽水系统和燃烧系统的反应过程中，如图 5-2 和图 5-3 所示。

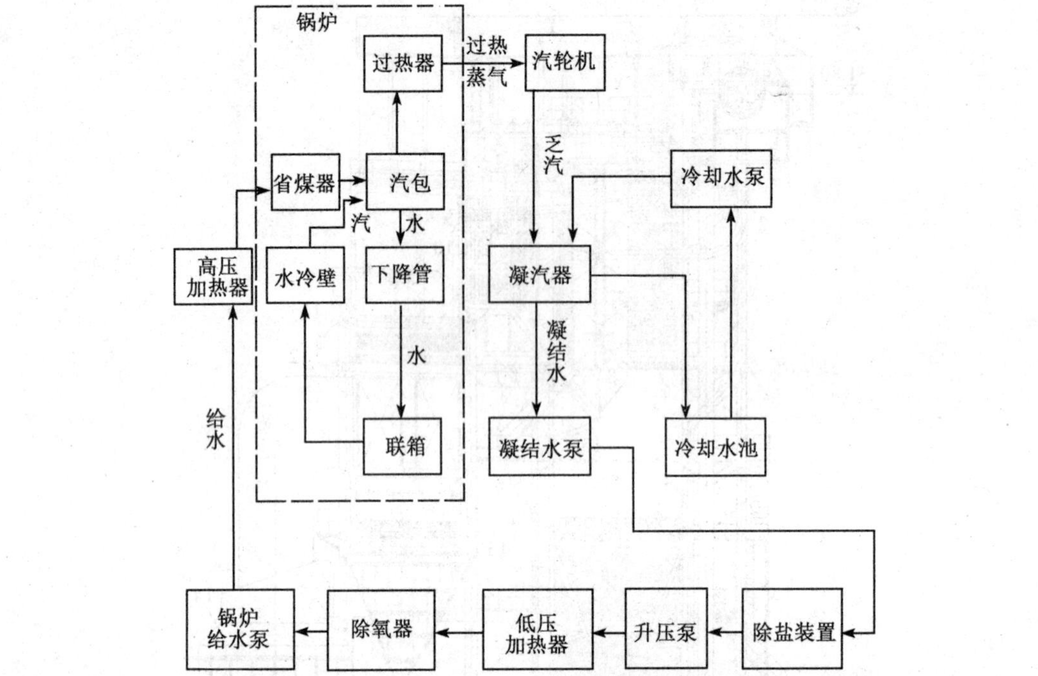

图 5-2　汽水系统

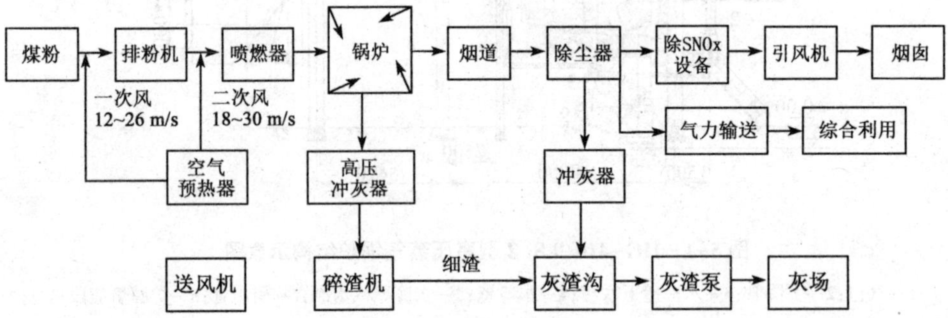

图 5-3　燃烧系统

一、汽水系统

锅炉的汽水系统，是吸收炉膛的辐射热量和部分对流传热以产生饱和蒸气的受热面系统。其具体过程是：锅炉给水由给水泵送入省煤器，吸收尾部烟道中烟气的热量后进入汽包；汽包内的水经下降管到水冷壁，吸收炉内高温烟气的热量，使部分水蒸发，形成汽水混合物向上流回汽包；汽包内部的汽水分离装置将水与汽分离开，水回到汽包下部水空间，而饱和蒸气进入过热器，继续吸收烟气的热量成为合格的过热蒸气，并送往汽轮机。

蒸气锅炉按照汽水系统水循环方式，可分为自然循环锅炉和强制循环锅炉两种。自然循环锅炉水汽的流动完全依靠炉水受热后所产生的蒸气与水的密度差来推动；强制循环锅炉则是依靠水泵压力而建立强迫流动的。下面简述汽水系统中的主要设备。

1.汽包

在自然循环锅炉中，汽包是循环回路中必备的重要部件。其作用有以下三点：

(1)接通省煤器、水冷壁、过热器，为工质加热、蒸发、过热三个过程的枢纽；

(2)储汽存水，并具有一定蓄热能力；

(3)汽包内部装有各种汽水分离装置和蒸气净化设备，用来分离汽水和净化蒸气。

汽包是一个用钢板卷、焊而成的厚壁压力容器，承受饱和蒸气压力，并在饱和蒸气温度下工作。汽包两端的封头用钢板热压制成，然后焊在汽包筒体上。在封头上开有圆形或椭圆形人孔门，以便安装、检修汽包内部装置。汽包壁上有许多管座，连接着各种管道。

汽包大都放置在烟气通道以外，不受烟气加热，工作温度通常不超过 350 ℃。

2.水冷壁

在燃烧室周围密布着许多水管，叫作水冷壁。其上端与上联箱或汽包相连，下端与下联箱相连。热能的传递主要依靠辐射作用，故水冷壁是辐射蒸发受热面。

水冷壁的结构形式可分为光管式、鳍片式和膜式等，如图 5-4 所示。其中，膜式水冷壁一种是用扁钢制成鳍片，焊在光管之间；另一种是用鳍片管焊成，组成整块的水冷壁受热面。它对炉墙起到了很好的保护作用，也有利于消除炉膛漏风，所以我国近年生产的锅炉大都采用膜式水冷壁。

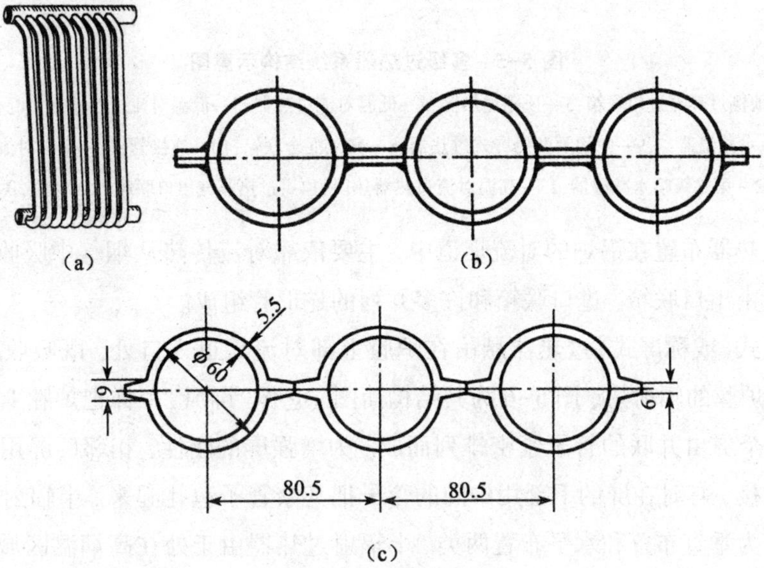

图 5-4　水冷壁结构形式

3.过热器和再热器

(1)过热器。

过热器是吸收烟气热量，将饱和蒸气加热到额定过热温度的受热面。提高过热蒸气的参数，就可提高电厂的热效率，减少汽轮机最后几级蒸气的湿度，以免叶片遭到水滴侵蚀，并能减少蒸气管道的凝结水损失。过热器布置在较高的烟温区域，内部流过的是高温蒸气，外部是高温烟气，工作条件就温度和压力而言是锅炉受热面中最差的。在运行中，当壁温超过了钢材的极限允许温度时，就可能使管子爆裂。过热器是较易发生事故的部件之一。

按照传热方式分类，过热器可分为对流过热器、半辐射过热器和辐射过热器三种。现代大型电站锅炉均采用辐射过热器和对流过热器混合布置的多级过热器系统，其结构示意图如图 5-5 所示。

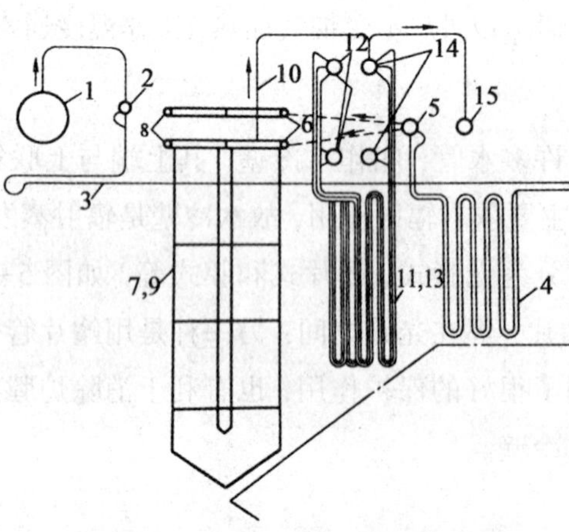

图 5-5　多级过热器系统结构示意图

1—汽包；2—顶棚过热器进口联箱；3—顶棚过热器；4—低温对流过热器；5—低温对流过热器出口混合交换连接管；6—第一级喷水减温器；7，9—中间及两侧屏式过热器；8—交叉混合联箱；10—连接管；11—高温对流过热器冷段；12—第二级喷水减温器；13—高温对流过热器热段；14—过热蒸气出口联箱；15—集汽联箱

对流过热器布置在锅炉的对流烟道中，主要依靠对流传热从烟气中吸收热量。对流过热器一般由出口联箱、进口联箱和许多并列的蛇形管组成。

半辐射式(或称屏式)过热器悬吊在炉膛上部对流烟道入口处，既吸收烟气的对流热，又吸收炉膛的辐射热。图 5-6 为其结构简图。它像“屏风”一样把炉膛上部隔成若干个空间，每个屏由并联的管子紧密排列而成。为增强屏的刚性，相邻两屏用它们本身的管子相互连接，有时在屏的下部用中间的管子把其余管子包扎起来。半辐射式过热器的布置方式分为垂直布置和水平布置两类。半辐射过热器由于处在高烟温区域，热负荷较高，管屏内外管圈的受热条件差别又大，会因各个管子中蒸气的吸热量不同而产生较大的热偏差。为防止某些管子因超温而损坏，应采取措施减少和避免热偏差的发生。

半辐射式过热器用来直接吸收炉膛辐射热。在大型锅炉中布置半辐射过热器，有利于改善气温调节特性和节省受热面金属消耗。半辐射式过热器的布置方式很多，在自然循环锅炉中一般垂直布置在炉膛壁面，或水平布置在炉顶成为顶棚过热器。

(2)再热器。

为了提高电厂的热经济性和减小汽轮机尾部蒸气的湿度，在高参数、大容量电厂中普遍采用了中间再热系统。即把汽轮机高压缸内膨胀做功后的蒸气再送回到锅炉中加热，提高温度后又回到汽轮机中、低压缸内膨胀做功。这个再加热的受热面称为再热器。

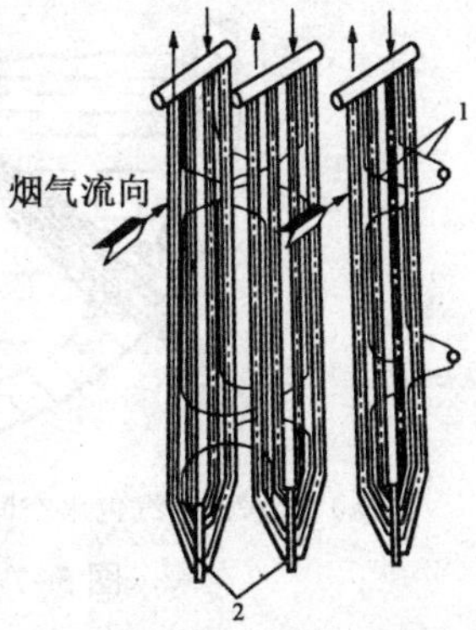

图 5-6　半辐射式过热器结构简图

1—连接管；2—扎紧管

再热器结构与对流过热器相似，也由蛇形管组成。为了减少蒸气在再热器中的压降，必须降低再热蒸气的流速，因此再热器采用粗管径、多管圈结构。再热器受热面通常布置在烟温稍低的水平烟道或尾部竖井中。

4.省煤器

省煤器是利用锅炉尾部低温烟气热量加热锅炉给水的热交换设备。它的作用是降低排烟温度，提高锅炉效率，节省燃料。进入省煤器的工质是低于饱和温度的给水，通过热量交换，可将给水加热到接近或达到饱和温度，以利于减少因温差而引起的汽包壁的热应力，防止汽包弯曲和发生裂纹。在现代锅炉中，省煤器已成为不可缺少的一部分受热面。

现代电站锅炉都采用钢管式省煤器。它由许多并列蛇形管组成，多采取水平布置，错列安排可使受热面紧凑，在同样的空间放置更多的受热面。各蛇形管的进口端和出口端，分别与进口联箱(分配联箱)和出口联箱(汇集联箱)连接。联箱一般布置在烟道外面，给水的引入和加热后水的引出，是由沿联箱长度均匀布置的大直径管子来实现的。

为便于检修，省煤器的管组高度有一定限制。当管子紧密布置时，管组高度不得超过 1.0 m；在稀疏布置时，管组高度不得超过 1.5 m。在省煤器高度较大需将它分成几个管组时，管组间应留高度不小于 550 mm 的空间。在省煤器管组与其相邻的空气预热器之间，应有不小于 800 mm 的高度空间。

省煤器的引出管与汽包连接处常装有套管，这是因为省煤器出口水温可能低于汽包中的饱和温度。如果省煤器引出管直接与汽包相接，在连接处会产生局部的温度应力，从而导致热应力疲劳，严重时会引起焊口发生裂纹。装上套管后，汽包壁与水管壁之间有蒸气或炉水相隔，避免了温差较大的两个金属壁直接接触，也就防止了汽包的损伤。省煤器引出管与汽包壁的连接方式如图 5-7 所示。

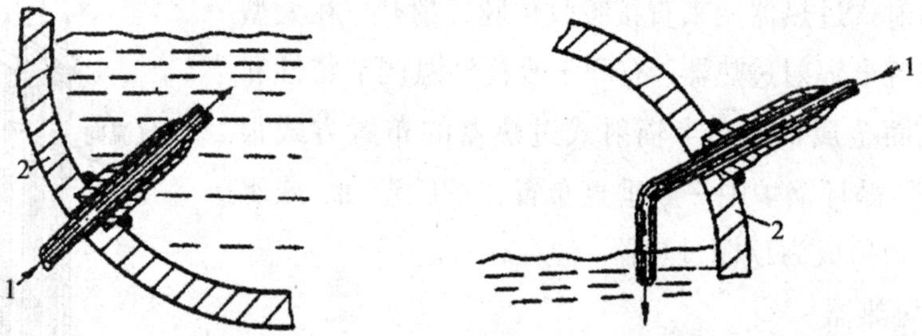

（a）给水引入汽包水空间时的内部套管　　（b）给水引入汽包汽空间时的外部套管

图 5-7　省煤器引出管与汽包壁之间的连接套管

1—给水；2—汽包壁

烟气中含有大量的飞灰颗粒，高速的灰粒冲刷尾部受热面管束时，将使管壁表面受到剧烈磨损，会发生局部管子的严重破坏，导致事故停炉。为防止省煤器蛇形管磨损，可在部分蛇形管上加装防磨部件，也可在这些部位采用厚壁管以增加抗磨能力。

二、燃烧系统

锅炉的燃烧系统由炉膛、燃烧器、空气预热器及烟道等设备组成。其工作过程是：由送风机来的空气进入空气预热器，吸收烟气的热量成为热空气。其中一股送给制粉系统，并携带煤粉经燃烧器进入炉膛；另一股作为二次风直接经燃烧器送入炉膛。煤粉与空气混合物在炉膛内进行燃烧，燃料的化学能转换成烟气的热能。在炉膛内，高温烟气的热能以辐射方式传给炉膛四周的水冷壁及其他辐射受热面。随着烟气温度的降低，烟气的热能又主要以对流传热方式把热能传递给过热器、省煤器和空气预热器等。在传热过程中，烟气温度不断降低，最后由引风机送进烟囱，排入大气。

1.炉膛

炉膛即锅炉的燃烧室，是一个用炉墙封闭起来的立体空间，内壁四周布满水冷壁。炉膛的作用是使一定数量的燃料在其中完全燃烧，将燃料的化学能释放并转变为高温烟气的热能，有效地加热锅炉各种受热面中的工质。

燃烧器的形式和布置方式对炉内气体流动的工况有很大影响。燃烧方式不同，炉膛的结构形状也不同。炉膛尺寸的大小与两个因素有关：一是燃料在炉内应有足够的燃烧时间和空间，力求降低不完全燃烧损失；二是必须有足够的水冷壁来吸热，使炉膛出口处烟气温度低于灰的熔点。

2.燃烧器

燃烧器是燃烧设备的组成部分，作用是把燃料和助燃空气按照一定浓度混合，用一定速度和方向喷出，以达到稳定着火、高效率燃烧和燃尽的效果。按照出口气流形式不同，燃烧器可分为直流式燃烧器和旋流式燃烧器两大类。

在直流式燃烧器中，煤粉、空气混合物(一次风)和燃烧所需的空气(二次风)，是从垂直布置的一组喷口以直线射流形式喷进炉膛的。喷口射出的直流射流多为水平方向，也可向上或向下倾斜某一角度；有的直流式燃烧器的喷口可以摆动，用来调整火焰中心位置。直流式燃烧器通常布置在炉膛四角，轴线与炉膛中心的假想圆相切。

旋流式燃烧器的出口气流是旋转射流，它是通过各种形式的旋流器产生的。目前，我国煤粉炉上所用的旋流式燃烧器有两类，即蜗壳形旋流式燃烧器和叶片形旋流式燃烧器。例如，单蜗壳形旋流式燃烧器，其一次风为直流，二次风气流通过蜗壳形旋流器产生旋转；轴向叶片形旋流式燃烧器，其一次风气流为直流或弱旋射流，二次风气流则通过轴向叶片旋流器产生旋转。轴向叶片形旋流式燃烧器结构示意图如图 5-8 所示。

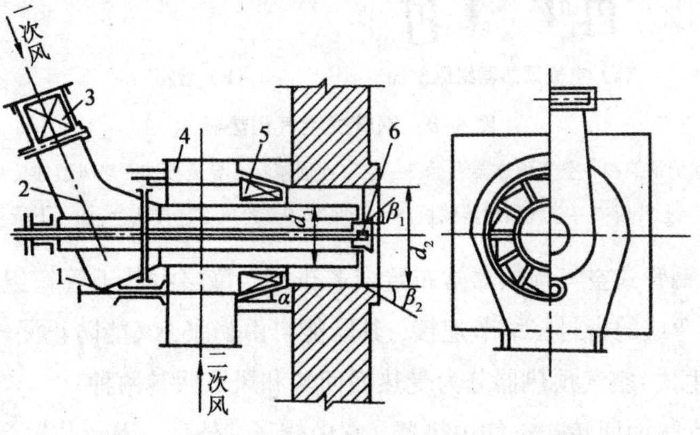

图 5-8　轴向叶片形旋流式燃烧器结构示意图

1—拉杆；2—一次风道；3—舌形挡板；4—二次风道；5—二次风叶轮；6—油喷嘴

3.空气预热器

空气预热器是利用锅炉尾部温度较低的烟气来加热助燃空气的一种对流换热器。空气预热器的作用除减小排烟热损失，进一步利用低温烟气余热提高空气温度，改善燃烧条件外，也改善了吸风机的工作条件。同时，它可以向制粉系统输送热空气，还可用来干燥煤和输送煤粉。

按照传热方式不同，空气预热器可分为传热式和再生式两大类。在传热式空气预热器中烟气中的热量是通过壁面传给空气的。在再生式空气预热器中，烟气和空气则是相互交替流过受热面。当烟气流经受热面时，烟气把热量先传给受热面并积蓄起来，然后当空气流过受热面时，再把热量传给空气。

钢管式空气预热器是最常用的一种传热式空气预热器(如图 5-9 所示)。它由许多平行的薄壁钢管组成。管子错列布置，两端焊接在管板上，形成立方体的管箱。管箱外面装有密封墙和空气连通罩。通常管子垂直放置，管内通烟气，空气在管外做横向流动。

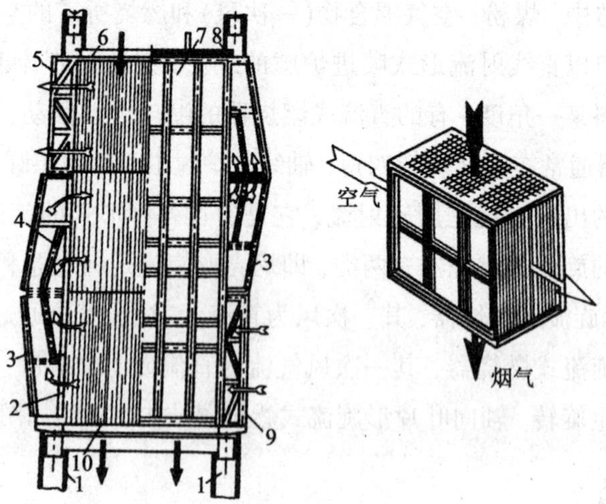

（a）空气预热器组纵剖面　　（b）管箱

图 5-9　钢管式空气预热器

1—锅炉钢架；2—空气预热器管子；3—空气连通罩；4—导流板；5—热风道连接法兰；6—上管板；7—空气预热器墙板；8—膨胀节；9—冷风道连接法兰；10—下管板

大型锅炉的钢管式空气预热器常布置成若干层，每层由若干管箱组成。管箱间的上下管板用薄钢板弯成的密封胀缩节连接，其既能自由膨胀，又能防止漏风。

回转式(再生式)空气预热器分为受热面回转和风罩回转两种。

图 5-10 为受热面回转式空气预热器，它由转子、外壳、密封装置和传动装置组成。整个转子用径向隔仓板分成许多仓格，里面装满了传热元件(如波形板、蜂窝陶瓷砖等)。外壳的扇形顶板和底板把转子流通截面分隔成两部分，分别与外壳上部及下部的空气道和烟气道相通，使转子的一边通过空气，另一边则逆向流过烟气。转子每转一圈即完成一个热交换循环。

图 5-11 为风罩回转式空气预热器，其由定子、上下风罩、传动装置、密封装置和固定风道、烟道组成。传热元件放置在固定的圆筒形定子中，旋转的是进出空气的呈 8 字形的上下风罩。烟气在上风罩外面由上向下，经过传热元件后进入下风罩外面，最后引出。上下风罩每转一周，受热面完成两次热交换。

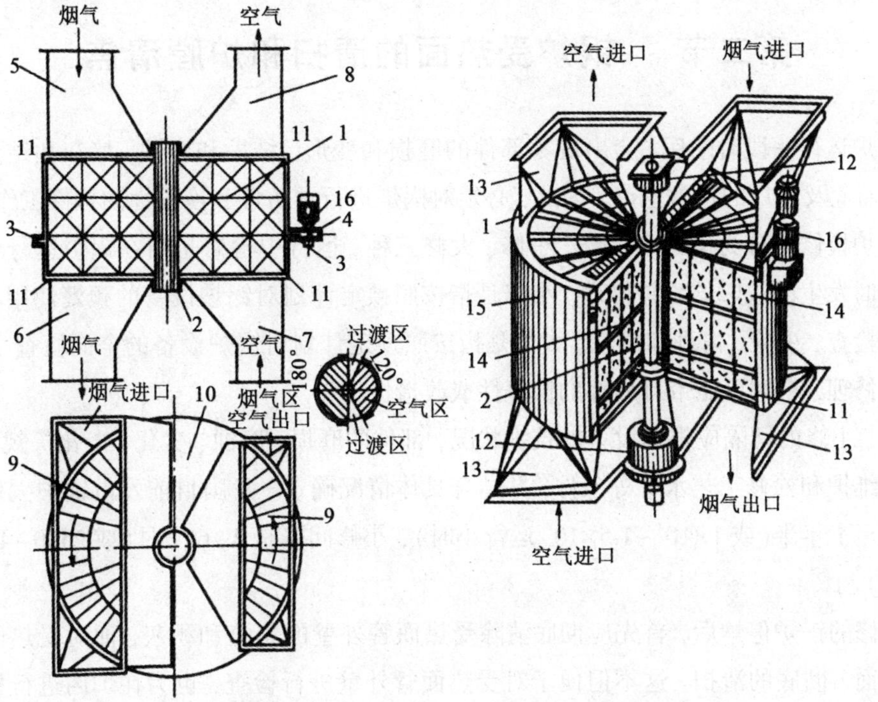

（a）剖面图　　　　　　　　　　　　（b）立体图示意

图 5-10　受热面回转式空气预热器

1—转子；2—轴；3—环形长齿条；4—主动齿轮；5—烟气入口；6—烟气出口；7—空气入口；8—空气出口；9—径向隔板；10—过渡区；11—密封装置；12—轴承；13—管道接头；14—受热；15—外壳；16—电动机

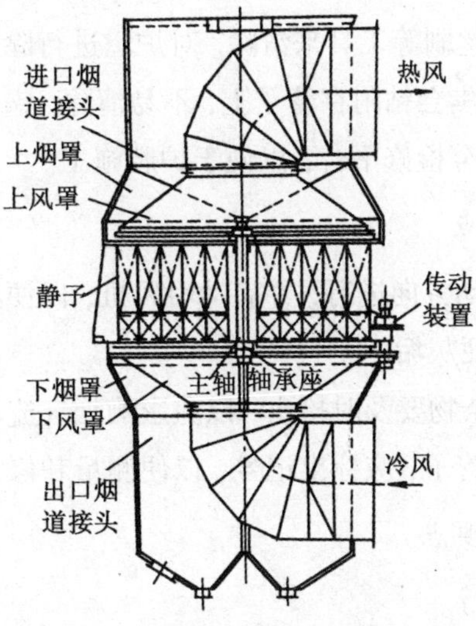

图 5-11　风罩回转式空气预热器

第二节　锅炉受热面的清扫和炉膛清焦

锅炉运行一段时间后，会出现零部件的磨损和变形、结垢和腐蚀、堵灰和结渣等现象，从而危及电厂的正常生产。因此，必须对锅炉进行预防性和恢复性的检修工作。

锅炉检修可分为运行中检修、小修、大修三种。运行中检修是指在锅炉运行中随时处理临时发生的故障的维护修理。小修是指按照预定计划对锅炉设备的频繁使用和易损部件的检查、试验、清理和修理。大修是指按照预定计划对锅炉设备的全面检查、试验、清理和修理，有时可能带有局部的恢复性或改造性工作。

大、小修的间隔应根据设备的技术状况，部件的磨损、腐蚀、劣化、老化等规律，以及运行维护和检修工艺水平等条件，并结合具体情况确定。我国目前发电锅炉大修间隔是1年至1年半(或1×10^4~1.5×10^4运行小时)，小修间隔是4~6个月(或2500~4000运行小时)。

检修的锅炉停炉后，首先应彻底清除受热面管外壁的焦渣和积灰，即对受热面外部进行全面、彻底的清扫。这不但便于对受热面管外壁进行检查，也为在炉内进行检修工作创造了条件，还可改善受热面的传热效果，提高检修后的锅炉效率。

锅炉受热面的清扫和燃烧室的清焦工作，在炉内温度降至50 ℃左右时，就应及时进行。

受热面的清扫，一般是用压缩空气吹掉浮灰和脆性的硬灰壳。对粘在受热面管上吹不掉的灰垢，需用刮刀、钢丝刷等工具来清除。对炉膛进行除焦和清扫浮灰时，炉膛内的温度不能降得太低，否则灰焦会粘附在管子上，不易清除。锅炉受热面的检修工作，需要搭脚手架，现多已采用铝合金检修平台，以便于炉膛施工。

1.受热面清扫的工作要点

(1)清扫应顺着烟气流动方向进行，并启动引风机，以便将灰吸出去。

(2)先清扫浮灰，后除硬灰垢。

(3)发现砖头、铁块等杂物要及时捡出，以免影响烟气流动，产生涡流而磨损管子。

(4)发现发亮或磨损的管子，应标出记号，以便测量和修理。

2.燃烧室清焦时的工作要点

(1)清焦应从上向下进行。

(2)先在炉墙上的各人孔门外，用铁棍将有可能掉下来的焦块清除。

(3)清焦应有可靠的安全措施，避免伤人和损坏水冷壁管。

受热面的清扫，达到个别处的浮灰积垢厚度不超过0.3 mm、敲击管子不落灰即合格。对不便清扫的个别管子外壁，未能清除的硬质灰垢面积不应超过其总面积的1/5。

在清扫和清焦过程中，还应对管子外壁及其支吊件进行检查。缺陷和损伤处应标记号，以便处理。

3.受热面清扫和燃烧室清焦的注意事项

(1)锅炉检修开始前，应检查该炉是否已给水，蒸气母管是否断开，还应将该炉的风道、烟道、重油管道、吹灰系统等与运行中的锅炉可靠地隔断，并联系有关人员将给粉机、排粉机、送风机、回转式空气预热器、电除尘器、捞渣机、碎渣机等电源切断，并挂上"禁止启动"的警告牌。

(2)进入炉膛清扫前，应先通过人孔、看火孔向热灰和焦砟浇水，并仔细检查耐火砖，同时检查大块焦砟有无塌落的危险；如果有可能塌落时，应用铁棒将其打落。

(3)进入炉膛后，应先将炉底部灰坑的灰除净；清扫时，不除灰，待清扫完毕后再从灰坑除灰。

(4)清扫灰道时，应先检查灰道内有无尚未燃尽的燃料堆积的死角，如有，应立即除掉。清扫时，应有专人进行监护，以免发生意外。

(5)炉膛及烟道内的温度在60 ℃以上时，不得入内工作。

(6)进入燃烧室和烟道前，必须打开所有的人孔门，以保证足够的通风。

(7)清扫完毕后，应仔细清点人数和工具，确认烟道内无工作人员和物件时，方可关闭人孔门。

第三节　汽包检修

汽包与联箱是锅炉重要的承压部件，是汽水管汇集的地方。运行中负荷的变化和工况的调整，都会使流经汽包和联箱的汽水发生热力及化学波动，并作用于汽包和联箱的内壁上；加上汽包、联箱承受的荷重及工质压力，均能导致汽包、联箱发生弯曲、裂纹和管孔焊缝泄漏。此外，汽包、联箱还可能产生结垢、腐蚀现象。

一、汽包结构

1.整体结构

汽包大都放置在烟气通道以外，不受烟气加热，工作温度通常不超过350 ℃。

汽包的外形结构比较简单，主要由圆形筒身和两端的封头组成。圆形筒身是用钢板卷制焊接而成的厚壁压力容器，封头用钢板热压制成，然后焊在汽包筒体上。汽包承受饱和蒸气压力，并在饱和蒸气温度下工作。为了便于汽包内设备的检修和安装，封头上开有人孔门。人孔盖自汽包里侧向外用螺栓拉紧，这样可借助于汽包内的压力使人孔封闭得更加严密。

汽包外部设有许多管座，分别连接不同的管路，如给水管、下降管、汽水混合物引出管、蒸气引出管、省煤器再循环管、加药管、事故防水管和连续排污管等；汽包内部设有蒸气清洗装置。中、低压锅炉的汽包材料常用专用的锅炉碳素钢，高压锅炉的汽包常用低合金钢制造。

2.蒸气净化装置

蒸气净化装置的目的是使锅炉生成的蒸气具有一定的纯洁度，即蒸气中含有的杂质量应符合电厂安全生产的要求。

3.汽水分离装置

汽水分离装置形式很多，常用的汽水分离装置由进口挡板、顶部多孔板、旋风分离器、百叶窗分离器等构成。

(1)进口挡板。它又称导向挡板，其作用是消减汽水混合物进入锅筒时的动能，但不能够起导向作用。当汽水混合物进入锅筒蒸气空间区域时，首先碰撞挡板，动能被消耗，速度降低，可减少蒸气中水滴携带量。

(2)顶部多孔板。它又叫均汽板，装在汽包顶部蒸气引出口之前的蒸气空间。其作用是利用小孔的节流作用，使蒸气沿汽包长度均匀分布，以避免局部蒸气流速过高而使蒸气带水增加。

(3)旋风分离器。它是一种分离效果较好的粗分离装置。结构形式很多，但工作原理基本相同。其结构由筒体、波形板顶帽、导向叶片、底部和溢流环等部件组成。其基本原理是：汽水混合物从进口法兰切向进入分离器筒体后，在分离器的作用下产生旋转运动，从而产生离心力将水抛向筒壁，并沿筒壁流下，流入水空间；蒸气则通过分离器顶部波形板径向流出，进入蒸气空间。

(4)百叶窗分离器。它又称波形板分离器，由许多平行的波形板组成，能聚集并除去蒸气中的细小水滴。

经粗分离的湿蒸气，低速通过由波形板组成的弯曲通道时，在离心力和黏附力的作用下，将细小水滴分离出来并黏附在波形板上形成水膜，水膜靠自重缓慢向下流动，在板的下端形成较大水滴而坠落，从而使蒸气带水量减少。蒸气通过百叶窗的流速不能太高，否则将会撕破水膜，使蒸气再次带水。

4.蒸气清洗装置

蒸气清洗的基本原理是让含盐量低的清洁给水与含盐量较高的蒸气相接触，使蒸气中溶解的盐分转移到清洁的给水中，从而减少蒸气溶盐，使蒸气的品质得到改善。在此仅介绍平孔板式穿层清洗装置 。它由平孔板式清洗槽组成，相邻平孔板之间用U形卡连接。清洗水均匀分配到清洗孔中，形成一定厚度的水层，蒸气自下而上，经孔板的孔眼穿过水层，进行起泡清洗。水层的厚度以30~50 mm为宜。水层太薄，清洗不充分；水层太厚，对改善清洗效果无明显作用。

二、汽包检修内容

1.汽包内部检查项目

(1)检查汽包人孔门密封接合面及人孔门情况。

(2)通知化学部门检查汽包内部的结垢与腐蚀情况。

(3)检查汽包筒身内壁纵向及横向焊口情况。

(4)检查汽包内部其他各处焊口情况。

(5)检查汽包内部各管门、管子及其固定装置情况，必要时进行疏通或加固。

(6)检查汽包内部的旋风分离器及顶帽的固定情况，必要时重新进行加固。

(7)检查汽包内部的清洗孔板、波形干燥器及其固定装置。

(8)检查汽包内部下降管口的焊口及隔栅情况。

(9)检查汽包内部的排污及加热装置等。

2.汽包外部检查项目

(1)检查汽包人孔门密封螺栓及其支架。

(2)检查汽包支座或汽包悬吊装置。

(3)检查汽包膨胀情况及膨胀指示装置。

(4)检查汽包外部与汽包连接的各种管道的焊口情况。

(5)检查汽包和与汽包相连接的各种管道的保温情况。

(6)检查汽包的水位计、压力表计、温度测点等。

(7)检查汽包上的管道、阀门、安全门等设备的支吊装置等。

(8)将透明胶管内注水，利用连通器的原理检查汽包的水平情况。

三、汽包检修工艺要点

1.检修前的准备工作

(1)汽包检修常用的工具有手锤、钢丝刷、扫帚、锉刀、錾子、刮刀、活扳手、风扇、12 V行灯、小撬棍和开汽包人孔门的专用扳手等。

(2)汽包检修常用的材料有螺丝、黑铅粉、棉纱、砂布、人孔门垫子、吹灰用的胶皮管和盖孔用的胶皮垫。

2.汽包检修安全注意事项

(1)在确定汽包内部已无水之后，工作负责人进行详细检查确认无问题才允许慢慢打开人孔门。汽包内部温度在40 ℃以下时，检修人员才能进去工作，且要有良好的通风。

(2)进汽包以前应把所有的汽水连接门关闭，并加锁，如主汽门、给水门、放水门、连续排污总门、加药门、事故放水门等。检查并确定已与系统隔开后，检修人员才能进入其中工作。

(3)打开汽包人孔门时应有人监护。检修人员应戴手套，小心地把人孔门打开，不可把脸靠近，以免被蒸气烫伤。

(4)进入汽包后，先用大胶皮垫把下降管管口盖住，以防东西掉进下降管里。

(5)汽包内有人工作时，外边的监护人员要经常同内部的人员联系，不得走开。

(6)汽包内用 12 V 灯照明，但变压器不能放到汽包里面。

(7)拿进汽包内的工具要登记，材料需要多少拿多少。

(8)进汽包内的检修人员衣袋内不许带东西，如钥匙等。检修人员最好穿没有扣子的衣服，以防东西或扣子脱落，掉进下降管内。

(9)在汽包内进行焊接工作时，人孔口应设有一个专用刀闸，可以由监护人员随时拉掉，并注意不能同时进行电、火焊，应设置专用通风设备。

(10)检修人员离开汽包时要用细密的钢丝网盖严，并在四周贴上封条。

(11)关人孔门时要清点人数，仔细查点工具。

(12)在汽包内所使用的电动工具和照明应符合规程要求。

3.汽包检修工艺

(1)人孔门的检修。

锅炉长期运行会使人孔门接合面产生腐蚀，也会引起人孔门变形。接合面上有贯穿的槽纹，垫片被吹损或安装不当会产生渗漏。检修时，应用刮刀把腐蚀点或槽纹铲除，并加以研磨修平，接触面用着色法检查，接触面积应达总面积的 2/3 以上。

检查人孔门紧固螺栓和螺母的螺纹有无毛刺或缺陷，如有缺陷应更换。在人孔门螺栓装复前对螺栓表面涂抹二硫化钼。在点火后升压至 0.3 ~ 0.5 MPa 时，再对人孔门螺栓进行一次紧固。

(2)汽包内部清扫。

汽包内壁一般不允许有进行性腐蚀。汽包在清扫前先由化学监督人员对其内部水垢、泥渣及附着物进行取样分析，这是验证运行中水质管理是否符合要求的重要方面。然后将内部管孔堵塞好，并铺上胶皮板。清扫的顺序从上至下，顺吹风机风向从一端至另一端。对于焊缝、管口区域要仔细清扫，遇有铁锈、硬垢时，用刮刀刮净，注意不要将汽包壁划出小沟槽等伤痕。清扫后的内壁应光滑无锈垢。各表计连接管应用压缩空气吹冲，必要时可给水冲洗。清扫后再由化学监督人员检查，确认是否合格。

(3)汽包腐蚀检查。

汽包内壁腐蚀，一般出现在管头、焊缝区域和封头部位及汽水交界处。对可疑部位，应先打磨出金属光泽，再仔细观察。有明显腐蚀处可用油腻子印出腐蚀形状，并测出腐蚀深度，做好记录。除了同有关专业人员分析原因，采取防止措施外，在检修中，对腐蚀轻微处，要将腐蚀区打磨出金属光泽，再涂上汽包漆，以控制腐蚀的发展。涂漆之后，汽包内应保持空气流通、干燥，以保证涂漆质量。

(4)汽包裂纹检查。

汽包裂纹主要是金属受过度应力的影响和苛性脆化的影响及制造上的缺陷所引起的，可能出现的部位是管孔周围、焊缝区及温度交变区。检查汽包裂纹时必须仔细观察，发现可疑部位，将周围打磨出金属光泽，用放大镜观察裂纹方向，并用超声波探伤或射线透视来检查裂纹的深度和形状。对检查出的裂纹可用手电钻或手铲在裂纹的末端钻孔或錾孔，再用手砂轮打磨裂纹部位，每磨深 1 mm 检查一次，直到被磨表面不再出现裂痕为止。对较浅的裂纹，磨掉之后不作其他处理(需涂汽包漆)；而较深的裂纹，则须经有关部门研究制订相应的处理办法。

(5)汽包水平度和弯曲度检查。

常用玻璃管水平仪测量汽包两端中心点的高度差，来确定汽包水平度。

常用在汽包内采用拉钢丝的方法来测量汽包的弯曲度。钢丝通过两端人孔中心紧固在外面。测量时，沿汽包筒长每隔 1 m 为一测点，测出该点至汽包内壁的垂直距离，而且每点都按照上下左右四个方位测取。测完后，对各点数值进行比较和计算，就可知道汽包的弯曲方向和弯曲值。汽包的弯曲度不许超过全长的 0.3%。汽包的弯曲与汽包绝热层的好坏有直接关系。因此，必须保证汽包的绝热层完好、均匀。

(6)汽包膨胀检查。

汽包膨胀的正常与否，必须根据停炉前后的检查和记录来判断，可通过膨胀指示器刻度指示来检查汽包膨胀情况。检查其是否完整，是否回到零位，若没回到零位，应查出原因。检查汽包的连接管道有无影响膨胀和保温脱落现象，如有则应及时处理，并把保温补齐。

(7)汽包内部装置检修。

检修时，应将汽包内部装置清扫干净，去掉全部锈垢。

汽水分离装置如运行不正常，会导致饱和蒸气质量恶化，使过热器管内部积垢增多。因此在清理锈垢后，应检查汽水分离装置是否完整，有无脱落和松动；多孔板、波形板是否有积垢堵塞；导向挡板和汇流箱，是否安装牢固和位置正确；汇流箱与汽包的接缝处是否严密；盐段和净段的间隔板是否严密。

拆卸洗汽槽时，应编号，以便装回。连接螺栓应齐全，不得有松动。洗汽装置溢流堤上缘应水平。顶部百叶窗各叶片之间的距离应相等，排列应均匀整齐。拆卸旋风分离器时要编号，装置应牢固，叶片角度应准确一致，筒体应垂直于水平线。

水位计连通管、给水管，特别是加药管、排污管，如有锈垢应彻底清除，保证畅通。

零件回装时，应注意方向，不要装反。

(8)汽包焊缝检查。

汽包解体后，还应对汽包内壁及焊缝、人孔门加强圈和预埋构件焊缝、下降管管座和其他可见管座角焊缝进行宏观检查，包括内壁腐蚀情况、焊缝有无缺陷、内壁有无开裂等。如果大修项目中有汽包焊缝的监督检查，则应配合金属监督人员，打磨焊缝，进行探伤、检测，必要时还需要打开汽包外部保温，进行金属监督检查。

(9)人孔门关闭。

汽包检修的最后一道工序是关闭人孔门。人孔门接合面的旧石棉垫应刮净，并用细砂布打磨光滑，接合面上不许有腐蚀坑点和沟痕。人孔门开关时应灵活。将人孔门螺栓和螺帽涂上黑铅粉，同时把人孔门的高压石棉垫抹上干铅粉。然后再一次对汽包内部进行检查，在确认汽包内无杂物后，便可加上石棉垫，关闭人孔门，并交替均匀拧紧螺帽，最后再用大锤将螺帽交替打紧。此时用手锤轻敲螺帽应发出清脆的声音，待锅炉点火升压到 0.3 MPa 时，再紧一次人孔门螺帽。

4.汽包水位计检修

汽包水位监视对锅炉运行至关重要。常用的水位计有云母板式水位计、双色水位计、电接点水位计等，现代大型锅炉均采用双色水位计。

(1)双色水位计的结构。

双色水位计结构示意图如图 5-12 所示，它由表体、视窗组件、遮光罩(由外壳、灯具、灯泡、型腔、红绿滤光片、毛玻璃、柱面镜等部件构成)、汽阀、水阀、放水阀等部件组成。其工作原理是：表体的前后视窗不平行，且表体里上部是汽、下部是水，当光源箱内的光源透过表体时就产生了折射，由于汽与水对光线的折射率不同，所以在视窗上就形成了汽红、水绿现象。

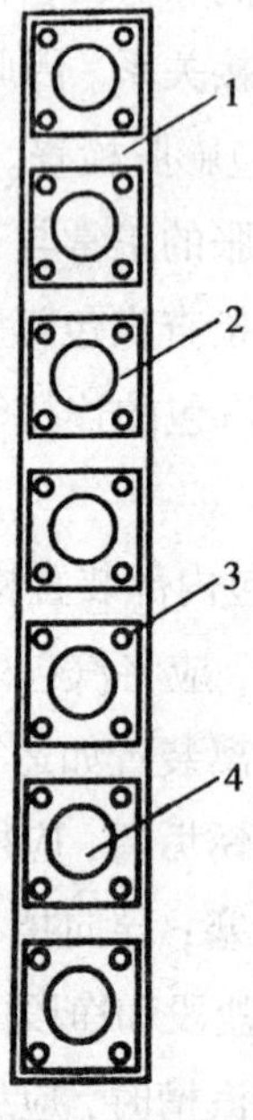

图 5-12　双色水位计结构示意图

1—水位计本体；2—压板；

3—压板螺栓；4—玻璃视窗

(2)双色水位计的检修。

双色水位计的常见故障包括：视窗组件模糊不清或视窗组件泄漏；光源罩发生故障，如灯泡烧坏、灯具变形不齐、毛玻璃损坏、滤光片损坏、柱面镜损坏等。不论是视窗组件，还是光源罩发生故障，其修复的可能性较小，一般均采用更换的方法进行处理。

①视窗组件更换。切断水位计电源，关闭水位计汽水一、二次门，开启水位计放水门；取下遮光罩和

光源罩；拆下视窗组件压板螺栓（注意只有当表体内无汽水时，方可拆卸螺栓），取下压板；取下视窗组件，并将接合面清扫干净；取来新的视窗组件，按顺序回装；复装视窗组件压板，均匀用力紧固压板螺栓；关闭放水门，开启汽水一、二次门，检查是否有泄漏。如果有泄漏，关闭汽水一、二次门，重新紧固压板螺栓；如果无泄漏，回装光源罩和遮光罩。

②光源罩拆装。切断水位计电源，从水位计上卸下光源罩；拧下固定灯具的螺钉，取下灯具、灯泡；拧下检修孔板螺栓，取下孔板；取下柱面镜及毛玻璃；卸下光源罩型腔，取下滤光片。检查所有部件，如部件模糊不清、变形或损坏，应进行更换。复装时，按照拆卸的相反顺序进行。

③光源罩拆装。切断水位计电源，从水位计上卸下光源罩。拧下固定灯具螺钉，取下灯具、灯泡。拧下检修孔板螺栓，取下孔板。取下柱面镜及毛玻璃。卸下光源罩型腔，取下滤光片。检查所有部件，如部件模糊不清、变形或损坏，应进行更换。复装时，按照拆卸的相反顺序进行。

第四节　水冷壁检修

一、水冷壁结构

水冷壁的结构形式可分为光管式、膜式、销钉、内螺纹管式等。

1.光管水冷壁

光管水冷壁结构简单，由普通无缝钢管弯制组合而成。它一般靠近燃烧室炉墙的内壁且互相平行地垂直布置。光管水冷壁的特点是结构简单，制造、安装和检修方便。其广泛应用于各种炉型。

2.膜式水冷壁

膜式水冷壁分为两种结构形式：一种是用扁钢制成鳍片焊在光管之间，这种结构在亚临界压力锅炉上应用；另一种是用一组鳍片管焊成整块的水冷壁受热面，如图5-13所示。

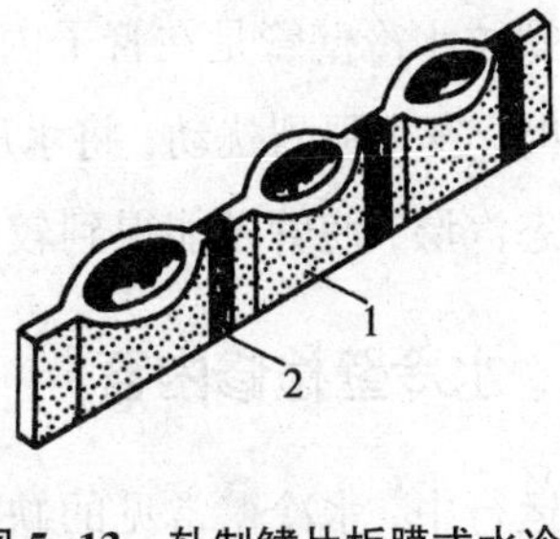

图5-13　轧制鳍片板膜式水冷壁

1—鳍片管；2—焊缝

膜式水冷壁的特点：能充分保护炉墙；使炉膛拥有良好的气密性，大大减少了漏风现象；能采用较大面积吸收炉膛辐射热，降低热损失；便于采用敷管式炉墙，炉墙薄而轻，简化了炉墙结构，降低受热面金属消耗量。

3.销钉水冷壁

如图5-14所示，销钉水冷壁(刺管水冷壁)是在光管水冷壁上焊上一些直径9~12 mm、长20~30 mm的圆钢(称为销钉或抓钉)而构成，它是用来敷设燃烧带的。在销钉水冷壁上敷设一层铬矿砂耐火塑料或碳化硅耐热材料，即构成燃烧带。销钉起冷却和固定的作用。

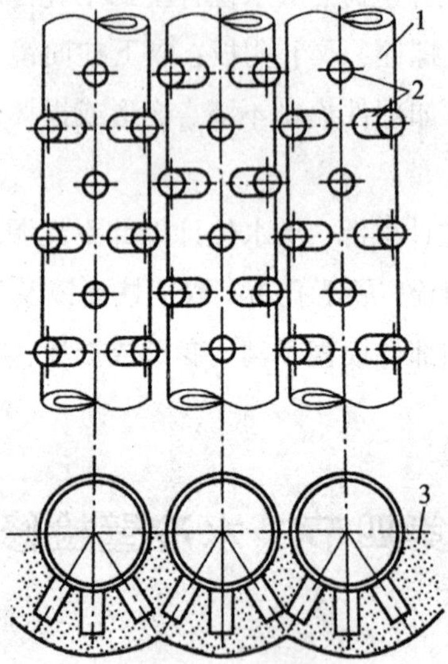

图5-14 销钉水冷壁

1—水冷壁管；2—销钉；3—耐火涂料层

4.内螺纹管水冷壁

在亚临界压力的自然循环、控制循环和直流锅炉中，对炉膛中处于高热负荷区的蒸发受热面，采用内螺纹结构的水冷壁管。

内螺纹水冷壁管是在管子内壁开有单头或多头螺旋形槽道的管子。工质在内螺纹管中流动时，发生强烈扰动，将水压向壁面，迫使气泡脱离管壁并被水带走，这样就破坏了贴壁膜态汽层，使管子能得到较好的冷却，壁温得以降低。

二、水冷壁检修内容

在运行中，水冷壁常见的缺陷有结焦、磨损、焊口缺陷，光管水冷壁拉钩损坏、变形、过热、胀粗、泄漏、爆管等。水冷壁的检修内容如下。

(1)清理管子外壁焦渣和积灰。

(2)进行防磨、防爆检查，检查管子外壁的磨损、胀粗、变形和损伤。割管检查管内壁结垢情况和壁厚，根据需要更换部分管子。

(3)检查管子支吊架、拉钩及联箱支座；检查膨胀间隙和膨胀指示器。

(4)打开联箱手孔或割下封头，检查清理腐蚀、结垢物。

三、水冷壁检修工艺要点

1.水冷壁管弯曲变形原因及检修

水冷壁管发生弯曲变形的主要原因有：管子热膨胀受到阻碍，管子拉钩烧损，管子外壁结焦、内壁结垢等。

修复方法可分为炉内校直和炉外校直。检修时，对于少量弯曲的管子，可采用局部加热校直法，在炉内直接进行。把管子弯曲部位的凸起面用焊炬沿一定长度加热至 800 ℃左右，然后让其自冷。在冷却的过程中，管子便自动伸直，其原理和加热直轴原理相同。

如果弯曲的管子数量较多，就要将其割下来在炉外进行校直。炉外校管可在校直机或弯管机上进行。割管前应编好管号，同时各割口位置应在同一标高上。割口位置要距弯曲起点 70 mm 以上，距水冷壁挂钩的边缘 150 mm 以上。管子校直后制好焊接坡口，再按照管号装回原位进行对口焊接。

2.水冷壁拉、挂钩检修

水冷壁挂钩起着维持管排平齐和支承部分水冷壁管重的作用。它可能出现支架铁板被烧坏、焊缝裂开和连杆螺丝烧断等现象，造成水冷壁管偏离原位，引起下沉。非悬吊结构的锅炉水冷壁管，一般都装有上部挂钩和下部拉钩。

检修时，应当检查拉、挂钩的耳环(或铁板)是否烧坏或焊口拉裂，螺帽有无脱扣缺陷。通常是根据管排的不平整程度，或用撬棍撬动水冷壁管观察管子活动情况，来判断拉钩和挂钩是否有问题。如发现挂钩损坏则需要更换，挂钩开焊则需要进行补焊。

3.管子胀粗和鼓包检修

由于运行中超负荷、局部管壁金属温度过高或内壁积水垢等，常造成水冷壁水循环不良，导致金属过热而使水冷壁管发生胀粗和鼓包。在检查水冷壁管时，可通过手摸、眼看和用样板测量等方法检查出胀粗和鼓包的部位。对以前出现过爆管、胀粗和鼓包的管段及邻近区域，更要仔细检查。若发现管子胀粗和鼓包时，就要及时查明原因，并从根本上予以消除，必要时可割取 300 mm 长的管样进行内部检查和金相分析。当管径胀粗超过原有直径 3.5%时，应更换新管。对未达上述胀粗数值的局部胀粗管子，若已能明显看出有金属过热情况，也应更换新管。

图 5-15 是 20 号钢水冷壁管短时过热爆破的实样。管子短时过热爆破的特征是破口呈喇叭状，边缘锋利，管壁减薄严重，破口呈韧性断裂。对于中压锅炉的水冷壁管，鼓包隆起如未超过管外径的 3%，而表面又无裂纹，且同根管子上的鼓包数又不多时，就可采用加热至 800 ℃敲打的方法来校平。个别严重的鼓包可将鼓包割掉，再按照割去的形状

从相同的管子上割取一块补焊上去。焊好后将焊缝进行退火处理。

图 5-15　20 号钢水冷壁管短时过热爆破实样

对于高压锅炉水冷壁管，当管子胀粗和鼓包超过规定时，均不采取热打或挖补的方法，而是采取局部换管的办法。

4.水垢腐蚀情况检查

水冷壁管内壁的水垢和腐蚀程度，在没有换管的情况下，要割管检查。在热负荷较高的地方选择两个位置，各割取 400~500 mm 长的管段，在此管段上再截取一定长度，用酸洗法去除其水垢后，算出按照内径单位面积的结垢量。当结垢程度达到表 5-1 所列数值时，要进行酸洗去垢，以保证水冷壁管正常运行。

表 5-1　锅炉受热面应酸洗的结垢量

锅炉工作压力/MPa	结垢量/$(g \cdot m^{-2})$
3.8~5.8	400~800
8.8~12.6	300~500
>12.6	200~300
直流锅炉	200

5.水冷壁管的磨损检修

水冷壁管的磨损常发生在喷燃器、吹灰孔、打焦孔等周围的个别地方。在炉膛出口处的对流受热面上和冷灰斗斜坡水冷壁管也可能有轻度磨损。焦块的坠落也会击伤冷灰斗斜坡上的管子。

在管子容易磨损的部位，常焊有保护瓦或防磨铁棍，检查时应注意它们是否损坏。水冷壁管段上如有局部磨损，且其面积小于 10 cm^2，磨损厚度不超过管壁厚度的 1/3 时，可进行堆焊修补，堆焊后应进行退火处理。若管段普遍磨损且磨损严重，应更换新管。

水冷壁管磨损多发生在打焦孔、吹灰孔及喷燃器附近。因此，在这些地方的水冷壁管一般都装有防磨装置。其磨损的检查方法与省煤器磨损的检查方法相同。

6.更换水冷壁管的注意事项

当水冷壁因蠕胀、磨损、腐蚀、外部损伤产生重大缺陷或运行中发生泄漏时，均需要更换水冷壁管。

(1)在割管前，必须把水冷壁下联箱抬高到原来安装时冷拉前的位置，在调整水平后，临时焊牢固，使水冷壁管处于自由状态。

(2)割管前除编好管号外，还应在管子上下割口附近划出水平线，以便装复时以此线为基准来确定管子长度。如果需要割下有挂钩的管子时，在采取临时措施代替原挂钩作用后，方可割管。

(3)当同一回路的水冷壁管全部焊完，而且在挂钩也装好且进行一次通球试验无问题后，再拆掉联箱的临时支架及临时焊固点，并把下联箱的膨胀导向滑块恢复正常，调好膨胀指示器。

7.运行中紧急停炉检修水冷壁管故障实例

某电厂锅炉由于吹灰喷嘴断裂，导致水蒸气方向不正而吹薄了水冷壁管，引起其漏泄。从打焦孔可听到泄漏处向外喷气的声音，被迫停炉抢修。

停炉后检查发现：吹灰喷嘴左边水冷壁管管壁吹薄面积为长 50 mm、宽 20 mm，中间有一 ϕ1.2 mm 的穿孔；右面水冷壁管吹薄面积为长 42 mm、宽 15 mm，管壁减薄 3 mm。

检修时，待锅炉冷却后，放掉炉水，用砂布、锉刀把水冷壁管被吹薄的地方打磨干净，并把漏的地方锉成 35°~45°的小坡口。由电焊工用电力 41 碳钢爆条把漏水小孔补好(管子材料是 20 号碳素钢)，先薄补一层，再厚补一层。补完后，补焊部位比原管壁高出 2 mm，需用氧-乙炔焰进行退火热处理(把补焊的地方加热到 650~680 ℃，并恒温 10 min，然后用石棉包好缓慢冷却)，焊好后做水压试验(如焊得质量好，焊工有把握也可不做水压试验)。

检修工作要交叉进行。冷炉时就做拆炉墙、搭脚手架等准备工作(根据故障位置，拆墙检修比进炉内检修更为有利)；锅炉进水时就着手砌墙等还原工作。如此操作，短时间内即可完成抢修任务。

第五节　过热器、再热器及减温器检修

在电站锅炉中，随着蒸气参数的提高及采用中间再热系统，蒸气过热及再热的吸热管都增加了。过热器和再热器的受热面必须布置在更高的烟温区域，其工作条件也是最恶劣的，且受热面管壁温度接近于钢材的极限允许温度。因此，过热器和再热器的损坏形式为超温过热、蠕胀爆管及磨损。

一、过热器、再热器的检修内容

(1)清扫管子外壁积灰。

(2)检查管子的磨损、胀粗、弯曲、变形情况。

(3)清扫或修理联箱支座。

(4)割下联箱封头，检查腐蚀及结垢情况，清理其内部。

(5)测量温度在450 ℃以上蒸气联箱的蠕胀。

(6)割管检查，更换部分管子。

(7)检查修理混合式减温器联箱、进水管和喷嘴。

(8)抽芯检查表面式减温器，更换减温管。

二、过热器、再热器检修工艺要点

过热器因在高温条件下工作，常出现因过热而胀粗的缺陷，吊卡烧损脱落、管子磨损、焊口漏泄也时有发生。

1.管子的胀粗、磨损检修

过热器管子最易被烧粗及磨损。管子的胀粗现象一般出现在高温烟气区，特别是迎烟气面的头几排管子，并以管内蒸气冷却不足的管子最为严重。并列工作的管子，因外部结渣和内部结垢的程度不同，管内蒸气流动阻力不同，从而引起管壁温度的显著差别。当个别管壁温度超过该管材料所容许的限值，就会产生过热胀粗。因此，过热器不允许长时间的超温运行，图5-16是过热器管(15CrMo)因长时期超温运行而爆发的破口形状，其特征是破口大、边缘粗糙、外壁有较多的纵向裂缝、晶界存在蠕变裂纹。

在检修中要用检查样板检查管子胀粗、磨损和鼓疱的情况。当合金钢管胀粗超过原有直径的2.5%、碳钢管胀粗超过原有直径的3.5%时，应更换新管。对胀粗和鼓疱的管段还应作金相分析。磨损部位多在弯头和烟气流速大的地方。当局部磨损面积大于10 cm^2、磨损深度超过管壁厚度的1/3时，应更换新管。

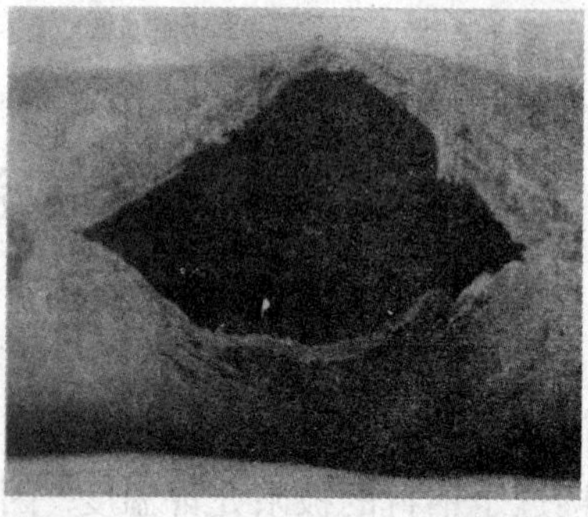

图5-16　过热器管超温爆破实样

对高温部位都应根据具体特点规定固定的检查点。每次检修都要重点检查测量这些固定检查点管子的胀粗或磨损情况，对其他部位则做普遍检查即可。

2.吊架、梳形卡和夹板等零件的检查

吊架、梳形卡和夹板等零件常出现烧损或脱落现象，这有可能造成管排位移、管子弯曲变形、管子磨损和管排间堵灰严重等后果。检查时可用手锤轻击，一般声音响亮表示没有烧坏；声音沙哑往往是已烧坏或有损伤。对已烧坏或有损伤的零件要进行更换。

更换梳形卡时，用撬棍将梳形卡撬取出来，并临时用木块插入管隙，待新卡装好后，再将木块取出。有时因管子已经变形，为了不影响管子的膨胀，可将新梳形卡切割合适后，再调整好与过热管子的间隙，以保证管子膨胀自由，最后安装上去。

检查防磨铁是否完整，是否紧贴在管子上。防磨铁保护管子，同时也需靠管内蒸气对防磨铁进行冷却，防止其烧坏。所以防磨铁与管子的间隙越小越好，此点对于弯头部位尤为重要。同时应检查管子下部弯头是否平齐，若有不齐，则可通过吊杆螺丝调整。最后应将管间和下部弯头处的各种杂物清理干净，以防堵塞烟道，形成旋涡，加剧管子的磨损。

过热器单根管发生泄漏故障时，可采取单根换管的方法处理。如图 5-17(a)中 C 处发生泄漏，在紧急处理事故的情况下，可从 A，B 处把那段漏管割下，然后从下边用一根短管直接连通。若有备用管，则可按照割下的管子的形状配制新管，把新管置于原位并焊好，如图 5-17(b)所示。

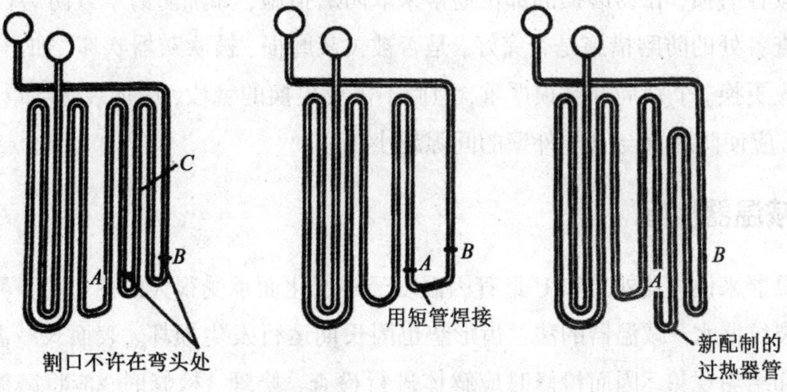

(a) 临时换管法　　(b) 正规换管法

图 5-17　过热器单根换管方法

3. 管排磨损的检查与修理

烟气中带有大量的灰粒，灰粒随烟气流过受热面管子时，因其撞击和切削作用，将对受热面管子产生磨损。在燃用发热量低而灰分高的劣质燃料时，这种磨损将变得更加严重。

磨损的速度与灰粒的特性、烟气流速及管排结构有关。烟气流速越高，磨损越严重；管子错列比顺列磨损严重。过热器与再热器也存在磨损问题，尤其屏式过热器下端和折焰角紧贴的部分、水平烟道中过热器两侧及底部、烟道转弯处的下部、水平烟道流通面积缩小后的第一排垂直管段、管子与梳形卡子接触的部位，磨损特别严重，如图 5-18 所示。这是由于这些地方处于烟气走廊，烟气流速特别高，有时可比平均流速大出 3~4 倍，因而磨损就要增大几十倍。另外，过热器、再热器管的穿墙处、吹灰器通道也是磨损较为严重的部位。所以，在检修中，应着重检查以上部位的磨损情况。检查时，可用眼看手摸的方式检查。磨损严重的部位有磨损的平面及形成的棱角，这时要测量管子剩下的壁厚。

若局部磨损面积大于 2 cm^2，磨损厚度超过管壁厚度的 1/3 时，应更换新管。

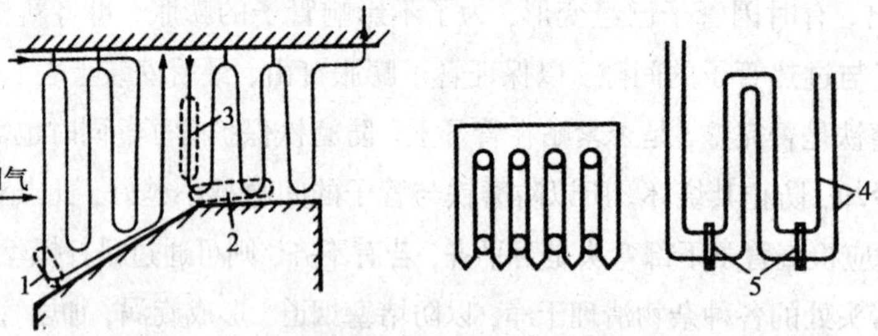

(a)对流过热器飞灰磨损部位　　(b)过热器梳形卡子及安装部位

图 5-18　过热器易磨损部位

1—烟道转弯处下部；2—水平烟道下部；3—水平烟道流通面积缩小后的第一排垂直管段；4—管子；5—梳形卡子

为了减轻磨损，在易磨损的部位通常采取防磨措施，如加防磨罩或防磨板。检修时，应注意检查各处的防磨措施是否完好，是否被飞灰磨损、被吹灰器吹坏，如出现问题，是否防磨罩应更换。个别局部磨损严重，但尚不需要更换的管段，应加装防磨罩。为了使防磨罩冷却，应使防磨罩与管子外壁的间隙越小越好。

三、减温器检修

对减温器来说，其外壳和 U 形管因温度经常变化而承受很大的热应力，可使 U 形管焊缝发生裂纹漏水。减温器的法兰齿形垫也因长期运行发生损坏。表面式减温器内还会发生腐蚀和结垢现象。因而检修时应解体进行检查、修理。检修时，应将减温器端盖取下，抽出 U 形管芯进行检查。若发现焊缝漏水，应割下来换上新管，并用压缩空气对管芯逐根吹扫。外壁用钢丝刷清理干净，U 形管间不能有杂物。U 形管芯子清理干净后，以工作压力进行严密性水压试验。

对减温器外壳内表面也应清理干净，做到无锈污和杂物。还应检查减温器法兰接合面，其表面应平整光滑，无锈垢、麻点、沟槽等缺陷。若存在上述缺陷，可用刮刀或研磨的方法将其修好。

喷水式减温器在锅炉检修时很少割开检查，一般只将喷水引入管处的保温拆除，检查焊缝有无缺陷。

第六节　省煤器检修

一、省煤器检修内容

(1)清扫管子外壁的结灰，检查管子的磨损、变形、腐蚀情况。必要时，需割管检查。

(2)检修支吊架、管卡及防磨装置。

(3)检查、清扫、修理联箱支座，调整膨胀间隙。

(4)检查焊口泄漏情况。

二、省煤器的检修工艺要点

1.磨损

省煤器常因管壁磨损、焊接质量不良、内壁腐蚀等原因造成漏泄。

在锅炉受热面中，省煤器的磨损最为严重，这是普遍存在的问题。对流受热面的磨损有两种情况：一种是普遍(均匀)的磨损，磨损速度较慢，危害较轻；另一种是局部磨损，磨损部位小且速度快，由于检查中较难发现此种磨损，所以易造成漏水停炉事故。

省煤器管的磨损，是由于流经其管子外壁的烟气夹杂着灰粒，而且其流速较高，长时间的冲刷使管壁磨损；同时也与锅炉结构形式有关，如管子排列、管排间附件支架情况等。烟气流速和烟气中灰粒浓度分布不均匀是造成局部磨损的决定性因素。锅炉运行不正常，如受热面堵灰、结焦及烟道漏风增加等，都会加剧局部磨损。

被磨损的管子外观特征是光滑发亮的，严重时会出现棱角或沟槽。检查方法一般用眼看或手摸来判断其磨损程度，在测量方便的位置，可用卡尺测量。对于既看不到而又量不到的可疑部位，必要时可将管子抽出进行检查。

省煤器管子磨损常发生的部位：烟气最先接触的省煤器各分组的前几排；靠墙和穿墙部位；蛇形管弯头部位；管子支吊卡周围；人孔门不严密处附近的管排等。

当管子磨损面积小，局部出现凹沟、棱角时，可直接补焊；当管子磨损面积较大、磨损厚度超过规程规定时，应更换弯头、部分直管段或整根管子。凡组装在省煤器上的每根管子，在炉外焊接后，都要进行通球试验及水压试验。试验后用压缩空气将管内的积水吹干。

有的电厂在锅炉大修时采取了将省煤器蛇形管翻向使用的办法。翻向使用就是将管段翻转180°，让已磨损的上半圆向下，而未磨损的半圆面向烟气流继续使用。

2.省煤器的防磨措施

防止省煤器磨损应从降低烟气流速和飞灰浓度、防止受热面中烟气流速和飞灰浓度局部过高、采用防磨装置诸方面考虑。可采取以下防磨措施。

(1)扩大尾部烟道以降低烟气流速。在锅炉检修时，可把尾部烟道炉墙向前、后移动(左、右方向不动)或减薄烟道炉墙厚度，来增加烟道截面。

(2)加装保护装置。保护装置有保护瓦、保护板、保护帘等。

保护瓦一般加在省煤器水平部分迎着烟气的前几排上及各弯头部位。它是用圆弧形铁瓦扣在管子和弯头处(要盖住管子的一半以上)，一端点焊在管上，另一端用耐热钢丝扎住，以保证其自由胀缩。两块保护瓦应搭接在一起，或另外在两块相接的保护瓦上面加一块短的保护瓦，如图 5-19(a)所示。

保护板装在烟气走廊的入口和中部。可单层或多层布置，用来增加走廊对烟气的阻力，防止局部烟速过高，从而减小磨损。保护板的宽度应合适，大约是 150~200 mm，太宽遮蔽流通面积过多，会引起附近烟速和飞灰浓度增加，造成该部管子局部磨损；太窄则起不到保护作用。保护板保护弯头如图 5-19(b)所示。

对长短一致、弯头平齐的蛇形管可加装保护帘，在烟气走廊处将整排直管或整片弯头保护起来，对隔离烟气走廊旁的管排与烟气转弯时离心力作用而浓缩的粗灰粒是很有效的。保护帘保护管子如图 5-19(c)所示。注意，当弯头参差不齐时，不宜采用保护帘。

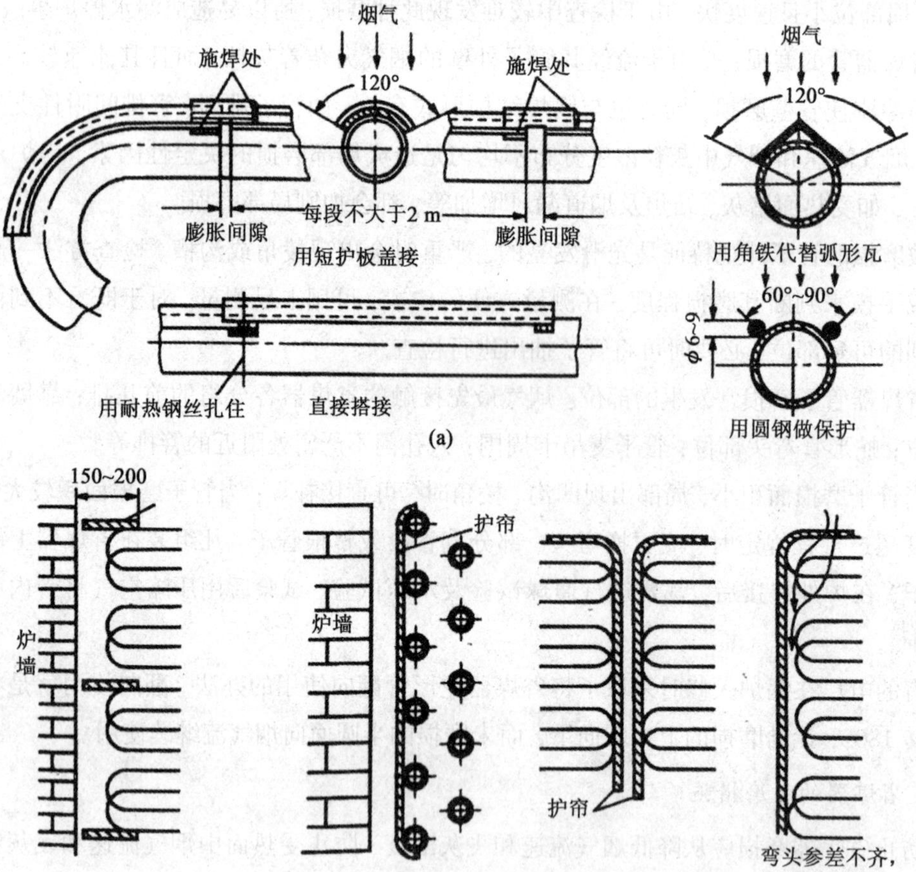

图 5-19　省煤器防磨装置结构示意图

1—烟道转弯处下部；2—水平烟道下部；3—水平烟道流通面积缩小后的第一排垂直管段；4—管子；5—梳形卡子

(3)局部采用厚壁管。在管子排列稠密，装用或更换保护瓦有困难时，在局部磨损最严重的部位适当装用一些厚壁管，也可以延长使用时间。

(4)管子外表面层涂防磨涂料。在管子磨损严重的部位，涂以水玻璃加石英粉混合物或涂以搪瓷，也可以不同程度地减轻磨损。

3.省煤器检修时的注意事项

(1)焊接防磨铁时应小心，不要损坏管子。

(2)装好支吊架或焊好防磨铁后，应检查不能有影响管子自由膨胀的地方。

(3)在处理省煤器漏水事故时，有时焊口处的水虽已放掉，但管子中的水没放干净，还在继续放水，此时管内处于负压状态，空气从焊口处向管内流动。若此时进行焊接，很容易把铁水也吸入管内，将严重影响焊接质量，这样的焊缝运行不了几天就又发生漏水事故。因此，在处理省煤器漏水事故时，一定要等省煤器中的水放干净，并关闭放水阀后，方可进行焊接。

(4)割管时，应检查准确，避免割错管子，割开后应立即堵住管口并贴封条，以防杂物掉入。焊接时，再用压缩空气吹一次，否则就会因管子里有东西而发生堵塞。

4.腐蚀

锅炉水质不佳，会造成省煤器内壁腐蚀。为检查监督腐蚀情况，在省煤器入口联箱内装有腐蚀指示器。在检修时，可将联箱割掉(或将手孔封头拆下)，取出腐蚀指示器进行检验；也可以有选择性地割取管段，解剖检查，鉴定其腐蚀程度。通常腐蚀深度超过省煤器管原壁厚的1/3时，必须更换。

第七节 空气预热器检修

目前高压锅炉常用的空气预热器，有管式和回转式两种。

一、管式空气预热器检修

管式空气预热器常见的缺陷有腐蚀、磨损、堵灰和管子振动断裂，以及吹灰板不灵活或关闭不严等。

1.腐蚀和堵灰

管式空气预热器产生腐蚀、堵灰的主要原因：在烟气温度低于烟气露点温度时，烟气中的水蒸气便凝结成水珠，而烟气中的二氧化硫和三氧化硫与水作用，生成亚硫酸或硫酸，使受热面金属被酸性腐蚀；另外烟气中灰尘吸收了水分，很容易粘在受热面上，逐渐形成堵灰，阻塞烟气通道，影响锅炉燃烧。

检查空气预热器的腐蚀时，可在其下部用灯光照射，仔细观察管壁有无麻点、锈疤，必要时可抽出个别管子进行检查，以确定腐蚀程度。对腐蚀严重的少量管子应更换或将两头堵死。一组管子中有 1/3 损坏时，应全部更换。

防止腐蚀的方法：燃料脱硫；锅炉运行保持低氧燃烧；使用添加剂；提高入口冷空气温度；采用耐腐蚀材料；等等。有的电厂已采用热管技术改造现有的低温段空气预热器，既控制了管壁温度，无酸性腐蚀，不积灰，也减少了漏风。

防止管式空气预热器腐蚀和堵灰，除在运行中采取一定措施外，还可选用新的抗腐蚀材料。例如，可以换成一种称为 09 铜的钢管，其耐腐蚀性能比普通钢管高 5~8 倍，效果尚好。管式空气预热器低温段可采用耐热玻璃管代替钢管。但耐热玻璃管与管板两者材质不同，物理-机械性能也不一样，故两者之间的连接是很关键的。玻璃管与管板的连接要求既能防止漏风，又要能使玻璃管自由膨胀，防止玻璃管破裂。

清除空气预热器管内堵灰的方法有很多，如可用细圆钢捅、用压缩空气吹、用捅灰管加水插洗等。这些方法各有利弊：干清除时灰尘大，工作条件恶劣；水冲必须烤干后才能投入运行，否则会增加腐蚀速度，还会增加堵灰现象。

2.磨损

管式空气预热器的磨损发生在管子烟气入口端 1.5~2.0 倍管子直径处。这是由于烟气流入时管口对烟气的节流作用，使烟气流速变大，接着又扩散开来的结果，如图 5-20(a)所示。

防止磨损的方法，可采用在烟气入口端管中加装保护套管，如图 5-20(b)所示。套管可以用薄铁板冲制，也可用管子车制。套管与管子内壁要紧密结合，并将套管口制成喇叭形。各套管露出部分要平齐，套管头之间填充耐火填料(成分为 0.5~3.0 mm 的耐火粉 70%，耐火泥 20%，水泥和水玻璃 10%)。另一种方法是把套管插入预热器管口 10 mm，保持两管中心重合，将套管口用木塞堵住，再用耐火填料填充，如图 5-20(c)所示。这样，即使短管磨穿，还有耐火填料起保护作用。

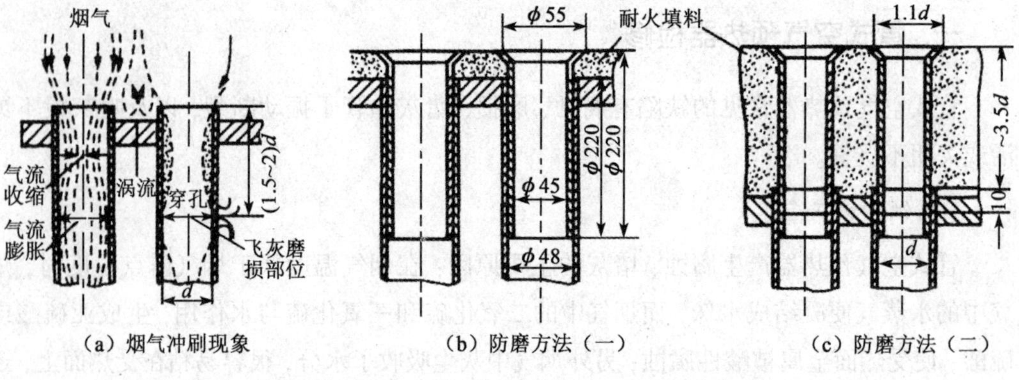

图 5-20　空气预热器管子的磨损及防磨方法

3.共振

在运行中，当管式空气预热器的进风量达到某一范围数值后，有时会发生强烈的振动和噪声。长时间共振就会使管子、风道壁板、焊口发生断裂。近年来，成功解决共振的办法是在空气侧介于各管组之间都加装一层隔板，把管组交界的高度和宽度完全屏蔽起来，如图 5-21 所示。

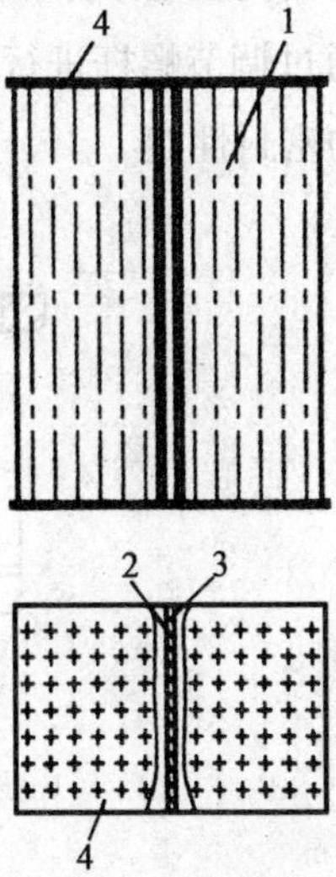

图 5-21 管式空气预热器加装防震隔板

1—预热器管箱；2—防震隔板；3—加固角铁；4—预热器板

4.漏风

腐蚀、磨损、共振会造成管子的穿孔、断裂，预热器就会漏风，从而影响锅炉的热效率。所以，检查空气预热器的漏风，是检修的主要项目之一。检查时，启动送风机，预热器保持一定的风压，人进入预热器的烟气侧，用小纸条对每根管口进行检查。若纸条被吹动就说明该管漏风。有时可在送风机进口处点燃发烟剂，使鼓风带有白色烟缕，易于辨认。若漏风点较多，因烟缕弥漫，会影响现场人员正常工作。

修补漏风的管子，是在捅灰工作完成后进行的。对于有小穿孔的管子，可用插装防磨套管进行堵漏，对为数不多的漏风严重的管子可以用堵头堵死。如漏管很多而造成大面积泄漏时，应逐根换管(整根或分段更换)或是整体成组的更换预热器。更换时用手提式砂轮机或风铲将焊疤去掉，直到管板与管头出现圈痕为止，然后用管冲将管头冲出，再将管子穿入管板孔内施以满焊。如果工作位置狭窄，管子不能整根组装时，可将新管割成数段，分段装入，然后再焊接起来。

对于吹灰挡板，要求其开关灵活，开关的方向和开度应一致。开关不灵的挡板，一般是轴弯曲所致，需检查校正。挡板变形时也要校正。对个别松动的螺栓，应先将挡板关严，再紧固螺栓。

二、回转式空气预热器检修

回转式空气预热器普遍存在卡涩、漏风、腐蚀、堵灰及轴承损坏等问题。

1.卡涩

回转式空气预热器产生卡涩的主要原因：预热器的动静两部分的热膨胀方向相反，在运行中因膨胀发生相碰；刚性不足或加工不良，使动静部分发生摩擦。此外，密封面间隙过小，也会引起摩擦和卡涩。

解决卡涩主要应从设备改进着手。检修时，应合理地调整动、静部分之间的间隙，力求做到既无卡涩，又要使漏风量最小。如为使风罩在转动时能紧靠静子的上下端面，又不致与静子端面发生摩擦，在静子密封法兰的圆周上均布着托轮装置，如图 5-22 所示，托轮可以通过调节螺杆进行调整，以便能将风罩托起，且其稍高于静子法兰平面，又能保持一定的密封性能。

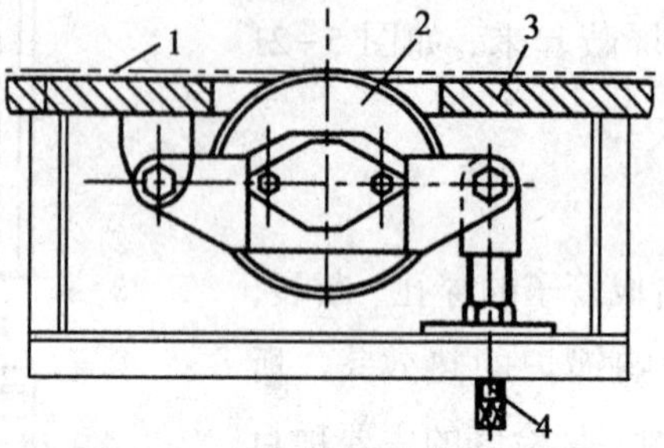

图 5-22　风罩的托轮装置示意图

1—风罩平面；2—托轮；3—静子法兰；4—调节螺杆

2.漏风

回转式空气预热器的结构本身就不可避免产生漏风，因此漏风是回转式空气预热器较突出的问题。在检修中应尽量减少漏风问题。例如，预热器刚性不够、加工不良及热膨胀等原因导致预热器变形，造成一端间隙过小而卡涩，另一端间隙过大而大量漏风。同时，预热器的变形，也致使密封装置失去密封作用，并加速其磨损，漏风量进一步增大。因而，解决漏风问题，必须和卡涩综合起来考虑，不可只顾其一。

3.卡涩和漏风检修

(1)静子与上下回转风罩的四个密封面应平面整齐、相互平行并与主轴垂直；相邻的密封板错边不应大于 0.5 mm，接头处不应有明显台阶，棱角要倒钝；静子两端面的平行度偏差不应大于 2 mm；密封框架的水平差不应超过 3 mm；风罩底盘与静子端面的高差不应大于 3 mm。

(2)U 形密封片表面应光滑、完整，无断裂及穿孔现象，密封片与密封框架压合紧密。密封片的搭接处应严密，个别搭接处如有间隙，也不应大于 2 mm，如图 5-23 中 *A* 部放大图。

(3)上、下回转风罩应同步，以密封框架为准，不同步值不得超过 5 mm。回转风罩的压紧弹簧应无裂纹，在受力状态下无弯曲。吊杆穿过座孔时无卡涩，吊杆与调整螺帽配合要适当[见图 5-23(a)]。

(4)颈部密封滑块与密封法兰的高低偏差不大于 1 mm，密封滑块之间的距离保持 2~3 mm。密封滑块应活动自如[见图 5-23(b)]。

(5)风罩支撑、拉紧装置应完好。

(6)热态调整：上风罩最大周向间隙为 2 mm，下风罩最大周向间隙为 1 mm。密封框架与静子平面之间应调到略有接触，允许局部有轻微摩擦，电动机电流比完全不接触时大 2~3 A。

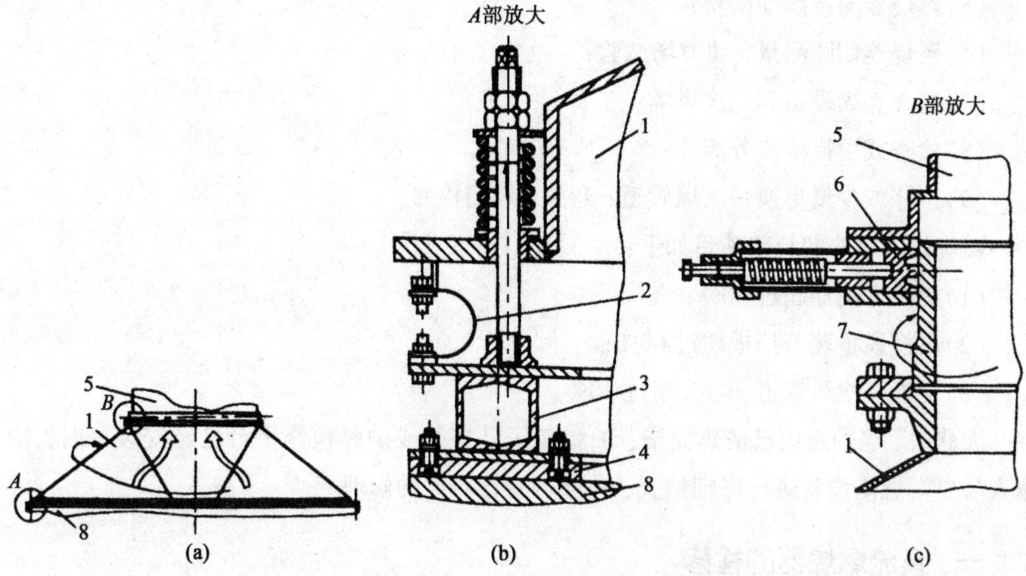

图 5-23 回转式空气预热器的密封装置示意图

1—上回转风罩；2—U 形伸缩节；3—框架；4—铸铁摩擦板；5—固定风道；

6—弧形铸铁密封块；7—连接套管；8—静子

4.腐蚀和堵灰

与管式空气预热器一样，回转式空气预热器也会发生腐蚀和堵灰。当发生堵灰时，烟气侧和空气侧阻力都会急剧增加，致使两侧压差加大，漏风加剧。防止腐蚀和堵灰的措施也和管式空气预热器相似。例如，提高入口空气温度，在低温段用耐腐蚀的多孔陶瓷砖代替波形钢板和加强吹灰和冲洗等。回转式空气预热器的堵灰可用压缩空气进行吹扫，也可用加入适量的碱的软化水冲洗(加碱的目的是中和灰中的酸，以防酸性腐蚀)。

对波形板这类传热元件，通常是抽样检验。抽查波形板的一仓，将其自上而下全部卸出，查明积垢、堵灰和腐蚀等情况。腐蚀严重的波形板，检修时应拆除更换。

第八节 燃烧设备检修

燃烧器常见的缺陷有设备损坏、风管磨损、喷嘴堵塞、挡板卡涩等。在大修中要对燃烧器进行认真的检修，以保证良好的空气动力场。根据《发电企业设备检修导则》(DL/T 838—2003)中的“表 A.1 锅炉 A 级检修参考项目表”，燃烧设备检修的标准项目如下：

(1)清理燃烧器周围结焦，修补围燃带；

(2)检修燃烧器，更换喷嘴，检查、焊补风箱；

(3)检查、更换燃烧器调整机构；

(4)检查、调整风量调节挡板；

(5)燃烧器同步摆动试验；

(6)燃烧器切圆测量，动力场试验；

(7)检查点火设备和三次风嘴；

(8)检查或更换浓淡分离器；

(9)检修或少量更换一次风管道、弯头、风门检修。

燃烧设备检修的特殊项目如下：

(1)更换燃烧器超过30%；

(2)更换风量调节挡板超过60%；

(3)更换一次风管道、弯头超过20%。

大修时，当炉膛内已清焦完毕、炉膛架子已搭好或炉膛检修平台已经安装好时，检修人员要对燃烧设备进行仔细检查，并进行有针对性的修理。

一、直流燃烧器的检修

1.常见故障

直流燃烧器常见的故障有一次风喷嘴磨损、烧坏。当采用启停火嘴调整负荷时，停止运行的一次风喷嘴形成高温区域而结焦，严重时，会使次风喷嘴堵死，煤粉气流喷不出去。直流燃烧器的调整挡板也存在卡涩现象。

处理烧坏的一次风喷嘴时，应根据设备的结构情况采用适宜的方式。有的一次风圆形喷嘴是用一段管子制成的，方形的一、二次风喷嘴是用不锈钢板组焊而成的，或采用螺栓连接。如果采用焊接连接，可将烧坏的喷口切除，重新焊一段即可；如果采用螺栓连接，则要拆开各连接螺栓与固定件，取下烧坏的喷嘴，将新的喷嘴焊上。

同时，还应对各二次风、三次风喷嘴，以及风管、伸缩节、调整挡板进行检修，清除结焦、堵塞。对有船体的多功能燃烧器，还应检查船体的烧损变形情况，并做相应处理。

2.直流燃烧器检修的质量标准

(1)一次风喷口固定牢固，内外光滑，无凸凹，风道磨损部分应补焊严密。

(2)一、二次风进入炉腔的角度符合图纸要求，以保证切圆直径。

(3)二次风、三次风喷嘴无变形，所修补的地方焊接牢固。各法兰连接严密，不漏风、粉。

(4)各喷嘴标高误差不大于5 mm；各喷嘴中心线应对齐，左右偏差不大于2 mm。

(5)当二、三次风喷嘴设计为水平布置时，不水平度不大于2 mm。当设计有下倾角时，角度误差不大于1 mm。

(6)摆动式火嘴上下摆动角度应达到图纸要求，且刻度指示正确。调整挡板与连接轴连接牢固，轴封严密，开关灵活，方向正确，指示刻度内外一致。检视孔云母片完整明亮。

二、旋流燃烧器的检修

1.二次风风碹检修

二次风风碹一般用特制的耐火砖砌成，运行中其处在高温区域，很容易被烧坏，个别烧坏的耐火砖从风碹上掉下来，会使风产生缺口而加剧热损坏。二次风碹也是容易结焦的区域，运行中除焦或停炉后的清焦很容易把耐火砖和上面的焦块一起打下来，使风碹遭到破坏。

如果检查发现风碹有烧坏、脱落现象时，应由瓦工重新砌耐火砖风碹。风碹的下半圈要依着一个样板砌砖，上半圈则要先装一个特制的模型，在模型上砌砖，待灰缝结实后，再将模型拆除。风碹直径须保持原设计尺寸，误差不得大于 20 mm。

2.一次风检修

一次风管或蜗壳由于煤粉气流的磨损，管壁蜗壳壁会被磨得很薄，甚至磨透，造成煤粉泄漏。由于一次风喷嘴及内套管口处在高温区域，在运行中也极容易被烧坏产生变形。

当双蜗壳燃烧器的一次风蜗壳的防磨内套筒被磨损时，可补焊或更新防磨内套筒，严重时必须更换。更换蜗壳时，抽出内套，拆下蜗壳和一次风连接的法兰螺丝、蜗壳和二次风连接的法兰螺丝，将旧蜗壳拆下，更换新蜗壳。若可调叶片式旋流燃烧器的一次风管磨损，应根据情况补焊或更换。

当一次风喷口和内套管口被烧坏时，可在炉腔内将烧坏的喷嘴切下，更换新的耐高温合金管，或用螺丝连接耐热铸铁短管。更换时应保证与二次风风碹的同心度、端面尺寸符合图纸要求，一般不允许伸出二次风风碹端面，以免烧坏。

3.挡板卡涩

双蜗壳形燃烧器的二次风量、风速挡板，轴向可调叶片旋流燃烧器的一次风舌形挡板及二次风调整拉杆在运行中常被卡死，不能开关和调整。挡板卡涩时，挡板转轴在轴套内不能转动，这时要查明卡涩原因。若有脏物，应将轴套内的脏物、铁锈清理干净，并用汽油清洗，使之转动灵活。若是由于热态膨胀后间隙过小而卡死，则须拆出挡板，将其四周用刀挫去 3~5 mm，以增大冷态时的活动间隙。

4.旋流燃烧器检修质量标准

(1)一次风风管及其内套管无裂纹，内外面无凹凸。更换管口时，应满焊或上齐全部螺丝。

(2)内套管口、一次风喷嘴和二次风风碹应同心，不同心偏差不大于 5 mm，三个端面间的距离应严格符合图纸要求。

(3)各挡板与轴连接牢固。轴封严密，开关灵活、正确，指示刻度内外一致。检视孔云母片完整明亮。

(4)各处防磨装置完整无损。二次风风碹完整，无损毁与断裂现象。

三、油枪检修

油枪检修时，主要应检查分流片、旋流片及喷嘴的损坏情况。将油枪从油枪套中拉出，拆下连接器，放掉积油，存入规定位置。用扳手将喷嘴接头取下，拿出旋流叶片及喷嘴，将顶针和弹簧从枪管中取出；将拆下的所有零件用煤油洗干净后，检查各零件的损坏情况。喷嘴有无烧坏变形，各零件的丝扣有无滑扣、拉毛，顶针头部和喷嘴接合面、旋流片和回油片接合面上有无油垢、沟槽、麻点等缺陷。如有上述缺陷，则应修理或更换。检修完毕后，按相反的顺序将油枪回装好。

检修后保证喷油孔畅通、不渗漏，各接合面光洁，密封良好。回装油枪与配风器保持同心，喷嘴与旋流扩散器的距离和旋流方向应符合图纸规定。油枪的连接处，特别是带有回油装置的接合面应密封良好，没有泄漏。油枪伸缩执行机构操作灵活，油枪进退自如，无卡涩。配风器的焊缝和接合面严密不漏。

检查金属软管应无泄漏，焊接点无脱焊，不锈钢编织皮或编织丝无破损或断裂。必要时，对软管进行设计压力的水压试验，软管有破裂趋势的应及时更换。更换软管前应对新软管进行检查，并进行 1.25 倍设计压力的水压试验。

对油枪配风器应进行内外观检查、叶片焊缝检查，对于叶片焊缝裂纹进行相应的修补，烧损变形严重的叶片应及时更换。检修后，配风器出口无积灰和结焦，截面保持畅通。配风器及叶片完整无损，无烧损和变形，叶片焊缝无裂纹。

第九节　锅炉整体水压试验

一、水压试验的目的

锅炉的整体水压试验，是检验锅炉安装或检修质量的一种行之有效的试验方法。试验的目的是检查从给水进口到蒸气出口所有锅炉承压部件的严密性，以保证锅炉承压部件安全运行。

锅炉的水压试验，分为工作压力下的水压试验和 1.25 倍工作压力下的超压力水压试验。

工作压力下的水压试验一般在小修前后、大修后或根据需要随时进行。检修前进行水压试验，是为了查出受热面和承压部件的泄漏缺陷，以便在检修中全面处理。检修后的水压试验则是质量验收性的检验。

超压力水压试验会使锅炉受到额外应力，影响锅炉寿命，应严格控制。超压力水压试验仅用在下列情况：

(1)新安装的和经拆迁安装的锅炉；

(2)停用一年以上需恢复运行的锅炉；

(3)更换半数以上水冷壁、蒸发排管，或更换全部过热器、省煤器管时的锅炉；

(4)汽包、联箱经过更换或其他特殊情况要求进行试验时；

(5)运行中的锅炉每六年应结合大修定期进行一次试验。

此外，受压焊件的水压试验，应在热处理和无损探伤后进行。对单个承压部件的更换或重大修理，应尽量设法在该部件装到锅炉上之前进行单独的超压力水压试验。

二、水压试验前的准备工作

锅炉承压部件安装或检修完毕，为保证水压试验顺利进行，在试验前应做好下列准备工作。

(1)所有试验范围内的受热面和联箱均已装置齐全，汽包、联箱内部已经检查和清理。

(2)所有承压部件的手孔、人孔门均已封闭。

(3)水位计、压力表(为避免由于压力指示不准确造成锅炉不应有的超压，应至少装有两个经校准的压力表)和有关阀门均已装齐，汽包、联箱和管道的膨胀指示器也安装齐全，所需进水、放水、放空气管道都已连好。

(4)准备好炉膛内检查泄漏时所需的脚手架、照明设施等。

(5)在试验压力高于安全阀动作压力时，应事先将安全阀压死，待试验结束后，再回至正常能动作状态。

水压试验时的环境温度应在 5 ℃以上，环境温度低于 5 ℃时须采取可靠的防寒措施。试验用水为软化水，水温应保持高于周围露点的温度，一般以 30~70 ℃为宜，以防锅炉表面结露难于检查。

三、水压试验的程序与检查

(1)水压试验一般可通过给水泵和给水管路上水，也可通过临时管道上水。升压是用电动活塞泵，或用运行炉的给水母管。

(2)锅炉注水是个较费时间的过程。为防止水冲击和管道振动现象，以开启小口径进水管为宜。进水速度以保持锅炉不发生振动和受热面没有水击为限。当水位计指示满水，锅炉最高处的排气管向外溢水时，说明锅炉水已注满。此时，要关闭排气阀和给水阀（注意一定要排净空气），并进行全面的初步检查。没有泄漏时方可继续升压。升压速度以每分钟0.20～0.30 MPa为宜。在接近工作压力时，升压速度应减慢至每分钟0.10～0.20 MPa。

(3)当压力升至工作压力的10%时（以汽包或过热器出口联箱处的压力表的读数为准），暂停升压，进行一次检查。如有泄漏处，降压放水进行处理；如无泄漏，可继续升压。

(4)在压力达到工作压力后，立即停止升压，进行全面细致的检查。同时要有专人监视压力表数值，注意防止压力由于进水阀关不严而升高或下降。

(5)如在额定工作压力下无泄漏或有泄漏但已处理完毕，可继续缓慢升压做超压力水压试验。在压力升至1.25倍工作压力时保持5 min，然后降至工作压力，进行检查。在超压力水压试验时，不应承受此压力的部分设备（如水位计、流量计等），可在升压至工作压力后关闭其一次阀门以避免超压。

(6)水压试验合格后，打开放水门把水放掉，并打开空气门，进行安全门复位、连通水位计等工作。

(7)正常水压试验和超压力水压试验，以全部承压部件没有漏水、所有焊缝没有渗漏或湿润现象、试验后没有残余变形为合格。从压力表读数来看，在试验压力下保持5 min，压降不超过0.50 MPa即合格。

(8)水压试验后，应立即写出包括试验时间、试验压力、检查情况、检验人员和修理措施等内容的详细的检验报告，并办理水压试验合格的签证手续。

四、水压试验的检查项目与不合格情况的处理

在水压试验升压过程中（包括达到工作压力时），应对承压部件的严密性进行细致的检查，特别是检查焊口、胀口、法兰、人孔及接合面有无渗漏。对第一次发现的渗漏缺陷，应详细了解渗漏的原因和范围，做好记录，并在升压过程中继续观察是否有发展，以作为修理的依据。

在进行工作压力水压试验的过程中，焊缝若有渗漏或湿润现象，就认为水压试验不合格，必须在消除缺陷后重新进行水压试验。如果这种现象是在超水压试验发现的，则应根据漏水焊缝的数量和性质来决定是否需要检修，以及是否需要重做超水压试验。如果焊缝没有因裂纹造成渗漏，仅是人孔或其他接合面有轻微的渗漏，则在修理后，只做工作压力的水压试验。如果泄漏严重，以致在5 min内不能保持试验压力，则应在消除缺陷后重新做超水压试验。

焊补渗漏的焊缝时，必须将原来的焊疤铲除干净，并在倒出焊口后才能补焊。不允许在原来的焊疤表面进行堆焊。

当试验压力降到零后，用眼睛观察承压部件的外形，看是否有残余变形(试验时，水冷壁下联箱在允许限度内的下移不算残余变形)。

水压试验结束后，还要对照锅炉上水前与满水后各膨胀指示器的指示数值，以了解各部位自由伸长的情况及有无卡涩现象，对于水冷壁的下联箱应特别注意。

五、水压试验安全注意事项

(1)在水压试验的升压过程中，应停止锅炉内外的一切检修工作。试验负责人在升压前须检查炉内是否还有人，经检查后方可开始升压。

(2)试验中，已发现承压部件有渗漏现象，而且试验的水压还在继续上升，此时检查人员应远离渗漏地点。停止升压后，应首先观察渗漏是否在扩展，如果没有，则再进行仔细检查。

(3)在进行超水压试验时，在保持超水压试验压力的时间内，不允许进行任何检查，待压力降到工作压力后，方可进行检查。

思考题

(1)如何检查汽包的弯曲度和水平度？

(2)汽包裂纹多出现在什么地方？如何修复汽包较小的裂纹？

(3)如何检查汽包的支吊架装置和膨胀装置？

(4)油枪检修的要点是什么？

(5)检修时，对省煤器易磨损受热面应采取什么措施？

第六章　汽轮机本体检修

第一节　汽缸检修

一、缸体检修

1.准备工作

(1)汽缸解体前应具备的基本技术条件。

汽轮机停止运行后，要监视汽缸温度的变化，按照调节级外缸壁金属温度来安排汽缸解体前的各项准备工作。汽轮机调节级外缸壁金属温度降到 150 ℃以下时，停止盘车装置运行；其温度降到 120 ℃以下时，拆除汽缸及导气管保温材料；其温度降到 80 ℃以下时，可以拆除导气管、汽封供气管及其他附件，拆卸汽缸接合面螺栓，进行汽缸检修。

(2)准备专用工具。

①起重专用工具。

❖顶缸专用千斤顶。

❖每台机组安装时都配有相应的汽缸专用起吊工具，机组大修前，要检查专用起吊工具情况，确保完整好用。

❖检查汽轮机罩壳、导气管、端部汽封等专用起吊工具，如有缺陷，并予以补足。

❖准备齐全吊环、吊绳、吊卡、吊钩、手拉葫芦、夹紧丝杠等工具。

❖准备齐全汽缸专用导杆。

❖检查、试验桥式吊车是否完好。桥式吊车是汽轮机大修时必不可少的、使用频率最高的起重专用设备，因此，大修前一个月就要对其进行全面、认真、细致的检查。

②检修专用工具。

❖拆松汽缸接合面螺栓的专用液压力矩扳手一套。专用液压力矩扳手应带有力矩指示表，能顺时针、逆时针调整旋向。

❖用于拆卸、紧固力矩较小的各种规格法兰螺栓的电动扳手和风动扳手。

❖拆卸特殊部位螺栓的特制扳手，如用于拆卸低压外缸加强筋部位螺栓的超薄壁专用扳手、拆装低压内缸法兰螺栓的特制内六角扳手等。

❖用于拆装和悬挂特殊部位的专用工具。某些汽轮机高压缸端部汽封套使用方销定位时，必须使用特制工具才能将方销从销孔中拔出。

❖螺栓加热电源及各种规格的加热棒。检查电源箱是否好用，电流负荷是否符合要求，同时检查加热棒是否好用且规格齐全、电阻是否满足设计值。要特别注意，加热棒在使用加热后要垂直放置，若加热棒弯曲，则无法插入加热孔，最好制作专用的架子。

❖准备框式水平仪和楔形尺、内卡尺，用来测量汽缸起吊时的水平情况和测量汽缸四角顶起的高度。汽缸大盖在起吊过程中，必须保证缸体水平和四角顶起的高度一致，如有斜偏则容易造成销螺栓卡涩划伤，产生额外阻力。

❖测量汽缸螺栓长度的专用工具。在汽缸接合面螺栓松动之前，仔细测量汽缸接合面螺栓的在装长度，以便与上次大修组装后的螺栓长度、组装前螺栓的自由长度相比较。计算出螺栓塑性变形，为金属监督提供数据。

❖准备其他各类型常用工具，如各类扳手、扳杠、楔形塞尺、内径千分尺、垫块、千斤顶、大锤、手锤、螺钉旋具、锉刀、铜棒、螺栓松动剂、撬棍等。

2.拆卸汽轮机化妆板

拆卸汽轮机化妆板工作是机组检修中最早的一道工序。机组大修一般都滑参数到360 ℃左右才停止运行，投入盘车后就可以拆卸汽轮机化妆板。拆卸顺序是从上到下、由外向内、由前向后，每拆除一块化妆板部件都要详细做好标记。拆卸过程中要注意人员和设备安全。由于化妆板外形庞大，起吊过程中要注意不能倾斜，作业人员要站在部件两侧，不准站在起吊部件下方，起吊作业要由一名专业起重工人统一指挥，起吊部件四周各有一名检修人员看护。罩壳部件要放在平坦、宽敞的场地上，下面垫上木板或胶皮。

3.拆除汽缸保温材料

当高压缸调节级外缸壁金属温度达到120 ℃时，可以拆除导气管法兰保温，做好解体导气管法兰螺栓的准备工作；高压缸调节级外缸壁金属温度达到150 ℃时，可以停止盘车运行，并准备拆除汽缸保温材料；当高压缸调节级外缸壁金属温度降至120 ℃及以下时，可以拆除汽缸保温材料。拆除保温材料时，要上下、左右对称拆除；拆掉的保温材料应用专用口袋装好，放到指定位置；拆除工作结束后，要仔细清理、保持现场整洁。

4.拆卸导气管

(1)当高压缸调节级外缸壁金属温度达到80 ℃以下时，才可以拆卸导气管，否则冷空气沿导气管法兰进入汽缸，易造成汽缸局部快速冷却，引起汽缸局部应力，严重时会导致汽缸裂纹。

(2)拆除保温材料后，将导气管法兰螺栓清扫干净，在螺栓丝扣上喷洒螺栓松动剂。

(3)用外径千分尺或专用工具测量导气管法兰螺栓的长度，并与上次大修后安装数据进行比较，将测量结果提供给金属监督部门。

(4)用铜锤或铜棒敲击螺母，并适量喷洒螺栓松动剂，直到敲击螺栓的声音为两体声音(闷声)时，再开始用扳手拆卸螺栓。强制拆卸容易损伤螺栓丝扣。

(5)拆卸螺栓的顺序：先拆卸所在位置较狭窄、难操作的螺栓，后拆卸位置好、易操作的螺栓，尽可能做到对称拆卸，最后几个螺栓应轮流拆卸。待所有螺栓拆卸后，将其放到指定位置。

(6)带有插管的高、中压导气管法兰螺栓的拆卸顺序：先拆卸弯管内弧侧法兰螺栓，后拆卸弯管外弧侧法兰螺栓。在拆卸法兰螺栓之前，要用专用工具或手拉葫芦将插管定位。

(7)待导气管法兰螺栓全部拆卸后，将导气管起吊到指定位置摆放牢固。起吊过程中注意调整导气管重心保持平衡、不要倾斜，要特别注意人员安全。

(8)导气管吊走后，要及时用特制的铁盖将两侧法兰盖好，防止异物掉入汽缸内。对取出的法兰垫片进行测量，以便与备件垫片比较。在组装时，测量数据可作为垫片压缩量的参考数据。

(9)在螺栓拆下来之前，要对螺栓编号进行一一核对，缺少编号或编号不清的螺栓要重新编号，并做好记录。

5.拆除端部汽封及其他相关附件

(1)拆除汽缸端部汽封及供、排汽管

①汽缸保温材料拆除以后，调节级处金属温度在 90 ℃以下可以拆卸高、中压缸端部汽封。低压汽缸端部汽封在盘车停止运行以后就可以进行拆卸。

②拆卸端部汽封供、排汽管法兰螺栓之前，要做好检查工作，特别是对有临炉(或机)蒸气母管供汽封用气的机组更要仔细检查。确认管内没有蒸汽压力后，才能拆卸法兰螺栓，并对各部件做好标记，以便回装。

③拆除供、排汽管后，要将管道两侧法兰用特制的堵板封好，防止异物进入。

④解体高、中压端部汽封时，不要先松动接合面及立面螺栓，要按照图 6-1 所示，用加套筒和厚垫旋紧丝扣的方法，先拔出接合面及立面的圆柱销(或锥形销)。对于有定位方销的汽封套，一般情况下，由于方销配合间隙比较小，又处于运行温度较高的区域，故不易拔出。所以可先将足够的螺栓松动剂喷洒入配合间隙中浸泡，再用铜锤敲击方销侧面，使其松动，

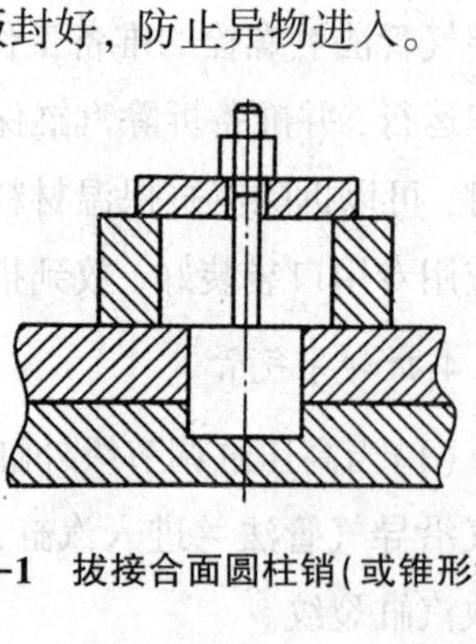

图 6-1　拔接合面圆柱销(或锥形销)

再将其拔出。

⑤在所有定位销拆除后，按照顺序拆卸接合面螺栓和立面螺栓，然后用水平和垂直顶丝配合，将端部汽封上部顶离凹槽，再用专用工具将其吊出。注意不能碰伤汽封齿。有的机组解体端部汽封前，需要将附近轴承室上盖先解体吊走。

⑥端部汽封上部吊走以后，要在接合面处加装保护立面法兰软铁垫的专用工具。端部汽封下部供、排汽口要及时封堵，防止掉入异物。

(2)拆除热工元件。

拆掉汽缸上的温度、压力、胀差、转速等热工元件。有些元件需先拆除引线，等设备解体后再拆除一次组件。

(3)装入检修垫块。

对于上缸支撑的汽轮机，在拆卸汽缸接合面螺栓之前，需要分别将整个汽缸前后部顶起，取出工作垫块，换上同样厚度的检修垫块。换下的工作垫块要做好标记，放入专用工具箱中保管好，待组装时使用。检修垫块装入并确保拆卸接合面螺栓后，下汽缸的位置应不发生任何变化。

二、汽缸接合面螺栓检修

1.汽缸接合面螺栓的拆装工艺

松螺栓要有一定的顺序，其基本原则是：防止汽缸上下法兰间隙所引起的法兰变形的力量集中到最后拆卸的一个螺栓上。

低压汽缸接合面螺栓，特别是低压外汽缸接合面螺栓尺寸规格一般较小，拆卸和紧固没有特殊的工艺，但需按照要求松紧的顺序进行操作。拆装螺栓基本按照先中间、后两侧，由内向外、左右对称的顺序进行。

高、中压汽缸及低压内汽缸接合面螺栓所处位置的温度和压力较高，其尺寸规格较大，既粗又长，因此拆卸和紧固一般按照要求顺序采用热拆装工艺。

(1)电阻式螺栓加热器及加热棒。

电阻加热器具有结构简单，加热均匀，使用方便，容量、长度、粗细均可按照螺栓的要求任意选购，多个螺栓可同时加热等优点。目前，国内外普遍采用这种加热器加热螺栓。

电阻式螺栓加热器及加热棒分为两类：一类是直流加热器和直流加热棒，另一类是交流加热器和交流加热棒。交流加热棒存在使用寿命短、安全性差的缺点。现在多用由改进型内热式电阻丝直流加热器(棒)和调压式直流控制箱组成的新型汽缸螺栓加热装置。这种装置克服了交流加热装置的一系列缺点，应用较为广泛。

在拆装汽缸法兰螺栓以前，需要检查加热器与加热棒是否好用。一般情况下，通电

2~3 min 加热棒便发红，直至呈暗红色即好用。

(2)汽缸接合面螺栓的拆装顺序。

在拆卸汽缸接合面螺栓前，应检查汽缸变形情况，汽缸变形最大部位的螺栓应首先拆卸。汽缸变形最大部位是指汽缸空扣时，测量汽缸接合面间隙最大的部位。首先拆卸汽缸变形最大部位螺栓的原因是：该处螺栓在紧固时，为消除接合面间隙所施加的紧固力较大，若先拆卸其他部位螺栓，那么这些螺栓承受的紧力除原来的预紧力外，还附加法兰变形引起的作用力，这样就会使热拆卸螺栓的伸长量增大，加热时间成倍延长，造成拆卸困难，严重时会使螺栓过载损坏。其次是拆卸位置比较狭窄、作业困难部位的螺栓。接下来是拆卸长度较短、直径较小的螺栓，短螺栓加热伸长总量越小，细螺栓加热时螺母热得越快，螺栓拆卸的难度越大。最后拆卸位置宽敞、长度大、直径较大的螺栓。

如果汽缸上既装有带加热孔的螺栓，又装有无加热孔的螺栓，那么拆卸螺栓时就应先拆卸无加热孔的螺栓，之后再依照上面所述的拆卸顺序进行拆卸。

某型号汽轮机高压缸最合理的松紧螺栓顺序，如图 6-2 所示。

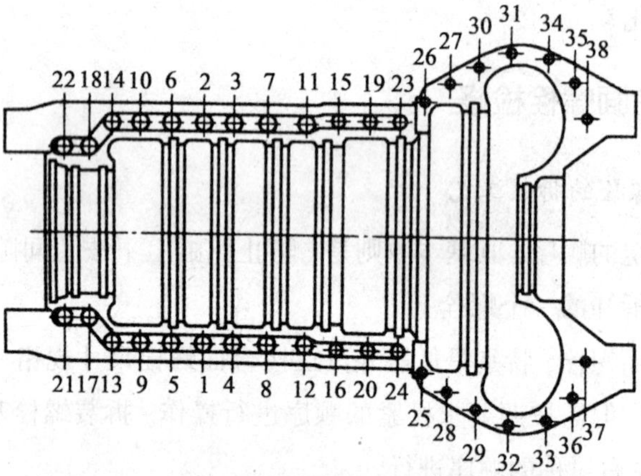

图 6-2　某型号汽轮机高压汽缸螺栓松紧顺序

(3)螺栓编号及螺纹保护。

螺栓拆卸之前要对螺栓及螺母进行编号，因为汽缸螺栓处在高温下长期承力运行的结果就是螺纹会产生微小的变形，螺母与螺栓的螺纹变形是匹配的，如果组装时螺栓与螺母不匹配，则会因变形不一致而导致螺纹配合不好，严重时会出现螺纹乱扣或咬死现象。消除螺纹微小变形影响的最好方法就是将螺母与螺栓编号并匹配组装。编号可用钢字码打在螺栓和螺母的端头平面上。如果没有钢字码，也可用油漆写上。检修过程中，汽缸接合面螺栓要求全部拆下，清扫、修整、探伤后再重新组装。拆下的螺栓要装上专用螺纹保护套。

(4)螺栓拆卸的注意事项。

①拆卸前 4 h 左右应将煤油浇到螺纹间，浸软螺纹间的锈垢和氧化物，以减轻咬死

的程度。

②采用加热方式拆卸螺栓时，应选择容量较大的加热器，以缩短加热时间、减少传到螺栓外部的热量、减少螺纹咬死的可能。加热时间一般控制在15~30 min，当螺栓松动后，可先旋松2~3圈，待冷却后再全部松出取下。切勿在螺栓烫手时将螺栓全部松出，因为刚加热的螺栓温度很高，硬度较低，易导致螺纹间咬死和烫伤工作人员。

③应仔细检查螺栓的丝扣，并能用手轻松地拧到底。若遇到卡涩现象，必须认真查找原因，不得用手锤敲振或用扳手强行拧紧。

2.螺栓紧固件的检修工艺

(1)螺栓、螺母清扫。

螺栓、螺母拆下要进行清扫工作。用螺栓松动剂或清洗剂、煤油浸泡螺纹20 min，然后用钢丝刷与毛刷配合清扫螺杆和螺纹部分。清扫要全面、彻底，不能留有死角。清扫干净以后，用热风吹扫烘干，摆放整齐，为进一步检验做准备。

(2)螺栓检查。

螺栓检查分两种形式：一是用放大镜进行宏观检查，主要检查螺纹有无碰伤、变形及螺栓有无明显裂纹、弯曲等；二是金属技术监督检查，主要进行着色或磁粉探伤、超声波探伤、硬度检查及金相组织检查。根据发现的缺陷情况，分析出产生缺陷的原因，找出处理方法。例如，发现螺栓存在裂纹，则需要更换新螺栓。

(3)螺纹修复。

螺纹最容易出现的缺陷是变形或损坏。变形量不大的螺纹可以在检修现场进行人工修复，螺纹涂研磨膏，用配套螺栓、螺母对研，用细锉磨削硬点直到轻松旋到底为止；对于变形量很大且是多扣变形的螺纹，需要到车床上进行修复，车刀每次进刀量不许超过0.03 mm，并用配套螺栓、螺母检验。

螺纹损坏分多种情况。螺纹齿尖部碰伤、齿面异物研碾损坏等轻微损坏的修复工作可以在现场用锉刀、板牙或丝锥完成，修复之后可以继续使用。螺纹断齿是破坏性损伤，如果是高压缸接合面螺栓、螺母出现断齿后必须更换新品；如果是低压缸接合面螺栓螺纹断齿在2扣以内，且没有其他缺陷的情况下，修复后可以继续使用。

(4)球面垫检修。

大容量机组汽缸接合面的大螺栓采用球面垫。球面垫的优点是可以调整螺母与汽缸法兰面的相对位置，保证螺栓紧固后不产生弯曲应力。球面垫经常出现的缺陷是裂纹或工作表面划伤。由于要求球面垫工作表面硬度高，大多对其采取表面氮化处理，处理工艺稍有偏差就很容易造成球面垫内部应力集中，加之受运行温度变化的作用，其极易产生裂纹。球面垫裂纹检查一般采用着色或磁粉探伤，如有裂纹就必须进行更换。由于球面垫用于调整螺母与汽缸法兰面的相对位置，在机组运行工况发生变化时，汽缸与螺栓膨胀变化不统一，这会造成球面垫有相对滑动。高温下金属硬度相对降低，球面垫工作面极易研碾划伤。工作表面划伤很容易检查，修复的方法是研磨划伤部位。对工作面划伤严重的球面垫，应予以更换。

三、汽缸大盖的起吊工艺及注意事项

1.汽缸大盖的起吊工艺

(1)根据汽缸质量，选择专用起吊工具，并确认各吊具完整无损。

(2)在汽缸四角的上缸吊耳下或上缸专用凹窝内，各放置一只液压千斤顶且将其顶牢，并用临时标尺测量汽缸四角高度；在转子两轴颈处各装一块百分表，并派专人监视。

(3)顶缸时，由一人指挥，四人同时操作千斤顶，汽缸四角同时被慢慢顶起。当均匀顶高 5~10 mm 时，确认缸内有无卡涩和掉落。当无异常时，继续用千斤顶将汽缸顶至螺栓的销子部位，并随时用标尺测量汽缸四角高度，使其偏差不大于 2 mm，防止螺栓卡涩。

(4)用行车大钩微速起吊，待钢丝绳完全吃力后，进行校平、找正，然后缓慢起吊。不允许在大盖不平的情况下强行起吊，应仔细倾听汽缸内有无金属的碰撞、摩擦声，并检查转子上百分表的变化，确认转子不随大盖同时吊起时，方可继续起吊大盖。

(5)当汽缸吊起 100~150 mm 时，暂停起吊，仔细检查缸内情况，当无卡死、无物件掉落和其他异常时，再缓慢起吊汽缸。

(6)上缸吊出后，平稳地放在指定位置，接合面下垫好约 500 mm 高的枕木，以便检查。

(7)仔细检查汽缸水平接合面有无蒸气泄漏痕迹。若有蒸气泄漏痕迹，应详细记录，特别是穿透性痕迹，应检查涂料中有无硬质杂物，并做好记录。

(8)检查后用帆布等物品将内、外缸夹层和各进、出汽口挡好，做好安全保护措施。

(9)对于低压内、外缸和高压内缸的起吊，可不使用千斤顶，一般用顶丝将汽缸顶起 2~4 mm，并保持四角上升高度均匀一致。若顶丝无法使用，需用吊车直接吊缸时，应由经验丰富的司机操作。起吊时微量启动，随时检查行车和钢丝绳状况，如有异常过载，应查明原因，不可强行起吊。

2.汽缸大盖起吊的注意事项

(1)汽缸大盖起吊前都必须正确安装好专用导杆。导杆要清扫干净，不能有毛刺；导杆的粗细要适中；导杆表面要涂上润滑剂，防止导杠与汽缸孔干摩擦而划伤。

(2)确认吊车吊钩制动器能正常使用，要求吊钩制动迟缓距离不能超过 0.05 mm；另外，确认吊缸用钢丝绳无异常。

(3)检查确认汽缸上缸与下缸之间无任何连接件。

(4)起重作业只能由一名经验丰富的专业起重人员指挥；用千斤顶顶缸时，也要由一人指挥。

(5)在顶汽缸时，汽缸四角被顶起高度的误差不能大于 2 mm，以免汽缸偏斜造成卡涩。

(6)起吊过程中要随时用框式水平仪检查汽缸的水平情况，防止汽缸偏斜造成螺栓螺纹损坏。

(7)汽缸四角应有专人扶稳，特别注意汽缸脱离导杆时突然摆动，防止碰伤叶片。

(8)如果汽缸起吊过程中出现卡涩现象，要及时停止起吊工作，待查明原因并处理后再起吊。

3.清缸工作

各汽缸检修前、测量工作结束后，即可清缸。吊出高、中、低压缸内的隔板、隔板套、静叶环及内缸，并及时将孔洞、喷嘴室用专用盖板、胶布等物品封好，防止杂物落入。

四、汽缸检修工艺方法

1.汽缸的清理和检查

(1)用未淬硬的刮刀、细砂布和电动圆盘钢丝刷清扫汽缸接合面、隔板套及汽封套的定位凸台和凹槽。高、中压内缸及外缸的高温部分可用砂轮(或用胶布黏牢砂皮后装在风动砂轮上)将氧化皮磨去。对毛刺等微小缺陷可用细锉刀或油石消除。使用刮刀清扫汽缸接合面时，应沿接合面周边方向纵向进行，不准由缸外侧向缸内侧或由缸内侧向缸外侧横向刮削，更不允许刮削接合面金属或刮出纹路，以免损坏接合面的严密性。

(2)对于上汽缸清扫，可将其翻转 180°，使接合面朝上并垫实。对于 300 MW 以上汽缸，在清扫上缸接合面时，用吊车先吊起外缸，再用专用撑架将其四角撑住，同时吊车仍吊着汽缸，使钢丝绳保持适当受力；工作完毕后，应及时将外缸放到枕木上。不允许在无人工作时，仍由吊车吊着汽缸；更不允许在吊车吊着汽缸时，进行电焊工作。必要时，用吊车吊着焊接时，必须先将汽缸放下，在吊钩上包上绝缘垫，然后吊起汽缸进行焊接工作。

(3)用钢丝刷清除汽缸内表面的锈垢和氧化皮，并用压缩空气吹净。注意不得损伤精加工面，不能将脏物吹入各抽汽孔和疏水孔。外表面指定部位的清扫，应按照要求清扫到能看见金属光泽，以便金属技术监督检查。

(4)汽缸清扫后，要做全面细致的检查工作，主要检查项目有：①汽缸水平接合面及其螺孔附件；②下汽缸各抽汽、疏水、热工测点孔洞的内外侧附近；③上、下缸的内、外侧圆角过渡区、制造厂原补焊区；④上、下缸的喷嘴弧段附近、导向环和汽封隔板槽等部位；⑤其他温度变化剧烈、断面尺寸突变、峰谷等部位有无裂纹、脱焊、吹损等缺陷，若有可疑之处时，应用放大镜进一步检查，发现问题时可用着色法、酸浸法、超声波探伤法检查确定。对裂纹的检查方法通常有浸煤油试验法、腐蚀试验法等。

浸煤油试验法：首先对裂纹周围的金属表面进行严格的清洗直至表面出现金属光泽，然后在其上涂以煤油。由于煤油具有较强的渗透能力，能渗到裂纹缝隙内。大约经过10 min，便可将表面附油擦净，再敷上一层用酒精搅拌好的白垩。稍等片刻，酒精挥发了以后，裂纹中存留的煤油就会渗出来，并将涂于表面的白垩浸湿，从而清楚地显示出裂纹的形状。如果在煤油中预先稍加些黑铅粉，则裂纹将更加清晰地显现出来。

腐蚀试验法：将含20%~30%硝酸的酒精溶液或含水50%的稀醋酸涂于金属表面，经过酸的浸蚀，再用放大镜仔细观察，即可发现裂纹形状及其起点和终点。

(5)低压汽缸防爆门法兰接合面应无毛刺及贯通槽沟，接触应良好，垫片应完整无损，其厚度应保证汽缸压力大于大气压力时仍能动作。各制造厂使用垫片的材质不同，有高压纸箔、铝皮、薄铅板等。

2.汽缸测量和调整

(1)汽缸接合面水平的测量工艺。

①将待测部位用细砂布清扫干净，确保无毛刺、划痕。

②用合像水平仪安放在规定测量位置上，测量各内、外汽缸的纵、横向是否水平。将合像水平仪放稳，并用手按住对角，检查水平仪有无未放平的现象。合像水平仪的使用方法要正确。

③将测得的数值与上次大修记录和安装记录相比较，看其有无变化，若有较大的变化，应认真检查，分析产生的原因，并采取适当措施，防止其继续发展。

(2)汽缸严密性检查。

①高、中压内、外缸均须在空缸情况下进行大修，检查接合面间隙。

②闭合空缸时，应在汽缸接合面清理好后进行，避免毛刺、污垢影响测量的准确性。

③汽缸合上时应打入定位销，并重点检查以下问题：上、下缸的各凸肩、槽道在轴向有无错位现象；外缸对内缸的限位凸肩是否顶牢；内缸有无上抬现象。

④确认无误后，用塞尺检查空缸自由状态下和冷紧1/3接合面螺栓时汽缸接合面间隙，汽缸内、外两部分的间隙数值应标明范围，用粉笔写在下缸上，对高温区域应重点检查。一般情况下，自由状态时，0.25 mm塞尺应塞不进；冷紧1/3螺栓后不得有任何间隙。

⑤低压内、外缸空缸检查严密性的方法和要求与高、中压内、外缸测量方法相同。

⑥当汽缸接合面间隙超过标准时，应根据全面分析接合面接触不良和变形的原因，确定修刮方案。修刮合格后，用精细专用油石将接合面打磨光滑。

(3)汽缸洼窝中心的测量及调整。

经过运行的汽缸，特别是长期在高温下工作的高、中压汽缸，汽缸洼窝中心均会出现偏差。故大修中，一般应对内、外缸进行缸体洼窝检查，以便监视汽缸的变形、位移。一般大修中只做测量、记录，并监督其变化情况，而不对其进行调整。只有在特殊情况下，如对汽轮机转子中心进行了较大幅度的调整，使转子中心与汽缸洼窝中心出现数量较大的偏差时，才适当调整汽缸位置。

①洼窝中心的测量工艺。

扣合汽缸，冷紧接合面螺栓，消除汽缸接合面间隙，准备内径千分尺或百分表，将表座吸在假轴上盘动，测出各部位洼窝上、下、左、右四点的数值，并计算出偏心值，如图6-3所示。

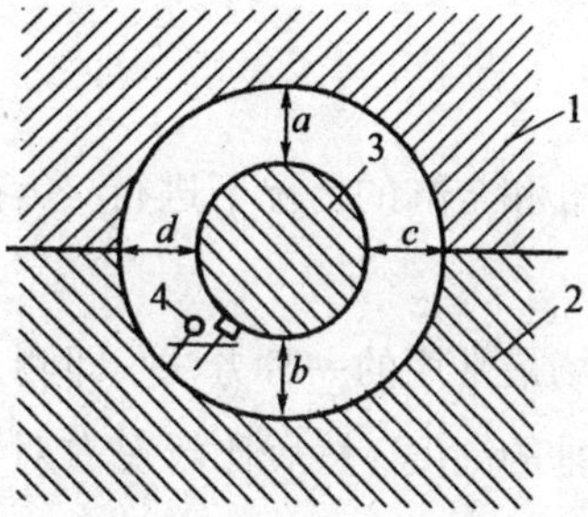

图 6-3　汽缸洼窝中心测量

1—上汽缸；2—下汽缸；3—假轴；4—百分表

根据测量结果确定调整数值，在确定调整方案时，还必须考虑到给汽缸水平及猫爪负荷分配造成的影响，并使其影响降至最低。

由于汽缸永久变形的结果，在测量调整洼窝中心的过程中，常会发现测出的上、下数值之和与左、右数值之和相差很大。在这种情况下，只需将洼窝中心调至上、下数值与左、右数值分别接近，而不强求四个方位基本一致。若为了检修方便，不扣上汽缸就测量下缸左、下、右三个方位数值并调整中心，则可能产生严重的后果。

②汽缸洼窝中心的调整工艺。

上、下方向调整时，在四只猫爪上各装一块百分表监视。百分表对准零位后，用千斤顶将汽缸顶起以改变安装垫片或垫块的厚度。当调整结束松开千斤顶、落下汽缸时，检查百分表反映的数值变化，其应与所调整的数值基本一致。

左、右方向调整时，四角装好的百分表用来监视左、右移动的数值。百分表对准零位后，拉出汽缸前、后立销两侧的调整垫块，检查百分表数值，看有无移动；若有移动，应与所需调整数值综合考虑。用千斤顶将外缸移动，达到要求后测量各立销两侧垫块间隙，重新配制调整垫块。新垫块打入后，再次测量左、右洼窝尺寸，应与需要调整到的尺寸误差不大于0.05 mm；若变化较大，应重新调整汽缸位置及配制立销垫块。对于普通立销，可将立销与缸的配合面的一面磨去需调整的数值，另一面补焊加工即可。

内缸洼窝中心的测量和调整应随外缸同时进行，动、静部分的中心偏差还可以通过调整隔板、隔板套及轴封套的洼窝中心来使其符合质量标准。故汽缸洼窝中心稍有偏差是能够接受的。但若偏差较大，必须进行调整(可吊出内下缸，通过修整底部和顶部纵销及左右两侧垫片的厚度来完成调整)。

(4)汽缸猫爪负荷分配的测量与调整。

汽轮机安装或检修需进行汽缸负荷的测量和调整工作。所谓负荷分配，即将汽缸的重力合理地分配到各个承力面上去。若汽缸猫爪不均匀的载荷直接作用在汽缸上，会导致汽缸不均匀沉降和不规则变形；并且在启动及停机过程中，若汽缸猫爪的负荷分配不均，会引起左、右侧猫爪销摩擦力失衡，将导致汽缸膨胀伸长或冷却收缩不对称，使汽缸偏斜、轴承箱膨胀不畅。

①汽缸猫爪负荷测量。

汽缸猫爪负荷值可以在空缸和全缸的情况下进行。负荷分配通常有猫爪垂弧法和测力计法。

猫爪垂弧法是目前工作现场最常用的一种方法，即测量每个支撑猫爪在无猫爪垫片支撑的情况下汽缸猫爪自然下垂的高度，然后比较左右对称位置猫爪的垂弧，通过调整各猫爪下部垫片的厚度，使各对称点猫爪垂弧差在允许范围以内。此方法通过猫爪垂弧间接地反映汽缸的负荷。

测力计测量法就是将专用的测力计拧入高、中压缸猫爪处的专用螺孔内，当测力计受力时，根据测力计上端百分表指示的弹簧压缩值，即该猫爪的负荷，再根据各猫爪的负荷值进行对称点负荷的调整。负荷差在范围以内时，用量纲表测量猫爪底部垫片的厚度，即正式垫片的厚度值。此方法直接反映了各猫爪分配的负荷。

②汽缸猫爪负荷调整。

汽缸猫爪负荷调整是通过调整猫爪销垫片的厚度来使左、右对应猫爪负荷相等。

调整垫片时还应同时考虑汽缸洼窝中心和汽缸水平的偏差。调整过程加减垫片时，不允许单侧加减垫片，必须两对称点同时进行调整，确保洼窝中心不变。

(5)汽缸变形及静垂弧的测量工艺方法。

汽缸接合面存在间隙，不仅是汽缸变形的问题，而且由于汽缸在水平中分面处分成上、下两半部分的结构，削弱了上、下汽缸的刚性。在汽缸自重、保温、进汽管等重力作用下，汽缸发生弹性变形，产生静垂弧，导致汽缸接合面间隙增加。这时不可盲目用研刮接合面的方法来消除接合面间隙，应对汽缸进行变形和静垂弧的测量和分析，然后采取措施，消除泄漏。

用百分表或内径千分尺测量汽缸静垂弧及汽缸变形，如图 6-4 所示。

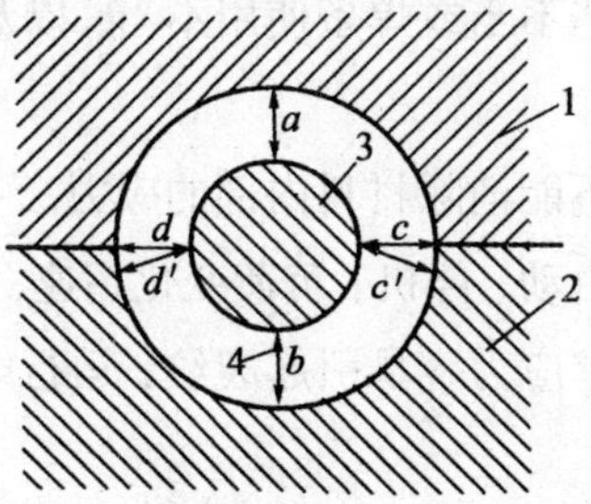

图 6-4　汽缸静垂弧及变形的测量

1—上汽缸；2—下汽缸；3—假轴；4—内径千分尺

①吊去上汽缸及下汽缸内的部分隔板和前、后轴封套，以便检修人员在汽缸内进行测量工作。

②吊进假轴承和假轴，并将假轴中心线调到与转子中心线一致。架好百分表，测量缸内各部位的洼窝中心数值，并做好记录。

③扣上内上缸，读出百分表数值，同时测量前、后轴封，中间部分隔板或静叶环洼窝中心，并做好记录。

④冷紧 1/3 汽缸螺栓，确保内缸接合面无间隙，再冷紧外缸法兰螺栓至接合面无间隙，读出百分表数值，并在同一位置再次测出前、后轴封及中间部分隔板洼窝中心，并做好记录。

⑤对原始数据和最后数据进行比较，两者之差即汽缸静垂弧或汽缸变形对洼窝中心的影响值。

汽缸静垂弧及变形直接影响汽轮机动、静间隙的测量和调整，所以在检修时必须掌握每个汽缸的静垂弧及变形对轴封、汽封洼窝中心和动、静间隙的影响值，以便检修调整时进行修正，使动、静间隙与实际相符。

五、汽缸检修特殊问题处理方法

1.汽缸裂纹的处理方法

汽缸裂纹多产生于下列部位：①各种变截面处，如调节汽门座、抽汽口与汽缸连接处，汽缸壁厚突变处等；②汽缸法兰接合面，多集中在调节级前的喷嘴室区段及螺孔周围；③汽缸上的制造厂原补焊区。

汽缸裂纹产生的原因非常复杂，涉及设计、制造及运行等多方面因素。归纳起来主要有以下几个方面。

①铸造工艺不当。汽缸各处壁厚不同，凝固速度不同，产生的应力也不同，这个铸造应力可把汽缸拉裂(形成表面裂纹或隐形裂纹)；同时铸造缺陷(如夹渣、气孔等)也可造成裂纹。

②补焊工艺不当。补焊工艺不当或焊条使用不当，以及补焊中的缺陷(如未焊透、夹渣、气孔等)也易造成裂纹。

③汽缸时效处理不当。如不能消除材料内部的应力。

④运行操作不当。运行中启动、停机、负荷变化超速，参数波动过大等，会使汽缸各部分产生过大温差应力，此温差应力容易引起裂纹；运行时机组振动过大也可导致汽缸裂纹。

出现裂纹以后要根据裂纹情况制订出具体的处理措施。在现场的工作条件下，一般采取的措施有打磨法、打磨补焊法和钻孔止裂法。

(1)打磨、铲除法。

打磨、铲除法应用于裂纹短也比较浅而且汽缸壁比较厚的情况。当裂纹不是很严重(深度小于5 mm)或裂纹所在位置又比较蹩手时，一般现场处理方法是用角向磨光机、直磨机打磨裂纹，或用扁铲、锉刀铲除裂纹。将裂纹打磨掉，并在磨口附近打磨成光滑过渡，然后进行着色检验，直到裂纹全部清除。检验剩余厚度，进行强度校核，如果剩余厚度仍然可以承受蒸气压力及参数变化即强度仍然够用的情况下，就不用补焊，打磨后处理工作就可结束。

(2)打磨补焊法。

在现场应用最为广泛、处理问题也比较彻底的方法是裂纹打磨以后进行补焊的方法。当裂纹深度很深，已经超过了汽缸强度允许范围，打磨后就要进行补焊。汽缸补焊一般可分为热焊接和冷焊接，采取哪种方法要根据汽缸的材料而定。

双层缸结构的高、中压内缸和单层缸结构的高、中压缸一般采用较高性能的耐热合金钢，最为常见的有ZG15Cr1Mo1V和ZG15CrV等，且焊接需要热焊。焊后需要进行处理，处理工艺如下。

①将汽缸裂纹打磨掉，采用着色检验的方法检验裂纹打磨的彻底与否。如果裂纹已经打磨彻底，将打磨口磨成U形焊口，要求U形焊口的上边缘要打磨成带有外R角的形状。

②由焊口向外150，300，500 mm处各加2个温度测点，温度测点一次性组件要用保温包包上。然后根据现场条件制订焊接工艺措施和安全措施。

③用感应涡流加热绕组缠绕在补焊处汽缸上或准备充足的烤把。

④根据汽缸材质选定焊条，并将焊条放在焊条干燥箱内加热干燥。

⑤给感应线圈通电，使汽缸开始加热，根据焊接工艺要求控制温升速度，加热到焊接要求的温度，并用感应线圈或烤把维持一定的温度。

⑥先将整个焊口薄薄的敷焊一层，如图6-5(a)所示。焊好一层后清理干净焊渣，并进行回火处理。回火后立即用长嘴刨锤敲击焊口以消除焊接应力。

⑦清扫干净焊口表面(用毛刷、组锉、刨锤及酒精等)后，开始按照图6-5(b)所示的

顺序进行依次焊接，焊接一层后回火、敲击消除焊接应力，直到焊满焊口位置。

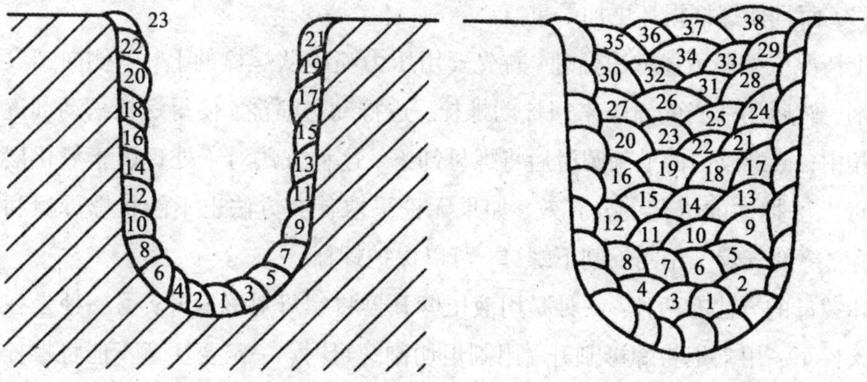

（a）敷焊焊接顺序　　　　（b）依次焊接顺序

图 6–5　汽缸补焊顺序

⑧全部焊接结束后，对焊口进行回火处理。冷却后，对焊口进行超声波探伤及着色检查。若发现裂纹，应分析原因，重新制订措施，重新打磨焊接直到再没有裂纹为止。

⑨补焊结束后检查汽缸变形情况。有一种情况是汽缸处于低压、低温工作区，采用的汽缸材质要求的标准就相对低一些。比如 ZG20CrMo，ZG20CrMoA，ZG20CrMoV 类材质适用于温度在 520 ℃以下的汽缸或隔板套；比如高、中压外缸和低压内缸，其补焊工艺要求可以用冷焊接方式（冷焊接就是焊接母体焊前预热，开始补焊后不再预热，清扫干净后直接施焊）。

（3）钻孔止裂法。

钻孔止裂法是在裂纹的两端各钻一孔，将裂纹截断隔离并防止裂纹继续延伸的方法。这种方法适用于裂纹较浅，且出现裂纹的部位非常蹩手，既难打磨也无法铲除的情况，是一种临时性措施。

其具体方法是：在裂纹的终结点部位用直径 6 mm 以下的钻头垂直向下钻孔。终结点位置宽敞时，钻孔可以采用手枪电钻、风钻等工具；在终结点位置非常狭窄的情况下，可以采用 90°手扳钻，因为手扳钻可以改变钻头长度，也可以调整旋转轴的长度，以适应各类情况的需要。钻孔深度应该和裂纹深度相同，也就是说裂纹钻没以后就可以停止，以尽可能避免汽缸强度的降低。在钻孔接近裂纹时，钻头应采用 150°圆钻角钻头，这样可以缓冲裂纹向两端发展。但未钻孔处的裂纹深度和方向无法控制，所以这种方法只在不得已的情况下使用。

2.螺母丝扣咬死的处理方法

在加热松动大螺栓的过程中，会遇到螺栓加热以后，虽然已经伸长且螺母也能拧动，但只拧动几扣以后就再也拧不动的情况。当螺母已经松动一段长度，向紧固的方向上还可以拧回去，但向松动方向拧不动时，说明螺栓的丝扣上可能出现毛刺或氧化层脱落。

此时不应使用过大的力矩硬扳，因为这样往往使螺纹上拉起的毛刺越来越多，不仅无法拧下螺母，而且使螺杆损坏更加严重。

以上情况应按照下述方法处理：首先要用压力喷壶从螺栓的上、下侧向螺纹上浇螺栓松动剂，然后用适当的力矩来回拧动螺栓，边拧动边喷浇，使得螺栓松动剂逐渐渗入螺栓丝扣中，待螺纹内的毛刺圆滑后将螺母卸下。这种方法对于处理由于氧化层脱落引起的螺母无法拧动的情况十分有效。如果无论采取什么方法也不能将螺母顺利拆卸下来，可请熟练的气焊工用割炬割下螺母，可以保护螺杆。

破坏螺母的方法有两种：一种是用液压劈开器将螺母对称劈开；另一种是在没有劈开器的条件下，用割炬将螺母割开。用割炬切割螺母时，一定要注意不能将螺栓的丝扣碰伤。用破坏螺母的方法解体的螺栓，在检修过程中必须进行金属探伤检查，必要时要进行热处理，同时要用车床或专用扳手将螺栓丝扣修复。

3.汽缸泄漏的处理

汽缸泄漏多数发生在上、下缸水平接合面高压轴封两侧。因为该处离汽缸接合面螺栓较远，温度变化较大，温度应力也较大，往往使汽缸产生塑性变形，而造成较大的接合面间隙，使这些部位发生泄漏。一般情况下，汽缸泄漏的原因除了制造厂设计不当之外，还有以下三种原因：①汽缸法兰螺栓预紧力不够；②汽缸法兰涂料不佳，如涂料内有杂质、涂刷不均匀或漏涂、涂料内有水分、涂料用错等；③汽缸法兰变形严重，接合面间隙较大。由于汽缸形状复杂、体积庞大，铸造后虽经过消除应力热处理，但仍存在残余内应力。当汽缸经过一段时间运行后，残留的内应力和运行中产生的温差应力相互作用，使汽缸变形，局部区域法兰接合面间隙过大。

根据汽缸泄漏的情况，大致有下列几种处理方法。

(1)用适当的填料密封。

当汽缸泄漏面积较小，接合面间隙在0.10 mm左右时，可用亚麻仁油加铁粉作涂料，涂于泄漏处或接合面间隙较大处，以消除泄漏。该涂料配置方法：将亚麻仁油用电炉煎熬约6 h，待亚麻仁油内水分蒸发完为止，使亚麻仁油有一定的黏性即可；加入25%的红粉、25%的铁粉和50%的黑粉，搅拌均匀，呈糨糊状即可使用。

(2)接合面处加密封带。

当汽缸泄漏处于高温区域且漏气不是很严重时，可在汽缸接合面泄漏区域的上缸，离内壁20~30 mm处开一条宽10 mm、深8 mm的槽。然后在槽内镶嵌1Cr18Ni9Ti不锈钢条，因1Cr18Ni9Ti材料的膨胀系数大于汽缸材料的膨胀系数，使汽缸在运行工况时增加密封紧力(约0.02 mm)，从而消除漏气。

(3)汽缸接合面加装齿形垫。

当汽缸接合面局部间隙较大，漏气严重时，可在上、下汽缸接合面上开宽50 mm、深

5 mm 的槽，中间镶嵌 1Cr18Ni9Ti 的齿形垫，如图 6-6 所示。齿形垫厚度一般比槽的深度大 0.05 mm 左右，并可用不锈钢垫片进行调整。

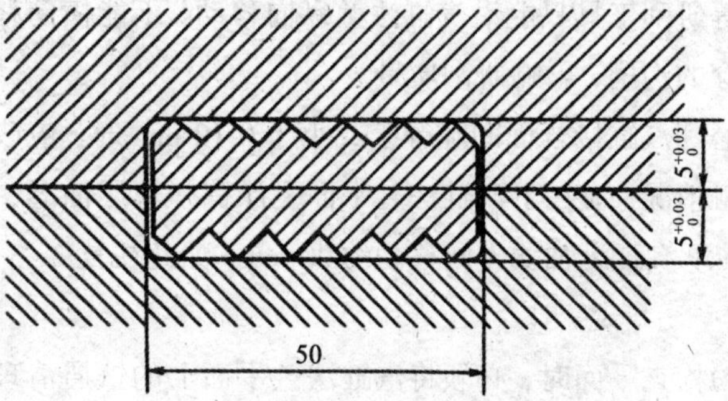

图 6-6　汽缸接合面加齿形垫

(4)汽缸接合面堆焊。

当汽缸漏气发生在低压汽缸的低压轴封处时，由于该处工作温度较低，一般采用局部堆焊来消除漏气。堆焊前将汽缸平面清理干净，用氧-乙炔焰焊嘴加热堆焊，堆焊后用小平板进行研刮，使其与法兰平面平齐。对于工作温度高的汽缸，因其材料焊接性能差，为防止汽缸裂纹，一般不采用堆焊方法处理漏气缺陷。

(5)汽缸接合面涂镀。

当低压汽缸接合面大面积漏气时，为了减小研刮汽缸接合面的工作量，可采用涂镀新工艺，即利用汽缸作阳极，涂具作阴极，在汽缸接合面上反复涂刷电解溶液。溶液的种类可按照汽缸材料和研刮工艺而定。涂镀层的厚度可按照汽缸接合面间隙大小而定，一般涂镀层厚度为 0.03~0.50 mm。涂镀层可用平尺或上汽缸合上进行研刮。用涂镀方法消除汽缸漏气，不需对汽缸加热，所以不会引起汽缸变形，操作简单方便。

(6)汽缸接合面研刮。

当汽缸多处出现漏洞，且接合面间隙大部分偏大时，可采用接合面研刮的方法。研刮工作一般分以下步骤。

①将上、下汽缸接合面清理干净，并扣上大盖，冷紧 1/3 汽缸螺栓，用塞尺检查汽缸内外壁接合面间隙，做好记录和记号。

②根据所测接合面间隙确定研刮基准面。一般情况下，以上汽缸为基准，研刮下汽缸平面。但是当汽缸变形严重时，上汽缸平面不平，此时应先将上汽缸翻转，用枕木垫平垫稳(注意汽缸静垂弧的影响)。然后，用平直尺或大平板检查和研刮平面，一般研刮到用平直尺检查间隙小于 0.05 mm 时，方可将上缸再翻转，作为研刮下汽缸平面的基准。

③当汽缸变形量大于 0.20 mm 时，应用平面砂轮机进行研刮。为防止研磨过量，可在下汽缸平面上按照变形量用手工研刮出基准点，一般为 10 mm×10 mm 的小方块，其深度为该处必须的研刮量。每隔 200 mm 左右研刮一个基准点。

④汽缸法兰平面研刮应注意下列事项。

❖汽缸接合面间隙最大处不能研刮。

❖研刮前必须将汽缸法兰平面上的氧化层用旧砂轮片打磨干净。

❖刮刀或锉刀等研刮工具只能沿汽缸法兰纵向移动，不能横向移动，以免汽缸法兰平面上产生内外贯穿的沟槽，影响研刮质量。

❖用砂轮机研磨到汽缸接合面间隙等于或小于 0.10 mm 时，应改用刮刀精刮。此时检查汽缸接合面接触情况，应在下汽缸法兰平面上涂擦一薄层油墨，用链条葫芦或千斤顶施力，使上汽缸在下汽缸沿轴线方向移动约 20 mm，如此往复 2~3 次，然后吊去上缸，按照印痕进行研刮。

❖用油墨或红粉检查平面时，必须将汽缸法兰平面上的铁屑清理干净，以防汽缸在往复移动时拉毛平面。

❖研刮标准为每平方厘米范围内有 1~2 个印痕，并用塞尺检查接合面间隙小于 0.05 mm。达到标准后用 00 号砂纸打磨，最后用细油石加汽轮机油进行研磨，使汽缸法兰表面粗糙度为 0.1~0.2 μm。

❖研刮结束后，应合缸测量各轴封、隔板等处的汽缸内孔的轴向、辐向尺寸，以确定是否需要镗汽缸各孔。

❖研刮前必须将前后轴承室和汽缸各疏水、抽汽等孔封闭好，以防铁屑、沙砾落入。

4.汽缸膨胀不畅的检修

汽缸膨胀不畅是高、中压分缸机组常见的故障，不但能延长机组启动时间，严重时可能造成汽缸跑偏、机组胀差值超标，甚至会导致动、静部件发生碰摩、主轴弯曲等严重后果。

(1)汽缸膨胀不畅的原因分析。

一般情况下，汽缸膨胀不畅可能有以下两个原因。

①轴承箱底部与台板之间的摩擦阻力偏大。

❖高、中压缸的轴承箱处于高温工作区域内，随着机组运行时间的增加，轴承箱底部的润滑油脂就会老化、变质，致使摩擦阻力增大。

❖汽缸轴封向外漏气，使轴承箱底部与台板之间生锈、腐蚀，加大摩擦阻力。

❖轴承箱下部的滑销系统卡涩。

②推拉结构不合理。

❖存在汽缸膨胀不畅的机组，在启、停过程中，其高、中压缸的膨胀和收缩多数是由猫爪来传递推力和拉力的。由于猫爪推拉装置的配合间隙很小，加之汽缸左、右两侧膨胀不可能很均匀，所以左、右两侧猫爪传递的推力和拉力也不相同，严重时只有一侧猫爪传递，从而会使轴承箱受到偏心的推(拉)力作用，造成轴承箱底部纵向键受力，发生摩擦卡涩，造成汽缸纵向膨胀不畅。

❖由于猫爪一侧受力，还会造成汽缸横向膨胀时一侧受阻，使汽缸的立销受力，严重时会使立销变形，造成汽缸跑偏。

❖猫爪推拉装置的承力点与轴承箱滑动面存在一定的高差，因此猫爪推拉轴承箱时会对轴承箱产生一个旋转力矩的作用，不利于轴承箱的顺畅膨胀。

(2)汽缸膨胀不畅的治理措施。

①减小轴承箱底部与台板之间的摩擦阻力。

❖将原来轴承箱底部弯多线长的大回路油槽堵死，重新开设容易注、排油的小回路油槽，并在轴承箱侧面开设注油孔和排油孔，便于运行中加注润滑油。

❖新油槽开设45°斜坡口，使润滑油容易进到轴承箱底部与台板间的接触面内部，使其能够起到良好的润滑作用。

❖将台板、轴承箱底面及与轴承箱配合的纵销上的锈蚀、斑点及毛刺打磨干净，将轴承箱与台板对研，经着色检查接触面积应达到75%以上，且轴承箱在台板上滑动自由。

❖在端部轴封外侧加挡汽板，防止漏出的蒸气进入轴承箱与台板之间。

②改进推拉装置。

❖猫爪横销的推力侧加工为2.5 mm间隙，使汽缸的横向膨胀更加顺畅，猫爪只起拉力作用，而不起推力作用。

❖轴承箱与汽缸之间加装H形中心推拉梁。汽缸膨胀时，将推力作用点转移到H形中心推拉梁上，可大大降低原猫爪作为承力点时对轴承箱产生的翻转力矩，使膨胀顺畅；汽缸收缩时，轴承箱与汽缸间力的传递是由猫爪和H形中心推拉梁共同传递的，这大大改善了原结构中单靠猫爪传递的情况。

六、翻缸

现代高压汽轮机的隔板很少直接固定在大盖上，正常大修不必翻缸，只在进行特殊检修作业(如研刮汽缸接合面等)时才进行翻缸工作，但小机组必须翻缸。

翻缸前，应将调节气门及凸轮轴拆下，清理现场的障碍物，保证翻缸场所有足够的面积，并准备好垫汽缸用的枕木及木板。

翻缸有双钩和单钩两种方法。由于双钩翻缸安全性高，故大型机组优先采用双钩翻缸，如图6-7(a)所示，使用大钩吊高压侧，小钩吊低压侧。钢丝绳最好使用专用卡环卡在大盖前后法兰的螺孔上。在翻转过程中，钢丝绳与汽缸棱角接触处，都应垫上木板、破布。行车找正后，大钩先起吊约100 mm，再起吊小钩。汽缸离开支架少许后，应全面检查所有吊具，确信已无问题才可继续起吊。吊起高度以保证当小钩松开后汽缸不碰地。逐渐将汽缸的全部重量转由大钩承担，缓慢全松小钩，如图6-7(b)所示。取下小钩的钢丝绳，将汽缸旋转180°，再将钢丝绳绕过尾部挂在小钩上，如图6-7(c)所示。使小钩拉紧钢丝绳，把汽缸低压侧稍微抬起，大钩才可慢慢松下，直到汽缸接合面成水平后，将汽缸平稳地放置在枕木架上。汽缸接合面保持水平，安放牢固，才可将两吊钩松去。

由于单钩法翻汽缸安全性较差，这里不予介绍。

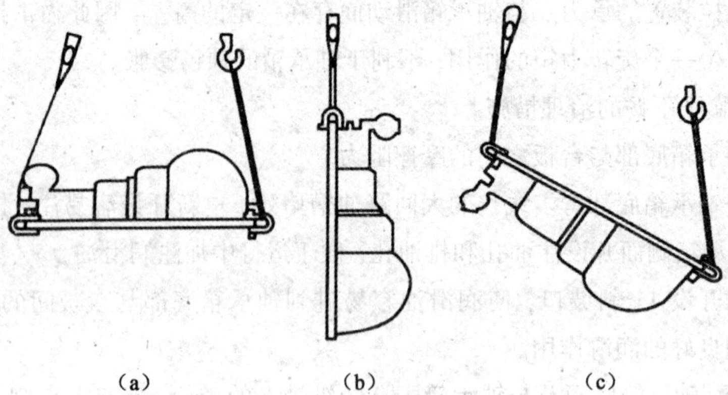

图 6-7　双钩翻缸

七、扣缸

汽轮机检修工作完成后，可进行最后的组装及扣缸工作。组装工作开始前，应将下汽缸及轴承座内的部件吊出，用抹布及压缩空气彻底清扫。将抽汽孔、疏水孔等处的临时封堵取出，喷嘴的封条撕下，认真检查汽缸、凝汽器及轴承座内部，必须清除一切杂物，用压缩空气检查各压力表孔是否畅通。扣缸工作从汽缸内吊装第一个部件开始，到大盖就位、冷紧接合面螺栓结束为止，应连续进行。因特殊原因工作中断时，需指定专人看守汽缸。汽缸内安装的每一个部件都必须经过仔细的检查和压缩空气清扫，严防杂物落入汽缸内。确保各部件组装正确，轴封套、隔板套等法兰连接螺栓要紧固封死。汽缸内部各部件组装结束后，应用行车盘动转子，用听音棒监听各隔板套、轴封套内有无摩擦声音。确信无摩擦现象方可正式扣缸。

从支架上吊起上汽缸时，应用水平仪检查水平接合面纵向及横向的水平度，其误差不许超过 0.3 mm/m。将法兰四角上的顶丝退回接合面内，并用压缩空气彻底清扫，上、下汽缸接合面的涂料可涂敷在下汽缸接合面上，涂料多采用精炼亚麻仁油（亚麻仁油的精炼是用文火保持油温为 130 ℃左右，使其水分蒸发，增加精度到拉出 10~15 mm 的黏丝为止）和小鳞状黑铅粉按照 1∶1 体积比调成。涂敷前最好将上汽缸先行试扣，确保上汽缸能落在下汽缸上，再将上汽缸吊起 200~300 mm 的高度，用厚度均匀的木块支撑汽缸四角，进行涂敷。涂料不得过厚，一般为了便于涂敷，可将涂料预热到 70~80 ℃。

汽缸整个落下的过程与揭缸时起吊过程一样，应注意保持汽缸内部无摩擦声，保持水平接合面的水平，防止螺栓与螺孔触碰。若发现汽缸有任何一部位连续两次没跟随大钩下落，应立即停止下落，重新找平再试落。若经三次试验仍然落不下，可能内部有卡涩现象，不应再强行下落，应将汽缸吊起，查找原因，消除缺陷后再重新扣缸。在汽缸未完全落靠前(接合面有 10~20 mm 间隙)，打入接合面的定位销子，使上、下汽缸正确对准，才可将汽缸完全落靠。接着进行冷紧接合面螺栓工作，以防止涂料干燥硬化，造成接合面泄漏。

第二节　隔板套、隔板检修

一、解体及注意事项

(1)上缸或上内缸吊开后，应及时向各隔板套连接螺栓内注入松动剂或煤油浸泡。同时测量检修前的隔板套、隔板水平中分面间隙，隔板或隔板套挂耳间隙，并将有关数据记录在检修卡片上。

(2)将各隔板套、隔板按照顺序做好编号，以防组装过程中错装造成返工。各螺母做好编号，以便回装时原螺栓配原螺母。

(3)拆卸各隔板套、隔板连接螺栓时，应小心谨慎，防止螺母、垫圈、扳子或锤头掉入抽汽孔内，若有异物掉入抽汽孔应及时设法取出。

(4)对于 300 MW 以上机组，静叶环部分螺母需热松，故采用电加热方法进行。

(5)确认吊装顺序，做好记录，并分别吊出上半部隔板套、隔板至指定位置，检查中分面有无漏气痕迹，并做好记录。

(6)检查下半部隔板中分面有无抬起，压板底部有无脱空现象。

(7)下半部物件待转子吊出后应逐个做好编号，再用吊车逐个吊出，放置于检修现场指定位置，保持整齐有序。物件下应垫木板或橡胶板。

(8)当隔板套、隔板全部吊出后，应立即将各抽汽口封堵好，以防检修过程中有异物落入。

(9)对具有隔板套的隔板应用专用工具将各级隔板抽出，并做好标记，见图 6-8。绝对禁止用钢丝绳直接穿入叶片中进行起吊。在起吊隔板过程中，吊车要找正。当隔板有卡涩时，应用铜锤轻轻敲击，待隔板活动后再继续起吊，注意不能摩擦、碰撞，不能强行起吊。

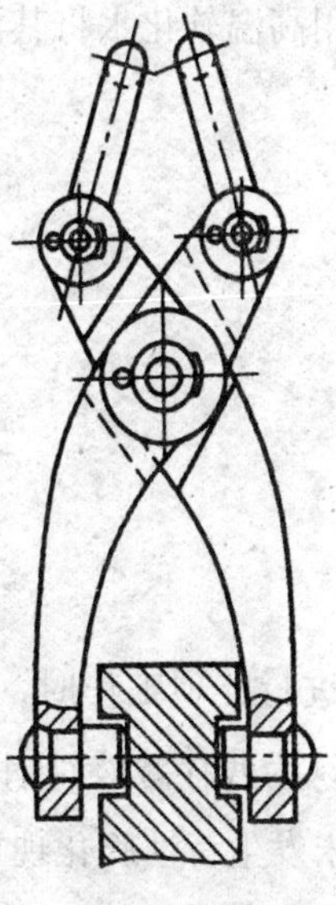

图 6-8　吊下隔板专用工具

二、隔板套、隔板的清理

(1) 在大修中，清理喷嘴(即清理静叶片上的积垢)是一个重要的检修项目。

由于蒸气品质不良，造成汽轮机动、静叶片结垢，具体成分与水质有关。其在蒸气中的溶解度与蒸气的压力和温度有关，往往是在机组某几级中，溶解度减少，大量析出，堵塞通道，导致汽轮机出力降低，推力增加，引起推力瓦烧损等事故。因此运行规程规定，监视段压力增高超过5%时，汽轮机应进行带负荷降温冲洗，可将动、静叶片表面较疏松的盐垢冲洗掉。剩下较为坚硬的盐垢，在大修中予以彻底清除。

在大修中，清理喷嘴可采用人工直接清扫、喷砂和化学除垢法三种方法清扫静叶片的正反面。

①人工直接清扫。当结垢不严重，检修时间充足时，常采用人工直接清扫的方法。人工使用刮刀、砂布、钢丝刷等工具进行清扫，要求能见金属光泽。注意，应将各拐角处均清扫干净，不要碰伤静叶片的尖部。

②喷砂除垢。这是目前广泛采用的方法。此法与使用喷砂清扫管子相似。为了防止喷砂时的污染，喷砂设备一般设在封闭的房屋内，工作人员在与喷砂间隔开的操作室内操作喷砂器进行清扫。喷砂清扫后的转子及隔板，要用软化水冲洗干净。由于喷砂时，沙砾的速度较高，所以冲刷作用很强。为了防止磨伤叶片，沙砾必须经过严格筛选，并用限制风压及调整喷枪距离的方法来控制其冲刷力。

③化学除垢。根据高压汽轮机叶片盐垢成分的化验资料统计，其中二氧化硅（SiO_2）占80%以上，它不能被水溶解。但在苛性钠（NaOH）溶液中，经化学反应生成硅酸钠（Na_2SiO_3）即水玻璃，用水便可将它冲洗干净。图6-9为用苛性钠溶液加热清洗动、静叶片的设备布置示意图。清洗时，将转子放在清洗箱中，沿圆周分3~4部分（90°~120°）依次浸煮。浸煮时间与碱液的浓度和温度成反比。通常采用的碱液浓度为30%~40%（按重量），用低压蒸气加热，保持碱液在沸腾状态（即120~140 ℃），从浸煮到盐垢变软（用小棍就能将盐垢拔下）约2 h。然后用高压软化水冲洗干净。为了尽量洗净附在金属上的碱液，应用高温软化水将其浸泡数小时。

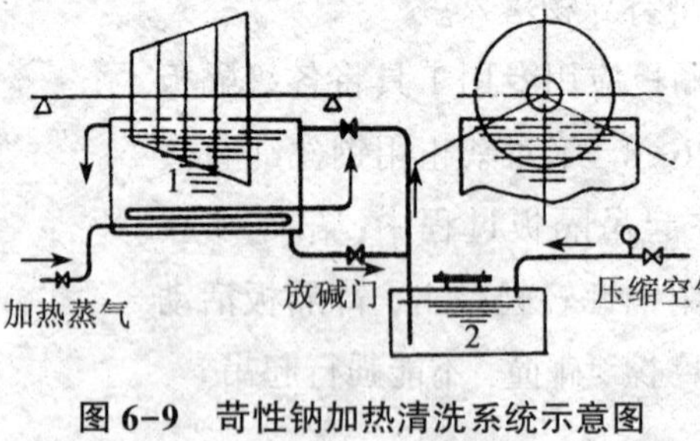

图6-9　苛性钠加热清洗系统示意图

1—清洗箱；2—储碱箱

在进行此项工作时，必须遵守使用强碱药物的安全规程。目前对碱洗法尚有争议，主要是认为残存碱液对钢材（包括不锈钢）有腐蚀作用。但某厂用碱洗法十多年的实战证实，尚未发生苛性脆化现象。

（2）严禁用砂轮机或角向磨光机进行清扫，防止增加叶片表面的粗糙度，改变叶片型线和挂耳的调整压板螺钉。上隔板的压块螺钉必须拆下清理，螺孔均用丝锥重新过丝、装复。

（3）隔板与隔板套或与汽缸的轴向配合面均用砂布清理干净，其余部位可用钢丝刷将浮垢清除。

三、隔板的检查和修整

（1）隔板外观的检查：隔板清洗后，对隔板逐级宏观检查，重点检查进、出汽侧有无与叶轮、叶片摩擦的痕迹；铸铁隔板的静叶片铸入处有无裂纹和剥落现象；静叶片有无伤痕、卷边、突起、松动、腐蚀、裂纹或组合不良现象；隔板、隔板套的挂耳有无松动、损伤现象；焊接隔板中分面处的两端静叶应重点检查有无脱焊、开裂、漏焊或腐蚀吹薄等现象；隔板套有无裂纹并进行隔板严密性检查。

（2）用小锤逐片轻敲隔板、静叶片做音响检查，判断其是否发音清脆、衰减适当，对有疑问的静叶片应用放大镜或着色法做进一步检查。

（3）对静叶片裂纹、缺口等缺陷进行整修，小缺口或小裂纹用圆挫修成圆角，裂纹较长时应在裂纹顶端打止延孔，出口边卷曲严重应做必要的热校正，较大缺口应补焊。

（4）宏观检查喷嘴片和喷嘴室，用小铜棒轻击喷嘴片做音响检查，并检查喷嘴固定端的销钉和靠近汽缸平面处的密封键。

四、检修后的质量标准

（1）隔板叶片清理修整后，应清洁光亮，无划痕、裂纹、松动、卷边、缺损等现象。

（2）隔板套、隔板水平接合面应光滑完整，无漏气痕迹。

（3）隔板各焊缝无漏焊、裂纹、脱落及其他严重缺陷。

（4）隔板套螺栓、隔板压板螺栓清理整修，螺纹牙形完整，压板与螺栓应按照原编号装配，必要时进行光谱分析以鉴定螺栓材质。

（5）高压喷嘴片、喷嘴室外观应无裂纹、缺口、卷边及脱焊。喷嘴组固定端的销钉无脱焊，密封键间隙为 0.02~0.04 mm。

（6）静叶片做加热校正时，温度应大于 700 ℃，2Cr13 材料的静叶片加热后应保温缓冷。静叶缺口补焊时，应选用同种钢材，制订专门的焊接工艺，并事先做小样试验。

（7）若隔板存在严重缺陷无法修复时，应更换新隔板。新隔板静叶的组装焊接质量做外表宏观检查，并在出厂时应有出厂合格证及挠度试验报告。

五、各部配合间隙的检查和测量

（1）隔板挂耳间隙的测量工艺及注意事项。

①隔板在下列情况下，应做上隔板挂耳间隙的测量和调整：隔板中心经过调整及挂

耳松动重新固定后；压销螺钉在运行中断裂；隔板、隔板套接合面不严密，怀疑是挂耳间隙不正确所致。

②测量方法有以下两种。

❖将上、下隔板组合，拧紧隔板套螺栓，然后测量。用千斤顶将上半隔板顶起，前后均用塞尺分别测出隔板接合面靠近外缘处的间隙，间隙的变化值便是挂耳上部间隙。测量挂耳下部间隙，可以在隔板套接合面上放置适当厚度的垫片，紧固对口螺栓，使隔板接合面出现明显间隙，这时用千斤顶顶起隔板前后，分别测量间隙的变化值（即挂耳上、下部间隙之和），再减去挂耳上部间隙，即得到挂耳下部间隙。

❖将上隔板套翻转至水平面朝上，此时上隔板挂耳上部间隙 a 变为零，如图 6-10 所示。拆隔板压销，用深度尺测量压销槽深度 e、隔板套水平面与挂耳表面的距离 d 及隔板与隔板套水平接合面的高度差 f_1 和 f_2。此时 $(d-e)$ 为挂耳上、下部间隙总和，(f_1+f_2) 为上挂耳上部间隙 a。

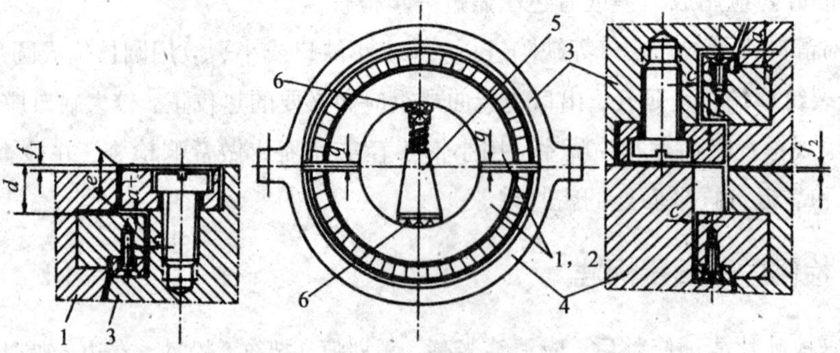

图 6-10　挂耳间隙测量

1—上隔板；2—下隔板；3—上隔板套；4—下隔板套；5—千斤顶；6—木板；c—挂耳与隔板套侧隙；q—上、下隔板水平接合面间隙

③间隙测量完毕后与标准值进行比较，若需要进行调整时，可以增减挂耳调整垫片的厚度；无调整垫片时，可直接在挂耳上或者压销上修锉或补焊。

（2）隔板内圆椭圆度的测量和修整。

①此工作应在隔板中分面间隙修整符合标准要求后进行。

②将上、下隔板合拢，用内径千分尺测量水平 a，b 及垂直 c 三个方向的直径，并加以比较，测量的最大值与最小值之差即椭圆度，如图 6-11 所示。

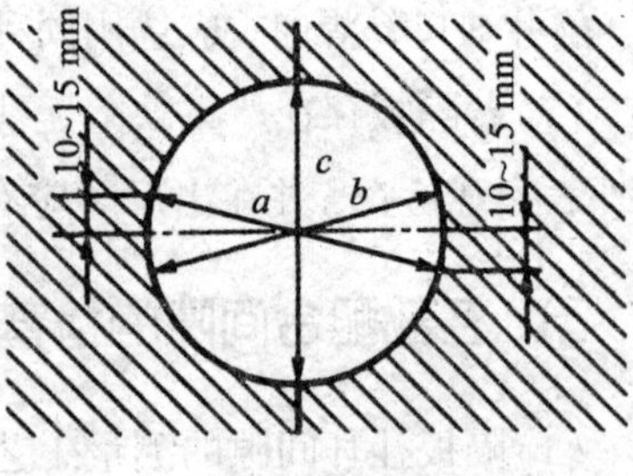

图 6-11　隔板内圆椭圆度测量

③合拢后，隔板汽封内圆单面错口不大于 0.30 mm，中心错口不大于 0.10 mm，轴向偏差不大于0.05 mm。

④若上、下隔板左右错口较大，可通过对隔板中

分面定位圆销重新钻孔的方法进行校正。

(3)轴向配合间隙测量及调整工艺。

将隔板吊入隔板套或汽缸内，在隔板轴向平面上左右各打一块百分表，用撬棍沿轴向来回撬动隔板，此时百分表读数差即轴向间隙。也可用塞尺直接测量，但准确度不高。

若轴向间隙偏大，一般在进汽侧点焊几点修平；若需在出汽侧加厚时，应加入半环形垫或整圆满焊配合面，但注意应严格执行焊接工艺的要求，防止施焊过程中隔板变形。总之，在调整轴向间隙时一定要遵守下列原则：保证出汽侧配合面严密；保证动静间隙合格。

(4)径向膨胀间隙测量调整工艺。

隔板及隔板套的径向膨胀间隙一般在大修中不进行测量，只有在隔板和隔板套中心位置做较大的调整、隔板套或汽缸接合面经过大量研刮后才进行测量检查。

径向膨胀间隙可用压铅丝方法测量。若间隙小，可将隔板或隔板套放在立车上，用偏心车旋方法车成椭圆。

(5)隔板挠度的测量工艺。

高、中压全部隔板和低压前两级隔板，在每次大修时应测量挠度值。低压其他各级隔板在叶片轴向间隙有异常变化时，应测量隔板挠度值。

第一次大修时，在测量位置做好永久记号，以后每次大修均以此位置作监视点。监视点位置设在水平中分面附近，分别选出相互对应的六点 A，B，C，A'，B'，C'，如图 6-12所示。将隔板进口侧向上，清除测量部位处的锈斑垃圾。使用专用的长平尺放在隔板上，用精确度为 0.02 mm 的游标尺或内径千分尺测监视点与平尺间的相对间隙或距离，并通过与原始数据对照，计算出叶片根部及汽封处挠度值。

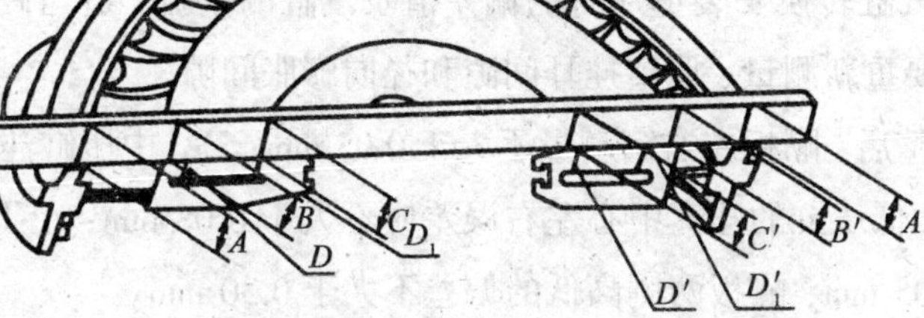

图 6-12　隔板挠度测量

缺乏监视点的原始数据或对监视点数据有疑问时，可用直尺沿中分面密封键侧面搁置，用塞尺测量 D，D'，D_1，D_1'处间隙，并按照键槽长度比例测出隔板体变形数据，或在隔板沿中分面处搁直尺，测量隔板进口边与汽封槽的实际尺寸，并对照制造图纸算出隔板汽封挡处变形值，以作校核。

各级隔板的挠度值与上次大修记录比较应无明显的改变，一个大修间隙变形量应小于0.05m，若累计变形量大于1.0 mm时，应做隔板挠度试验或汇报上级研究处理方案。

(6)隔板洼窝中心测量及调整。

①隔板洼窝中心的测量。

确认隔板、隔板套各部位已清理干净，各挂耳处及底键处清洁无杂物、无毛刺；将其吊入汽缸后各径向膨胀间隙已符合标准要求；检查隔板、隔板套是否放实，左右无窜动等不良缺陷。以上问题处理合格后方可找洼窝中心。

吊进假轴，按照找中后的实际位置将假轴调整好并固定牢靠。用百分表或内径千分尺测量下隔板的左、下、右三点距假轴的距离，如图6-13所示。

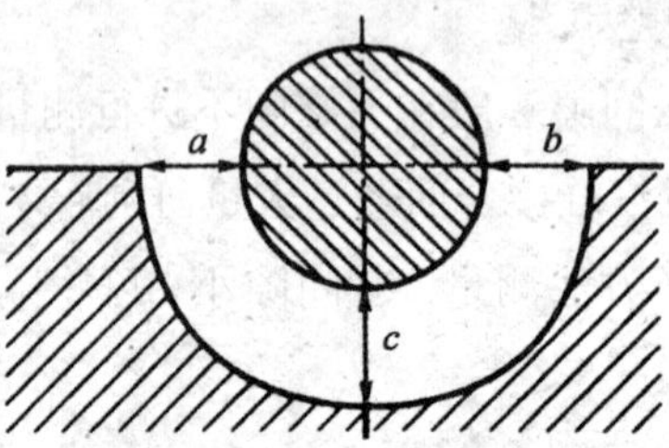

图6-13　隔板洼窝中心测量

水平方向的偏心差是左右间隙差的一半，即$(a-b)/2$；垂直方向的偏心差是下部间隙与左右间隙平均值之差，即$c-(a+b)/2$。若$a-b$为正值，说明被测隔板中心线偏向左侧，反之偏向右侧；若$c-(a+b)/2$为正值时，说明被测隔板中心线偏低，反之则偏高。

②隔板洼窝中心的调整工艺。

隔板洼窝中心偏差超过标准时，应做相应调整。垂直方向偏差时，靠增减两侧挂耳下的调整垫片来调整；水平方向偏差时，一侧加偏差值的1/2，另一侧减偏差值的1/2，其影响值为单侧调整量的1/2。一般情况下综合考虑上下左右的偏差。若水平方向偏差大于0.30 mm，则需处理底键，可将底键一侧补焊，另一侧修锉以达到水平移动的目的。调整时，应核对汽缸转换安装垫片时的偏差值及汽缸的垂弧，适当修整调整量。隔板洼窝中心调整后，要重新测量、调整挂耳间隙和径向膨胀间隙。

洼窝中心调整后，隔板左右窜动量不大于0.05 mm；高、中压缸洼窝中心左右误差应不大于0.05 mm，低压缸的洼窝中心左右误差应不大于0.08 mm；上下偏差只允许偏下，其数值不大于0.05 mm；隔板两侧高低的偏差不大于0.30 mm。

(7)隔板、平衡鼓、轴封壳膨胀间隙的测量工艺及调整。

汽轮机转子中心的调整，使轴封壳、隔板、静叶环等洼窝中心也随之调整，破坏了这些部件安装时的膨胀间隙。膨胀间隙小于轴封壳、隔板、膨胀间隙的标准值，由于隔板、轴封壳的质量远远小于汽缸的质量，机组启动时，隔板温度必然高于汽缸温度，往往导致膨胀受阻。当膨胀产生的力大于某些部位的材料屈服极限时，就会产生变形或碎裂；当膨胀间隙消失或将汽缸顶住时，往往导致汽缸接合面漏气。膨胀间隙太大，会使隔板在运行中因为蒸气作用力而浮起，导致隔板接合面漏气，因而增加了对动叶片的附加扰动力。因此，对轴封壳、隔板等洼窝中心调整结束后，应测量和调整它们的膨胀值。

将上、下隔板，轴封等分别吊入上、下汽缸。用磁性百分表架装好百分表，然后把磁性表架放在汽缸平面上。百分表杆架在隔板、轴封套等中分面平面读数。然后，轻轻将表杆提起，移动表架，把表杆搭在汽缸表面上读数，两者之差便是被测隔板、轴封套与汽缸平面的高低值。令汽缸高为正、低为负，以此对隔板、静叶环、轴封壳等测得上、下、左、右共 4 个差值，并求出它们的代数和后除以 2，即隔板、轴封壳等顶部的膨胀间隙。当此间隙小于标准时，应将上半隔板、轴封壳等顶部车去所需要的膨胀量。然后，在隔板顶部加防止隔板上浮的销钉，它与汽缸的间隙为 0.5～0.6 mm。当轴封壳、膨胀间隙过大时，可以不作处理，因为上、下轴封壳，静叶环均用螺栓紧固，没有上浮的可能。对于下半部分的膨胀间隙可以采用压铅丝法测量。

(8)隔板、隔板套接合面严密性检查。

隔板、隔板套接合面往往存在明显的间隙，尤其变形严重的部件，其接合面间隙达 1 mm以上，致使机组在运行中出现蒸气泄漏，造成接合面冲刷，同时也影响隔板汽封间隙。因此，在大修中必须检查和修复隔板、隔板套的严密性。

隔板、隔板套清扫、修整工作结束，各部位挂耳间隙已调合格，隔板轮缘与槽道、密封键配合间隙符合标准值，以上各项确认无误后，方可进行严密性检查工作。

将上、下半隔板套组合，紧固 1/3 接合面螺栓，用塞尺检查接合面间隙，若 0.10 mm 塞尺塞不进即合格。

隔板套接合面严密性合格后，再检查隔板接合面严密性。若隔板接合面存在间隙，应重点检查以下部位并修复：隔板压销或挂耳是否凸出接合面，若凸出，按照标准间隙修复；定位销及销孔是否存在毛刺和杂物，若存在毛刺和杂物，设法消除；接合面上有无毛刺、机械损伤部位，或法兰是否发生变形，若变形严重应更换密封键，重新调整配合间隙。

六、隔板、隔板套的组装

(1)用压缩空气将检修合格的隔板、隔板套及汽缸吹干净，各汽道、抽汽孔逐孔检查，应无杂物。

(2)按照解体编号和组装先后顺序，将各级隔板、下半隔板套外凸缘配合部位涂高温防锈剂，安全地回装在下半隔板套或汽缸内，并落实。

(3)上隔板的压销螺栓涂高温防锈剂回装紧固，压销螺栓头部应低于压销平面，压销应低于隔板套接合面，然后将上半隔板套翻过来，以免落入杂物。

(4)低压隔板、隔板套回装时，要注意方向，防止装反。

(5)待动、静通流间隙调整合格，转子轴向定位完毕后，可以进行上半隔板、隔板套的回装工作，但要注意回装顺序。

(6)上半部件回装后，将连接螺栓的螺纹部分涂高温防锈剂，带上螺母，确保原螺栓垫圈、螺母匹配。需要热紧的螺栓在紧固前先测量自由状态长度，做好记录，然后按照厂家给定的热紧弧长或角度将其紧固。

(7)测量组装后接合面和挂耳的间隙，做好记录。

(8)测量热紧后的螺栓伸长量，做好记录。伸长量不符合标准时，应再热紧使其达到标准值。

七、检修过程中特殊问题的处理方法

(1)上隔板压销螺栓难以拆卸的处理方法。

对于难以拆卸的螺栓，不可硬拆，应先浇注煤油或松动剂浸泡一段时间，然后用螺钉旋具、手锤轻敲螺栓，可正反方向施力使其松动或用小铜棒轻敲压块，待松动剂渗入明显、有气泡外冒时再松螺栓。对位置不方便且难以拆卸的螺栓，可用一个螺孔小于螺栓头的螺母与螺栓施焊后，用扳手将螺栓拆下，见图 6-14。但对于实在拆不下的螺栓，可用钻头钻孔取出螺栓再攻螺纹。

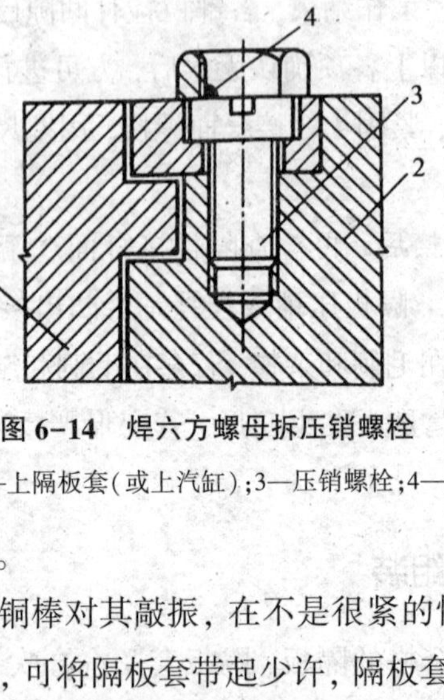

图 6-14　焊六方螺母拆压销螺栓

1—隔板；2—上隔板套(或上汽缸)；3—压销螺栓；4—六方螺母

(2)隔板卡涩的处理方法。

①用行车吊住隔板，用纯铜棒对其敲振，在不是很紧的情况下一般可以慢慢取出隔板。若隔板套内隔板吊不出时，可将隔板套带起少许，隔板套平面垫以纯铜棒，用大锤向下敲击水平面，使隔板与隔板套脱开，如图 6-15 所示。

②隔板套内隔板拆卸时可对隔板套适当加热，也可将隔板套对应位置打孔攻螺纹，用螺栓将其顶出，然后将隔板套的螺孔堵住，如图 6-16 所示。

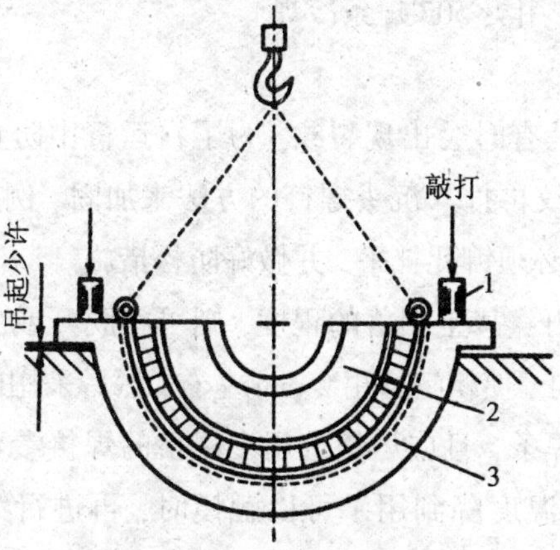

图 6-15　敲击法取隔板

1—紫铜棒;2—隔板;3—隔板套

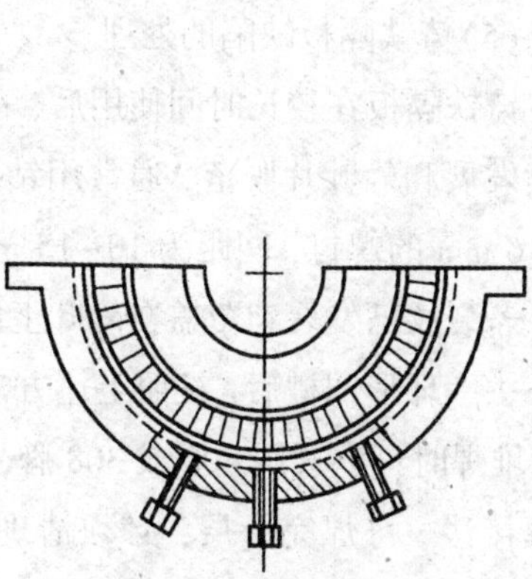

图 6-16　顶丝法取隔板

③实在难以拆卸的隔板，可用专用工具固定在汽缸或隔板套平面上，用螺栓将隔板拉出，或用千斤顶顶出，如图 6-17 所示。

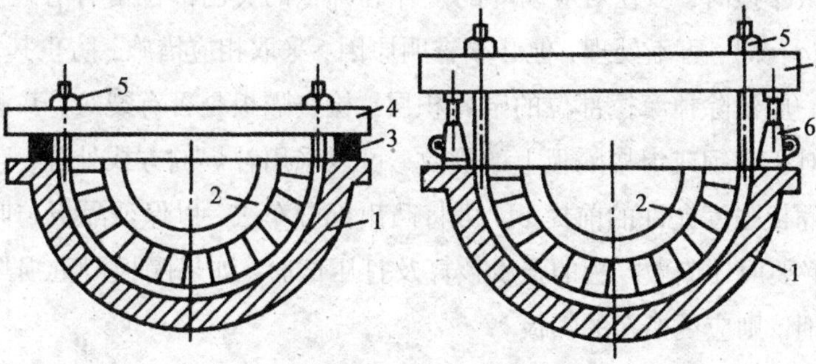

图 6-17　螺栓抽取法取隔板

1—隔板套(或汽缸);2—隔板;3—垫块;4—横梁;5—螺栓;6—千斤顶

④隔板吊出后，应对隔板和内缸或隔板套的配合尺寸仔细测量，要查清是由于轴向间隙小还是隔板拉毛或隔板在运行中塑性变形所致。对于轴向间隙小或变形隔板，上车床找正并将配合面光平，保证足够的配合间隙。严禁采用锤击的方法强行将落不到位的隔板或隔板套打入槽道。

(3)上、下隔板或隔板套中分面有间隙的处理方法。

检查下隔板或下隔板套的挂耳是否和上部相碰，在修整中，此处间隙应作测量。检查隔板中分面横向定位键有无装错或变形，必要时进行修锉处理，并检查其螺钉有无高出横键的现象。检查隔板压销和螺栓是否高出隔板套水平面，如存在此现象应修锉。

(4)隔板静叶出现裂纹、脱焊的处理方法。

静叶边缘的小裂纹，可将有裂纹处的部分修去，低压缸的较大静叶也可根据其位置打 ϕ4 mm 的止裂孔。对较大的裂纹应顺纹路磨出坡口，用奥 507 焊条冷焊。焊接隔板的脱焊可用角向磨光机、风动砂轮将裂纹清除，用奥507焊条冷焊。

(5)铸铁隔板缺陷的处理。

铸铁隔板在较长时间使用后，静叶浇注处有时会出现裂纹。为了在运行中防止裂纹继续发展和静叶片脱落，通常用钻孔后攻螺纹再拧入沉头螺钉的方法来加固。例如，取ϕ5~6 mm的螺钉，间距为10~15 m，拧入后必须铆死挫平，并做好防松措施。

若裂纹已发展到覆盖在静叶上的铸铁脱开，甚至剥落的程度，则可将脱开或剥落部分车去一环形凹槽后，按照上述方法拧入螺钉，使螺钉露出2 mm左右，然后采用电焊堆焊。堆焊时可以选用408或308牌号的铸铁焊条，且应尽量选用小规格的焊接参数及分层焊接法。每焊完一层，必须清理干净，待温度降到用手可以触摸时，再进行第二层施焊。

裂纹较多或严重时，应考虑更换新隔板。

(6)叶轮与隔板发生摩擦。

叶轮与隔板发生摩擦的原因大致有轴向间隙过小、轴向位移过大或隔板产生变形等。当发生轻微摩擦时，多在对应动叶的复环和叶根的突出部位留有磨痕。它不会危及到机组的安全运行时，可不处理，但必须查明原因，采取相应措施，防止其再次发生。若发生严重摩擦，应清除掉摩擦部位的金属积层，检查隔板是否有裂纹，并测量隔板的弯曲变形情况。对于铸钢或焊接隔板上的裂纹，可以采用补焊的方式处理。若隔板已产生永久变形，在隔板强度允许的前提下，可将凸出部分车去，以保证隔板与叶轮的轴向间隙符合要求。必要时还应做隔板的强度核算及打压试验。如果隔板严重损坏或因强度不足不允许车削时，则应更换新的隔板。

(7)隔板静叶局部缺损的处理方法。

隔板静叶在运行中由于某种原因(如机组安装或检修后吹管没有吹净，而主汽门前网子的孔又大了一些或网子后面有作业，留下焊渣，致使其进入汽缸等)可能受到损伤，而产生局部缺损。

①将缺损部位清理干净，确定缺损程度，如果缺损的面积超过300 mm^2，就需要进行补焊；补焊的方法比较复杂，首先需要将缺损部位打磨平滑，并用酒精清洗干净；然后根据制订的焊接措施进行加热，选取合适的焊条进行补焊；补焊以后要进行热处理；在补焊前后要测量隔板变形情况，应采取防止隔板变形的措施，如加工必要的工具，将隔板固定后进行加热、补焊。

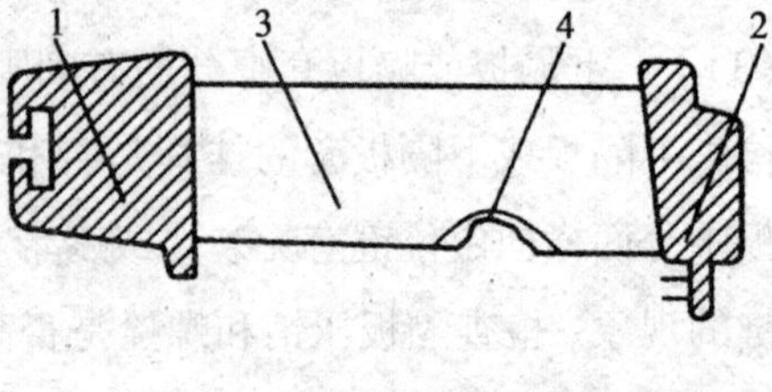

图6-18　隔板静叶局部缺损处理

1—隔板体；2—隔板外缘；3—隔板静叶片；4—缺损部位

②如果缺损的面积在300 mm^{2}范围内，则无须补焊。一般情况下，检修现场

采取的方法是将伤口用直磨机磨成平滑过渡的形式，如图 6-18 所示。打磨过程如下：首先将缺损部位清理干净，用粉笔画出要磨出的形状；然后用直磨机或风动直磨机进行修型，修型过程中要时刻注意不要加力过大，防止扩大磨掉部位范围；磨成形以后要进行清理，将磨出的毛刺清理干净，再用合适的磨头将进、出汽侧平滑过渡。

第三节　汽封检修

一、汽封检修应具备的条件

(1)检修工具准备齐全。

(2)解体后，汽封各部间隙测量完毕。

(3)汽轮机解体工作结束，将汽封套吊出汽缸。

二、汽封的拆装

机组每次大修时，均应将轴封和隔板汽封的汽封块全部拆下进行清理检查，具体拆装工艺步骤如下。

(1)拆前应仔细检查汽封齿的磨损情况，做好记录，供分析有关问题时参考。

(2)拆下固定汽封的压板。沿各汽封套的各凹槽中取出汽封块，并做好标记。一台汽轮机上汽封块的数量非常多，拆卸后极易摘错位置。位置错乱会给汽封环的组装工作及汽封间的调整工作增加很大的麻烦。故汽封块拆下后，应及时打上标记。目前，许多电厂采用分环绑扎的方式挂以标牌，或装在专用的汽封盒内，并做好标记。最好的标记方法是直接在汽封块侧面成汽时，齿间分别打上表示环及环内位置的序号，这样能够准确地标记。

(3)拆下的弹簧片按照材质和尺寸的不同分别保管。弹簧片的材质因使用温度不同而不一样。分别保管，可防止将低温部分使用的弹簧片误用到高温部分，以免在运行中因弹力消失，而使汽封间隙增大。

(4)对于因汽封块锈蚀而取不出的汽封块，应先用松动剂或煤油浸泡，用细铜棒插在汽封齿之间，用手锤在垂直方向敲打铜棒来振动汽封块。如果汽封块上下能活动，可用专用起子或铜棒倾斜敲打汽封块，使汽封块边振边从槽道中滑出来。严禁用起子或锐性工具击打汽封块的端面，防止打伤汽封块。当汽封块露出接合面 50~100 mm 长的弧段后，就可用手将其拔出。

(5)对于汽封块锈蚀严重的，应用松动剂或煤油充分浸泡，然后用 $\phi10$ mm 的铜棒弯成相应的汽封的弧形，并将报废的汽封块顶着汽封块的端面，用手锤将汽封打出来。手锤打击的力量不能过大，更不能用圆钢代替铜棒，以避免直接打击汽封块端面引起变形。

(6)当汽封块卡死取不出时，可用车床将汽封块车去，并做好记录，准备备件。

(7)汽封块组装应具备的条件如下：

①汽封块清理、修理结束，并符合要求；

②隔板(隔板套)、汽封套修理及注窝找中心工作结束；

③汽封块的径向间隙调整结束；

④汽封块与隔板、汽封套轴向间隙配准，动、静部分轴向间隙配准，汽封块整圈膨胀间隙配准。

(8)将清扫合格的汽封块背弧和汽封套槽道内涂二硫化钼或高温防锈剂，按照解体时所做标记依次回装。对于不是对称的高低齿汽封块，应注意不要装反。

(9)汽封块、弹簧片应齐全。汽封块与槽道配合应适当，如果装配过紧，应用细锉刀修挫，严禁将装配过紧的汽封块强行打入槽道内。

(10)组装好的汽封块、压块、弹簧片，不得高于汽封套(或隔板)接合面。汽封齿径向和轴向无明显错开现象，汽封块接头端面应研合，无间隙。

(11)组装合格后的整圈汽封，总碰撞间隙为0.3~0.6 mm。

三、汽封的检查、整修

(1)检查汽封套、隔板汽封凹槽、汽封块、弹簧片时，应确保无污垢、锈蚀、断裂、弯曲变形和毛刺等缺陷。汽封套在汽封注窝内不得晃动，其各部间隙应符合制造厂的规定，以确保其自由膨胀。

(2)弹簧片要用砂布擦干净，检查其弹性，良好的弹簧片应能保证汽封块在对应凹槽内具有良好的退让性能，不合格的应更换备件。注意核对弹簧片的材质和规格，避免将低温处的弹簧片用到高温处。检查弹性的方法是：用手将汽封块压入，松手后又能很快复位，并听到清脆的嗒声为弹性良好。

(3)汽封块梳齿轻微磨损、发生卷曲时，应用钢丝钳扳正扶直，并用汽封专用刮刀将梳齿尖刮薄、削尖，尽量避免将齿尖刮出圆角。如果汽封块磨损严重，应更换备品。

(4)对于可调式汽封块，检查时应拆除汽封块背弧的压板及螺栓，将其清理干净，螺孔应用丝锥重新过丝，螺栓涂高温防锈剂后装复。

(5)对于通流部分汽封，检查径向汽封齿(阻汽片)是否松脱、倒伏、缺损、断裂，齿尖是否磨损。对轻度摩擦、撞击造成的磨损、倒伏，应将其扳直并去除毛刺；对损坏严重的汽封齿，应重新镶齿。

(6)J形汽封最容易被损坏，应根据损坏程度，予以更换。J形汽封损坏的原因有两个：一是因为蒸气中带有的铁屑和杂质进入汽封片中所致；二是因为检修中多次反复平直，造成根部断裂。

四、汽封检修注意事项及质量标准

(1)汽封块没有敲击活动之前，不能在汽封端部用铜棒硬性敲击汽封块，防止把汽封块砸变形。另外，用扁铲或起子打入两块汽封块对接缝隙中将汽封块撑开的拆卸方法，往往会损坏汽封块端面及汽封齿，是不可取的。

(2)汽封间隙测量时，要仔细检查转子是否在工作位置，汽封齿有无掉齿现象。

(3)汽封块安装时，相邻的汽封环接口不能在一条线上，要错开接口，即第一环长的一块放在中间，则第二环就要将长的一块汽封放在端部。这样，相邻两环接口就相互错开。

(4)无论是用压铅丝方法测量汽封间隙还是用粘胶布的方法测量汽封间隙，都要确保粘牢，不能有任何松动，否则测出的间隙不准确。

(5)组装汽封块时，汽封块不能装反，更不能将低温处的弹簧片用在高温处，以防止运行中弹力消失，使汽封间隙变大。

(6)汽封块装复应用手向下压，且松手后汽封块应能弹动自如、不卡涩，各段汽封齿的接头处应圆滑过渡，不应有高低。

(7)汽封块的压板及其螺钉应低于中分面 0.5~0.8 mm。

(8)汽封块与隔板或汽封套的轴向配合间隙为 0.05~0.10 mm。

五、汽封间隙的测量及调整

汽封检修中非常重要的一项工作就是测量及调整间隙，包括轴端汽封和隔板汽封间隙的测量及调整。实践证明，高压缸前汽封间隙每增加 0.10 mm，轴封漏气量就会增加 1.0~1.5 t/h；高压部分各级隔板汽封间隙每增加 0.10 mm，级效率将降低 0.4%~0.6%。如果隔板汽封漏气量增加，转子的轴向推力将加大，在一定程度上会影响汽轮机的安全运行。因此，汽封间隙在每次检修过程中均应按照标准进行调整。

实际上，汽封轴向间隙的测量是比较困难的，只有下半汽封在水平接合面处的间隙值，在上半汽封揭开的情况下，可用塞尺直接测量。其余部位的间隙值，目前都只能作间接测量。另一方面，上、下的汽封间隙值还受到汽缸自然垂弧的影响，因此，要正确测出机组在组合状态的汽封间隙值，就不得不在汽缸组合状态下进行间隙的测量工作。粘胶布法是目前使用最普遍的测量方法。

1.粘胶布法

测量汽封间隙时，在每一块汽封块上贴上一道由数层白胶布(药用胶布)粘叠在一起的胶布带。胶布的层数取决于所需检查的间隙大小及胶布的厚度。

粘放前，做试验分别测出汽封 1 层、2 层、3 层、4 层胶布的厚度。测量胶布厚度时，卡尺不能吃力，因为胶布是软件，卡尺吃力就会造成厚度变小。现场使用的胶布一般是1层0.25 mm、2层0.55 mm、3层0.80 mm、4层1.10 mm。汽封间隙通常为0.3~0.7 mm，因此常用三层白胶布带。各层胶布宽度依次减少5~7 mm，呈阶梯形粘贴在一起，并依转子转动方向增加层数，以减少胶布被刮掉的可能性。

暂时拆去汽封块的弹簧片，改用木楔子顶住汽封块，防止在压间隙时汽封块退让引起误差；另外，胶布不能粘在汽封块接缝处。随后，在转子汽封凹凸台涂一层红丹粉。将隔板套、轴封、转子、汽缸大盖等依次进行临时组合。在吊装转子时，抹有红丹粉的弧段应朝上，落下后将其盘转到下方，以免在吊装过程中在胶布上摩擦上红丹印痕。紧部分汽缸接合面大螺栓，消除接合面间隙，使其符合组装状态，盘动转子转动数圈后就重新分解各部件，通过检查胶布带上接触红丹印的轻重来判断汽封间隙值的大小。

当三层胶布未接触时，表明汽封间隙大于0.75 mm；三层胶布刚见红色痕迹，表明汽封间隙为0.75 mm；三层胶布有较深红色痕迹，表明汽封间隙为0.65~0.70 mm；三层胶布表面压光颜色变紫，表明汽封间隙为0.55~0.60 mm；三层胶布表面磨光呈黑色或磨透、第二层刚见红色，表明汽封间隙为0.45~0.50 mm。

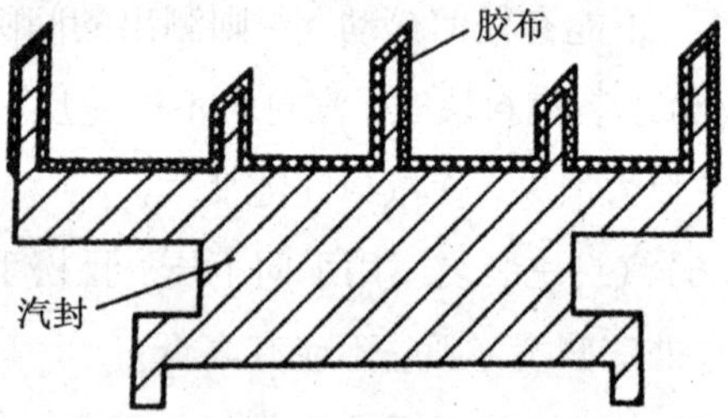

图6-19　测量汽封间隙时胶布的粘放方法

注意：在粘胶布前，汽封表面要清扫干净，不能有灰、锈、油，在清扫干净以后，最好用酒精清洗一遍，再用高压风吹扫一遍。这样，胶布才会粘实，不会翘起，不会出现假间隙。

2.压铅缝法测量汽封径向间隙

在转子未放入前，将下轴封(即隔板汽封块顶部)放入一根铅丝。转子放入后，在转子轴顶部正中沿轴向放入一根铅丝。然后再装入汽封套与上隔板，紧固接合面螺栓后，松开螺栓，吊走上隔板。测量铅丝尖口压入后的剩余厚度，作为汽封顶部与底部的径向间隙。铅丝在轴上不好摆放时，可以将铅丝拴在汽封顶部。测量汽封两侧间隙时，可用螺钉旋具顶住汽封块，使之不能退让后再用塞尺测量。塞尺塞入20~30 mm即可，注意不要塞得太紧，塞尺片不能超过3片。

3.用塞尺测量汽封间隙

用塞尺测量汽封间隙分为三种情况：一是测量接合面处汽封齿径向间隙；二是测量接合面处汽封齿轴向间隙；三是测量汽封块的膨胀间隙。测量汽封齿径向间隙时，应在汽封块背弧处用一个特制的斜块将其楔死，防止塞汽封间隙时汽封块向后退让而产生假间隙。然后用塞尺逐一进行测量，并做好记录。在测量间隙前，转子应放在工作位置，即转子推力面要靠在推力工作瓦的工作面上。测量轴向间隙要用到特殊液晶显示楔形尺，用楔形尺测量时，推拉杆要放平，斜面要插到位，否则测出的尺寸不准确。测量膨胀间隙时，应将汽封块组装在汽封槽内，并靠在一起且推向一侧。检查汽封块后面的弹簧片要全部弹起，使得汽封块靠近汽封槽内侧外弧。测量另一侧汽封块与接合面的高度差时，接合面放一个刀口尺，并使刀口尺与接合面充分接触，而后用塞尺塞入刀口尺与汽封块端部的间隙。该间隙即半圆上汽封块的膨胀间隙；再用同一种方法测量另外半圆汽封块的膨胀间隙，两个膨胀间隙之和即本环汽封的膨胀总间隙。校对汽封的径向间隙、轴向间隙和膨胀间隙与检修工艺标准是否吻合，如果有偏差，则需进行调整。

4.汽封间隙调整的原则

(1)因运行时，汽缸上下总存在温差，且下缸温度低于上缸温度，故下部汽封间隙应大于上部汽封间隙，且越靠近汽缸中部，下部间隙应越大。

(2)转子正常顺时针旋转，左侧间隙应大于右侧间隙。

(3)由于转子存在静挠度，则静挠度最大处的汽封下部间隙为最大，上部为最小。

(4)为了防止汽封与转子之间摩擦，汽封块应留有足够的退让间隙。例如，某厂BK-100-6型汽轮机规定：各段汽封左侧间隙比右侧间隙大 0.15~0.20 mm；高压前轴封下侧间隙比上侧间隙大 0.30 mm；高压隔板汽封下侧间隙比上侧间隙大 0.20 mm。

5.汽封径向间隙的调整方法

各制造厂对汽封径向间隙值都有明确的规定。对于轴端汽封，径向间隙一般为0.50~0.70 mm；对于枞树形汽封，径向间隙一般为 0.30~0.45 mm；对于铜齿的低压汽封，径向间隙一般为 0.30~0.40 mm；对于 J 形汽封，径向间隙一般为 0.40~0.65 mm；对于隔板汽封，径向间隙一般为 0.50~0.70 mm。机组在实际运行中，汽封齿经常与转子发生摩擦，故各电厂按照机组不同特点和检修积累的经验对汽封标准间隙的分配进行重新调整。在现场检修过程中，应按照各电厂给定的汽封间隙标准值进行调整。汽封径向间隙的调整可以分为间隙过大调整和间隙过小调整两种情况。

(1)汽封间隙过大调整。

由于汽封齿损坏或汽封严重变形使间隙严重超标时，应更换新汽封块；若汽封间隙超出标准值不是很大时，一般采取加工汽封定位内弧的方法，如图 6-20 所示。

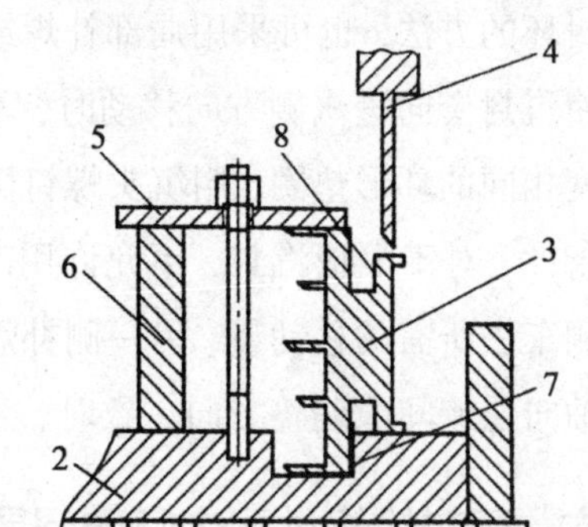

图 6-20　间隙大时加工定位内弧示意图

1—立式车床转盘；2—专用卡具；3—汽封；4—刀具；5—汽封压板；6—调整垫铁；7—调整垫片；8—需要加工的定位内弧

(2)汽封间隙过小调整。

由于更换新汽封块时，会使部分汽封间隙过小，因此合理的调整方法是加工修整汽封齿。但这种方法加工精确度较高、难度较大，而且耗费时间较长。

另一种比较简单、有效的方法是捻挤汽封定位内弧。这种方法在检修现场就可以实现。其具体方法是：先用游标卡尺测量汽封定位内弧与圆弧面 B 之间的距离，然后用尖铲或样冲在定位内弧侧面敲击出冲孔，则定位内侧背弧就会沿径向挤压出一个凸起点，如图 6-21 所示；测量凸起点与圆弧面 B 之间的距离，两次测量值之差就是汽封间隙在此点增大的值，间隙变化值如果与理想变化值不符，可进一步调整。若间隙调整过大，可用组锉将凸起点锉掉一点；若间隙调整过小，就再将冲孔冲大一点，直到汽封间隙合适为止。需要注意的是，在每块汽封上应多捻出几个凸起点，且应分布均匀。汽封定位内弧捻挤后，如果汽封退让间隙小于标准，应将汽封块圆弧面 B 车去相应量，以达到足够的退让间隙。

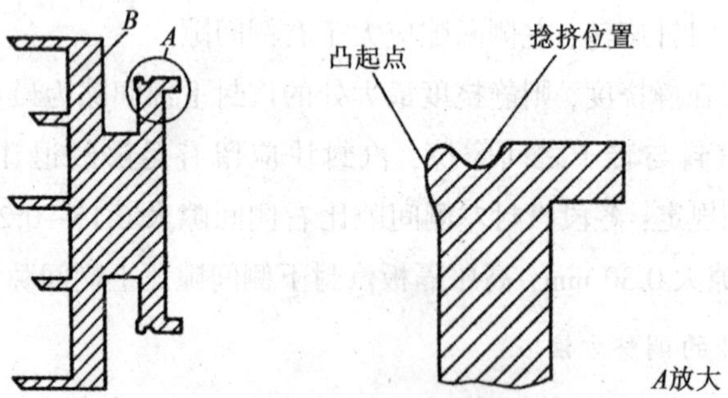

图 6-21　捻挤汽封背弧

6.汽封轴向间隙的调整方法

当检修中发现汽封轴向间隙不符合标准时，应予以调整，通常采用轴向移动汽封套或汽封环的方法，也可采用局部补焊或加销钉的方法进行调整。在为了调整汽封轴向间隙需使汽封套向进汽侧方向移动时，不能采用加销钉或局部补焊的方法，必须加装与凸缘宽度相同的环形垫圈，用沉头螺钉固定或满焊后加工的方法进行，以确保进汽侧端面的严密性。对于隔板汽封，不允许用改变隔板轴向位置的方法来调整，可采用将汽封块的一侧车去所需的移动量、另一侧补焊的方法来调整轴向间隙。当隔板汽封轴向间隙与隔板轴向通流间隙调整方向一致时，才能改变隔板轴向位置。

六、汽封检修过程中特殊问题的处理方法

1.汽封块锈死的处理方法

汽封块锈死、拆卸不动的现象在检修过程中经常遇到，无论如何敲击汽封块、喷洒各种松动剂都无济于事，因为汽封块和汽封槽道之间已经锈死。在这种情况下，汽封块的拆卸只能采取破坏性措施，其拆卸方法如图 6-22 所示。用装有定位极限和切割片的角

向磨光机，在劈开线位置将汽封块劈开成两半或三半，然后敲击或用铜棒砸出。

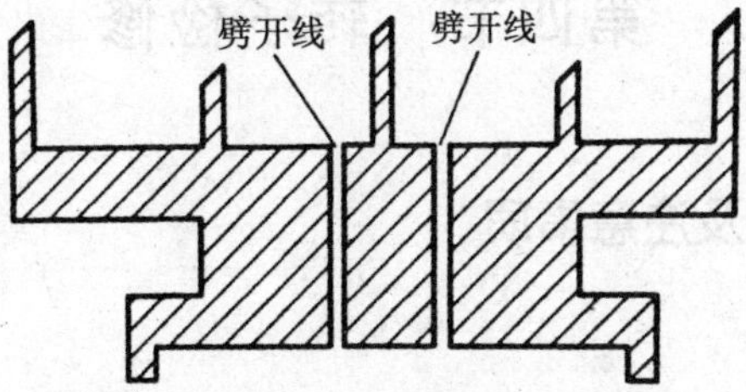

图 6-22　汽封拆卸劈开位置示意图

2.上半部汽封定位销锈死的处理方法

(1)轴向固定式汽封，如图 6-23 所示。由于其定位螺栓是一根穿透各圈汽封的长螺栓，敲击旋出比较困难，一般情况下锈死的几率比较大，而且锈死后唯一的选择是钻出来。钻出又细又长的螺栓比较困难，可以采用焊接加长杆钻头，螺栓孔本身是一段一段的，铁屑会随着孔部分的漏孔处排出。

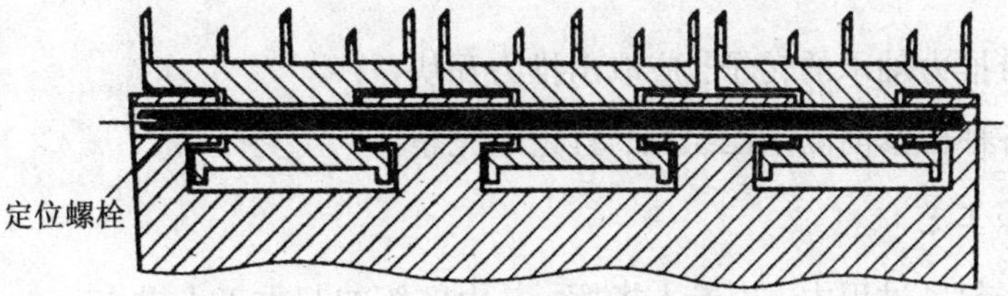

图 6-23　轴向固定式汽封示意图

(2)压销固定式汽封，如图 6-24 所示。如果压销螺栓锈死，采用钻取的方法比较方便，若条件允许，应将汽封套运到装有固定摇臂钻的地方去钻取压销螺栓。如果检修现场有磁座钻，也可以在现场钻取。将上半部汽封套翻过来，使接合面处于水平位置，汽封套下部要垫平稳，在汽封套接合面中吸附磁座钻，将压销螺栓中心找到，用中心钻钻出中心孔，换上合适的钻头。一般钻头直径比螺栓齿根径小 1.0~1.5 mm，钻孔深度要与螺栓长度基本相同。内孔钻够深度后，将螺纹向孔中心砸入，使得螺栓外径明显变小，再将螺栓旋出，清理螺孔，并用丝锥过一遍后再清扫。

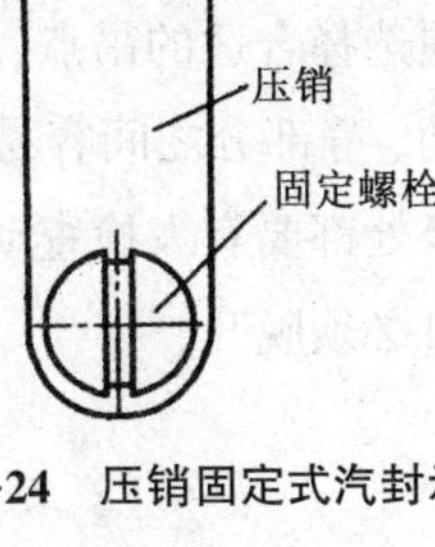

图 6-24　压销固定式汽封示意图

第四节　转子检修

一、转子起吊工艺及注意事项

1.起吊前的准备工作

(1)检查起吊转子专用工具、吊索、钢丝绳应完好无损。

(2)安装转子起吊时所用限位导轨，检查滑动面是否良好，并涂润滑油。

(3)将放转子用的专用支架放在汽轮机平台的指定位置，支架洼窝上应垫好毛毡等软性材料。

(4)确认联轴器螺栓已取出，对轮止口已脱开且不少于 3 mm。

(5)对于可倾瓦轴承，用压板将前、后轴承下瓦块压好，防止起吊时将瓦块带出损伤。

(6)对于带推力轴承的转子，应取出推力瓦块。

(7)确认各种检修前测量已结束，且记录完整。

2.转子起吊工艺

(1)在整个起吊过程中，由专人指挥，并由熟练的起重工人操作。

(2)用专用起吊工具将转子挂好，微速起吊，刚起吊后，用合像水平仪调整转子水平，其应与下缸水平一致，误差不得大于 0.10 mm/m。转子扬起方向应与下汽缸扬起方向相符，否则不得起吊。

(3)转子起吊过程中，在转子前、后、左、右均应派专人扶稳并监视。动、静部分之间不应有任何卡涩、碰撞现象，发现问题应立即叫停，并汇报给起吊指挥人。

(4)转子吊出后，应立即平稳地放置在专用转子支架上，支架洼窝上应垫好毡垫，并做好保护工作。

3.转子起吊过程中的注意事项

(1)使用专用起吊工具时，必须选择合适的吊点，不能损伤轴颈。

(2)转子起吊必须调平，否则动、静部分之间容易产生摩擦。

(3)起吊转子过程中，汽缸各级处都要有人检查动、静部分之间是否发生摩擦。

(4)转子起吊时，联轴器的止口必须脱开。

二、转子的清理与检查

汽轮机转子的清理，实际上是对叶片的清理。尽管对大容量机组配套的锅炉给水品质要求很高，但是汽轮机经过长期连续运行，在转子和隔板的叶片上均有各种成分组成的结垢。这些结垢使得汽轮机效率降低，同时对汽轮机的安全运行也构成严重的威胁。大量现场实例表明，厚度为0.0672 mm的积垢会使通流容积减小1%，级效率下降3%~4%，如果积垢剥落，汽轮机叶片表面就会变粗，因而使效率进一步下降。

由于结垢在蒸气中的溶解度与蒸气压力和温度有关，一般在中压和低压部分结垢较严重。但是对于汽轮机大修来说，为了提高机组内效率和发电的经济性，对整个汽轮机转子的清理是不可忽视的。

1.叶片的清理和检查

(1)叶片的清理。

汽轮机转子叶片清理的方法很多，主要有喷砂清理、手工清理、苛性钠(NaOH)溶液加热清洗等。下面对上述方法进行简要介绍。

①喷砂清理。

喷砂清理是现场清理叶片最直接、干净、彻底、方便的方法。它是用压力为0.5~0.6 MPa的压缩空气与粒度为每英寸(2.54 cm)40~50目的细河沙或80目氧化铝沙砾的混合物，经过喷枪产生高速喷射，将叶片上的结垢打磨掉。但此法有较多缺点，如尘土飞扬、环境污染严重、缩短叶片的使用寿命等。为了使喷砂取得较好的效果，必须对砂的种类、粒度，压力，喷嘴形式等进行合理的选择。

在用喷砂法清扫时，要用胶布把套装叶轮及轴封套之间的缝隙包好，用布把轴颈、推力盘及危急断器等轴头部件包好。

②手工清理。

手工清理就是用刮刀、砂布、钢丝锯等工具配合直接由人工进行叶片清理。这种方法比较笨拙，可在清理量比较小、锈蚀不是很严重的机组中使用。喷砂清理容易增加叶片表面粗糙度，对于叶片表面本来很光洁和没有较多腐蚀的机组，喷砂清理就不一定很合适，甚至会得不偿失，此时可改用手工清理。为弥补手工清理的不足，应对手工清理用的工具进行研究与改进。一般来说，按照叶片型线分别制作专用的钩刀或刀来对叶片进行清理，并用细砂纸打磨光滑。

③苛性钠(NaOH)溶液加热清洗。

叶片的锈垢中，有80%以上是SiO_2，其不能溶于水，在检修过程中，应用30%~40%浓度的苛性钠(NaOH)溶液加热到120~140 ℃浸泡叶片，使得SiO_2与苛性钠(NaOH)发生化学反应生成硅酸钠(Na_2SiO_3)，便可用水冲洗掉。

在用苛性钠(NaOH)溶液清洗时，要将轴颈、推力盘、危急遮断器等轴头部件及联轴器用布包好，以防止碱水溅到上面。

(2)叶片检查。

由于叶片受力情况比较复杂，工作条件恶劣，因而汽轮机事故多发生在叶片上。为此，在检修中应特别重视对叶片的检查。检查时，要对叶片进行逐级逐片的检查，且肉眼检查两次：第一次是在转子吊出汽缸后，第二次是在将叶片清理干净之后。

①叶片检查修整的内容如下。

❖重点检查以下部位有无裂纹：铆钉头根部及拉筋孔周围；叶片工作段向叶根过渡处；叶片进出口边缘受到腐蚀或损伤的地方；表面硬化区及焊有硬质合金片的对缝处；叶根的断面过渡处及铆孔处。

❖围带的铆接牢固程度，铆钉头有无剥落及裂纹。

❖拉筋脱焊、断裂、冲蚀的情况。

❖叶片的冲蚀、损伤情况。

❖末级叶片司太立合金片有无裂纹、脱落情况。

❖检查叶片积垢情况。

❖叶片振动频率检查。

❖叶根探伤检查。

②检查裂纹的方法如下。

❖听音法。对带有围带的叶片，可用 100 g 的小铜锤敲打叶片，听其声音。无断裂且连接牢固的叶片，声音清脆；反之，声音嘶哑。

❖荧光探伤法。叶片清洗干净后，涂上荧光粉，然后擦去。将转子或叶片置于暗室中检查。若有裂纹，留在裂纹中的荧光粉会发出光亮。

❖着色法。先将叶片清洗干净，然后把叶片浸入渗透剂中约 10 min 或用喷射罐喷刷，经 10 min 后用清洗剂洗净，随即在其表面上喷一层显像剂，5~6 min 后，有裂纹处在白色表面上显现出红色纹路。

❖酸浸法。

除上述方法外，在现场还使用各种检查仪进行无损探伤，如磁粉探伤、超声波探伤、X 光探伤等。

2.叶轮清理与检查(检修)

(1)叶轮清理。其随叶片清理同时进行。

(2)叶轮晃动度及瓢偏检查。汽缸解体以后，测量转子弯曲的同时，进行转子叶轮晃动度及叶轮瓢偏检查。

(3)叶轮及键槽探伤检查。转子清理后，对叶轮面、叶轮键槽要进行探伤检查裂纹情况，发现裂纹应及时进行处理。

①键槽检查。

键槽裂纹产生的原因有：加工装配质量差；键槽根部应力集中；材料性能差；蒸气品质不良，在应力集中区产生应力腐蚀，从而加剧应力集中，促使裂纹形成；运行工况变化剧烈，反复出现温差，造成键槽产生疲劳裂纹。

用超声波进行叶轮键槽探伤，键槽裂纹一般都产生在键槽根部靠近槽底部分。如果发现裂纹，首先应确定叶轮的可靠性。如果裂纹尚未达到临界裂纹尺寸，可以暂时采用叶轮带伤运行。如果裂纹已达到或超过临界裂纹尺寸，则必须采取以下方法进行修复。

键槽裂纹的处理可采用车掉裂纹加衬套法、挖修裂纹法或挖修裂纹补焊法相结合的方法。

②叶轮轮缘检查。

轮缘裂纹产生原因有：轮缘受叶片离心力的作用而承受很大的应力；叶根槽加工倒角不足、光洁度不够加剧应力集中；表面粗糙或叶片装配不当加剧应力集中；材料缺陷；叶片振动给叶轮以交变应力。

用超声波或着色法进行叶轮轮缘探伤。轮缘裂纹多发生在叶根槽处和沿圆周方向。

如果发现叶轮轮缘裂纹，可根据具体情况采取补焊、更换等方法。

(4)叶轮变形检查及校正。

①造成叶轮变形的主要原因。

造成叶轮变形的主要原因有：机组超出力运行或通流部分严重结垢，致使隔板前后压差过大引起变形，并与叶轮摩擦引起弯曲；运行中汽缸与转子热膨胀控制不好出现过大的胀差，引起隔板与叶轮摩擦；推力瓦烧坏，导致隔板与叶轮摩擦，引起变形。

②叶轮变形检查。

❖测量叶轮各部分晃动度。

❖测量叶轮各个部分的瓢偏度。

❖测量机组轴向通流间隙，并与上一次大修组装记录比较。

③造成叶轮变形的主要原因。

造成叶轮变形的主要原因有：机组超出力运行或通流部分严重结垢，致使隔板前后压差过大引起变形，并与叶轮摩擦，造成叶轮弯曲；运行中，汽缸与转子热膨胀、控制不好或推力瓦烧坏，导致隔板与叶轮摩擦，引起叶轮变形。

④变形叶轮的校正。

对于变形的叶轮，最好将其取下再进行加热校直，也可以在转子上直接进行冷校，后者仅限于整锻叶轮。

❖校正碟状变形。首先进行消除应力退火，叶轮下部用 16 个螺旋千斤顶支撑外沿，按照规定的升温速度升到预定温度后，恒温保持一段时间；然后继续升到预定温度，在恒温下加力并保持一段时间，卸力后测量校正结果。如果未达到校正要求，可进行再一次加力校正，并适当加大压力直至达到校正要求。

❖校正瓢偏。根据各部位瓢偏值的不同，叶轮下部的支撑千斤顶采用不同的布置并施加不同的力。然后升到预定温度保持恒温，先用主千斤顶适当加力，然后把瓢偏最大处的支撑千斤顶向上顶。

❖用机械加工消除残余变形。

由于叶轮变形不规则，用上述方法校正的结果通常仍会有少量残余变形，残余变形量可用机械加工进行消除。为此将叶轮放在立车车床上，按照其轮缘找正，加工轮毂端面。如轴孔残余变形量超出圆锥度的允许值，而且孔的直径小于原始值时，可同时加工轮孔。

(5)叶轮松动检查。

叶轮松动的原因有：使用材料不符合要求或计算时许用应力过高；汽轮机在超过规定的温度下运行；汽轮机偶然超速；材料蠕胀及在高温范围内运行的叶轮发生应力松弛；等等。

通过测量叶轮的瓢偏或叶轮轮毂膨胀间隙变化来检查叶轮松动情况。当套装叶轮与主轴的连接松动时，可在叶轮与主轴之间加一定厚度的圆环或薄钢片，增强其连接紧度；也可采用在轴孔内镶套的方法，因套件会减弱轮毂强度，最好采用金属涂镀来加工大轴颈直径的方法。

3.转子检查

转子清理工作结束后，基本上能够达到物见本色，此时应立即进行全面仔细的检查。转子表面检查一般有宏观检查、无损探伤、显微组织检查、测量检查等。

(1)宏观检查。

宏观检查就是不借助任何仪器设备，用肉眼对转子做一次全面仔细的检查，即对整个转子的轴颈、叶轮、轴封齿、推力盘、平衡盘、联轴器、转子中心孔、平衡重量等逐项用肉眼进行检查。

(2)无损探伤。

转子应先用00号砂纸打磨光滑，然后用着色法探伤。若有裂纹，应采取措施将裂纹除尽。对于发现异常的转子或焊接转子，除了宏观检查外，还应对焊缝进行超声波探伤。对于叶片、叶根的可疑裂纹，还可用X光或γ线拍摄照片检查。但是射线对微裂纹不敏感，往往不能查明有微裂纹的叶根，最好将叶片拆下逐片探伤。

(3)显微组织检查。

显微组织检查即对转子的可疑部位，应进行显微组织检查。

(4)测量检查。

①轴颈扬度测量。轴承解体后，在各联轴器螺栓拆卸之前，用合像水平仪检查轴颈的扬度。扬度的测量一般修前测量一次、修后测量一次。

进行轴颈的扬度测量前，应检查轴颈上是否有毛刺、轴颈，水平仪上是否有垃圾。每次测量应在同一位置，测量时将水平仪放在转子前后轴承的中央，并在转子中心线上左右轻轻移动，待水平仪气泡停稳后读数，然后将水平仪旋转180°再次读数，取两次读数的算术平均值，即此处轴颈的扬度。盘动转子，每 90°测量一次，四次的平均值为实际扬度大小，以用数值表示大小、箭头表示方向的形式记录。将测得的转子扬度与制造厂要求和安装记录进行比较，每次检、修前后应基本一致。

各轴颈的扬度应符合各转子组成一条光滑连续曲线的要求，即相邻轴颈的扬度基本一致。所测扬度与安装或上次大修相比应无大的变化。解体时，测量轴颈扬度应考虑温度的影响，一般在室温状态下进行测量。若轴颈温度高，应记下当时的温度，脱开后再复测一次自由状态下的轴颈扬度，并做好记录。

②转子晃度测量。旋转体外圆面对轴心线的径向跳动称为径向晃动，简称晃动。晃动程度的大小称为晃动度。

转子晃度的测量均在汽轮机轴承上进行，先用细砂纸将各个测量部位的结垢、锈蚀、毛刺等打磨光滑。

由于大功率汽轮机有多根转子，包括有推力轴承的转子、没有推力轴承的转子，在单独盘动时，轴向会窜动，这不仅影响测量的精确性，而且容易发生动、静部分的摩擦。所以，在测量过程中，必须使用专用连接片将转子两端的轴向撑紧，防止转动时发生窜动和下轴瓦跟着转子一起转动而发生事故。

连接片必须用厚度大于 12 mm 的钢板配制，撑在转子的凸肩处。防止窜动的连接片头部应堆焊，然后锉成光滑的圆头。转子盘动前应在撑板和轴瓦处加润滑油，防止轴颈拉毛和损坏轴瓦。

将百分表架固定在轴承或者汽缸等水平接合面上，如图 6-25 所示。百分表的测量杆支在被测表面上，拉动测量杆，检查百分表读数是否有变化，指针是否灵活，工作是否正常。为了测量出转子的最大晃度的位置，一般将转子圆周 8 等分，用粉笔逆时针方向编号，并以第 1 只危急保安器或特定标志向上为 1，测量时测量杆指向位置 1 的圆心，百分表的指针最好放在中间位置（大指针放在“40～60”）。然后，按照转子旋转方向盘动转子，依次对各个等分点进行读数，最后回到起始位置。读数应与开始时相差不大，否则应

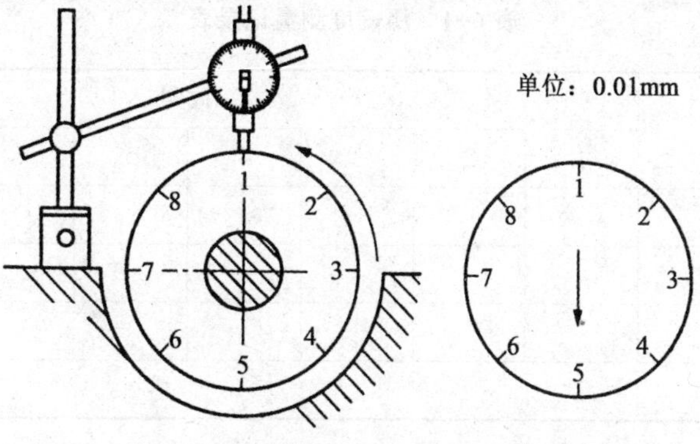

图 6-25 测量晃动度的方法（单位：0.01 mm）

查明原因，重新测量。同一直径两数差即该方位的晃动度，其中最大差值即该转体的最大晃动度。

③转子瓢偏度测量。旋转体端面沿轴向的跳动即轴向晃动，称为瓢偏。瓢偏程度的大小称为瓢偏度。

转子的推力盘、联轴器、叶轮等应与轴中心线有精确的垂直度，否则会引起推力瓦发热或磨损、叶轮碰擦、轴系中心不准等异常情况，大修中应测量这些部件的瓢偏度。

将圆周八等分，用粉笔按照逆时针方向编号。1 号的位置应与 1 号超速保安器飞出端或特定标志向上相同，以便以后检修测量时进行比较和分析。

转子瓢偏度测量方法如图 6-26 所示，与晃度测量的方法相同，将转子两端用专用连接片撑紧，并在轴承处和轴向撑板处加清洁润滑油。尽管采取了上述措施，转子在盘动时仍难免有微量的轴向窜动，影响测量的准确性。为此，测量时必须在直径相对 180° 处固定两个百分表，用来消除转子在盘动时的轴向窜动和摆动的影响。

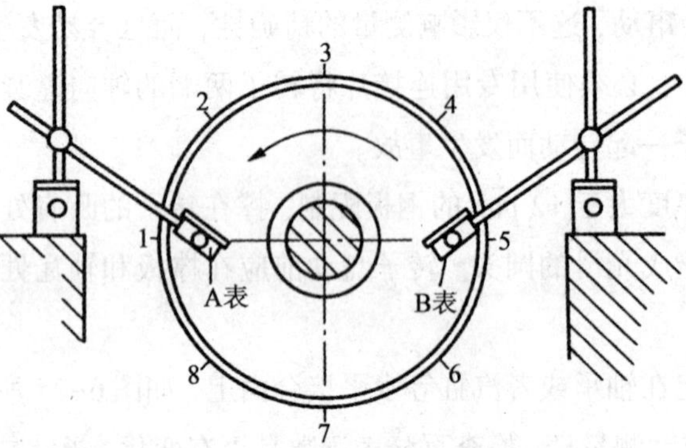

图 6-26 测量瓢偏度的方法

把表的测量杆对准位置 1 和 5 的端面，并避开端面上的螺孔、键槽等凹凸处，测量杆应与端面垂直，使大指针指在读数“40~60”。然后，按照转子旋转方向盘动，依次对准各等分点进行读数并记录。最后回到 1 和 5 的位置。

表 6-1 瓢偏度测量记录表

项目		序号							
		1	2	3	4	5	6	7	8
读数	A 表								
	B 表								
平均值									
最大瓢偏度									

瓢偏度的计算：先算出两百分表同一位置读数的平均值，然后求出同一直径上相对两数之差，即被测量端的瓢偏度，其中最大差值即最大瓢偏度。在正常情况下，即瓢偏值

小于 0.03 mm 时，不用八等分测量，直接连续盘动转子读出百分表的最大值和最小值。两表最大和最小的差值的算术平均值，即被测端面的最大瓢偏值。

④轴颈的椭圆度和锥度测量。汽轮机转子轴颈加工工艺和检修工艺要求很高，其椭圆度和锥度应小于 0.03 mm。但是，由于汽轮机润滑油中有杂质，经过一段时间运行后，轴颈上往往出现拉毛、磨出凹痕等现象，在测量轴颈椭圆度和锥度前，应先用 M10 以上金相砂纸和细油石涂上润滑油沿圆周方向来回移动，直到将轴颈打磨光滑为止，最后用煤油将沙砾擦洗干净，并用布揩擦检查。

用外径千分尺卡在同一截面上测出上、下、左、右 4 个直径的数值，其最大值与最小值之差即轴颈的椭圆度。

用外径千分尺在不同的截面上测量各横断面的上、下、左、右的直径，计算出算术平均值，其最大值与最小值即轴颈的锥度。

⑤转子窜动量的测量。为了确定汽轮机各转子动、静部分最小轴向间隙，以确定机组在运行工况下的汽缸与转子的胀差值，应对各转子的窜动量进行测量。测量时各转子应相互脱开，有推力瓦的转子应取出推力瓦块。将百分表安装在转子一侧，将转子用螺旋千斤顶向前推足，读出百分表读数；然后将转子向后推足，读出百分表读数；最后把百分的两次读数相减，即该转子的窜动量。各转子测量完毕后，把各转子联轴器连接起来。用同样的方法测出轴系的总窜动量，其值应等于或略小于单根转子的最小窜动量。无论是单根转子还是轴系的窜动量，均应符合设计要求。如误差大，应查找原因、排除故障，达到标准后，方可扣汽缸大盖。

轴窜动量的测量分为半缸测量和全缸测量两种。半缸测量，即在不扣大盖情况下测量，它只能确定下半汽缸内的最小轴向间隙；全缸测量，即扣缸后测量转子的窜动量。

⑥轴弯曲的测量与直轴方法。轴的弯曲变形分为两种：临时性弯曲变形和永久性弯曲变形。临时性弯曲变形是指轴所受外力在该材料弹性极限范围内，外力去除后轴可恢复原有状态；永久性弯曲变形是指轴所受外力超过该材料的屈服极限，即使外力去除也不能恢复原有状态。可见，永久性弯曲变形将直接影响转子的正常使用，必须加以校正。以下所述就是永久性弯曲变形的测量和直轴问题。

轴发生永久性弯曲往往是由于轴本身单侧摩擦过热而引起的。轴发生单侧摩擦的原因有很多，如汽轮机停机时停盘车工作有误使轴产生变形，启动前漏入蒸气而形成转子上下温差变形，长期停机或运输过程停放不当引起变形，等等，这些都会引起轴单侧摩擦。另外，弹性变形的转子如果恢复处理不当就进行启动，弯曲部位则可能发生摩擦，摩擦使金属发热而膨胀，弯曲增大，摩擦也加重，摩擦部位的温度即升高。如此循环，金属过热部分受热膨胀，因受周围温度较低部分的限制而产生压应力。如压应力大于该温度下的屈服极限(屈服极限随温度升高而降低)时，则产生永久变形，受热部分金属受压而缩短；当完全冷却时，轴就向相反方向弯曲变形，摩擦伤痕就处于轴的凹面侧，形成永久的弯曲变形。

❖轴弯曲的测量。当轴发生弯曲时，要在室温状态下进行测量，确定弯曲方位、弯曲位置点和弯曲值。具体测量过程如下。

测量准备。将转子架设在专用的测量支架上，使轴在支架上可以自由转动且轴向定位。支点应避开键槽、螺纹和损伤处，以保证测量精度。

清理轴的表面。用 0 号砂纸加机油，按照圆周方向轻轻打磨轴表面，清除轴表面上的油污、杂质、毛刺等，然后用机油清洗干净，用棉布擦干。

等分轴端面。将轴的任意一端面等分，除轴径非常大的转轴，其余一般八等分。每个等分点都标上序号(按照转动的相反方向标上序号)，一个等分点代表一个方位，在同一直径上的两个等分点称为对应方位，它代表轴的一个包含轴线的截面方向，如图 6-27 所示。

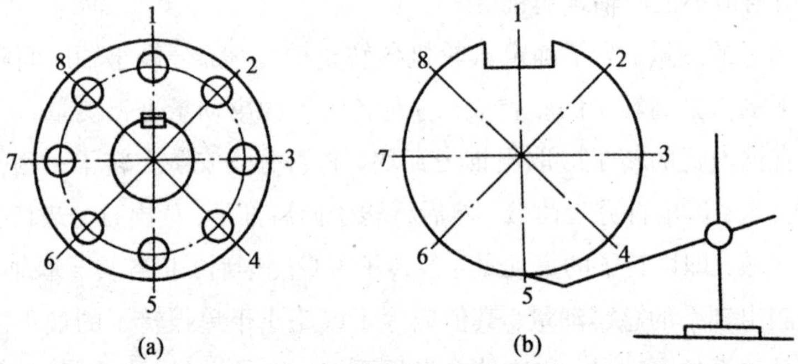

图 6-27　轴端面的等分方法

校验支点。由于支点处对应的轴的圆周是否为正圆对测量精度的影响很大，因此在测量前对支点进行校验是十分必要的。校验的方法是将两块百分表架设在支点处，使百分表的跳杆垂直于轴的圆周面，并且使跳杆与圆周的最高点接触。调整百分表的指针位置，使小指针处于中间量程附近。缓慢盘动转轴，并观察百分表的大指针，在盘动一周的过程中，大指针的摆动幅度应小于 0.04 mm。如果摆动幅度过大，应对轴颈处进行处理，使轴颈处为正圆。

选择测点。根据轴的长度，确定测量点及测量位置。在两个支点之间每隔 10 cm 左右确定一个测点，并测量每个测点到支点的距离，做好记录。

测量各测点。将百分表分别架设在选择的各个测点上，百分表跳杆要垂直于轴线且延长线应指在通过轴心的同一纵剖面上，如图 6-28 所示。调整百分表高度使小指针处于中间量程，缓慢盘动转轴，依次测出各断面各点读数，并做好记录。注意，为了减小人为误差，读表时视线应与百分表的表盘在同一平面内，且要垂直于表盘。

数据整理。如果将轴端面八等分，则 1—5、2—6、3—7、4—8 分别代表轴的四个方向，而每个测点在 1 和 5 两个方位点上读数的差值就是轴在该测点处 1—5 方向的晃度值。同理，2 和 6、3 和 7、4 和 8 方位点上的读数差，就是该测点在 2—6、3—7、4—8 方向的晃度值。晃度值的一半就是弯曲值。

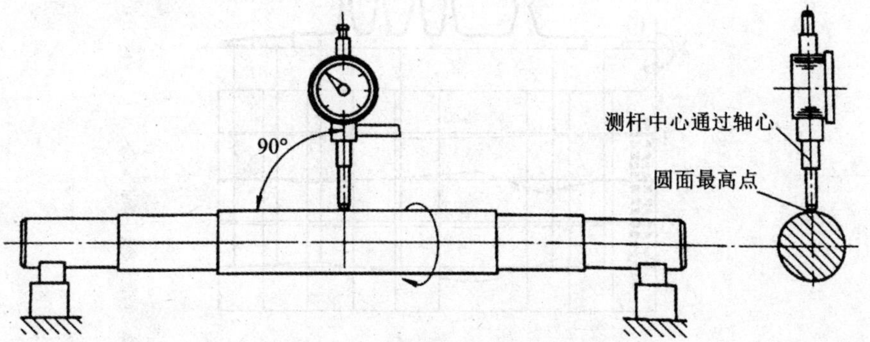

图 6-28　百分表的架装要求

作图分析。建立坐标系，横坐标代表轴线，以选定的支点为原点，这样各个测点在横坐标轴上的位置可以与各个测点到选定支点的距离一一对应；纵坐标代表弯曲值，这样轴上所有测点在 1—5 方向上的弯曲值就可以在坐标系中确定对应点。将所有对应点用两条直线连接(尽可能靠近所标各对应点)，两直线交点处再用一圆弧近似相连，就得到轴在 1—5 方向上的弯曲曲线，如图 6-29 所示。用同样方法可以绘出 2—6、3—7、4—8 方向上的弯曲曲线，如图 6-30 所示。

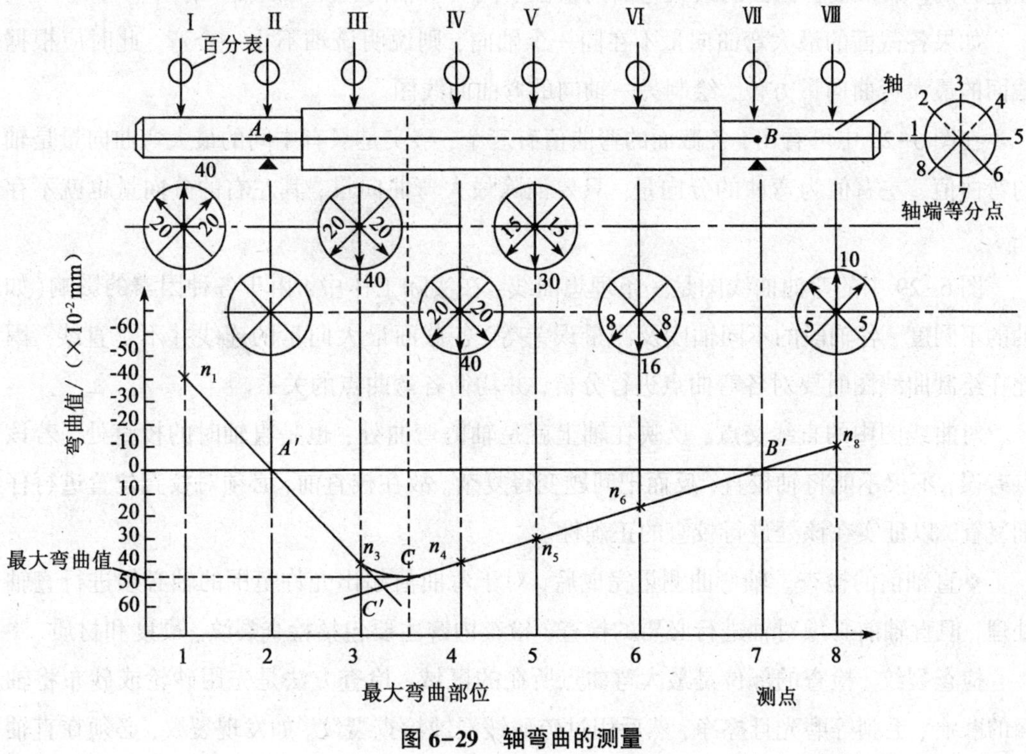

图 6-29　轴弯曲的测量

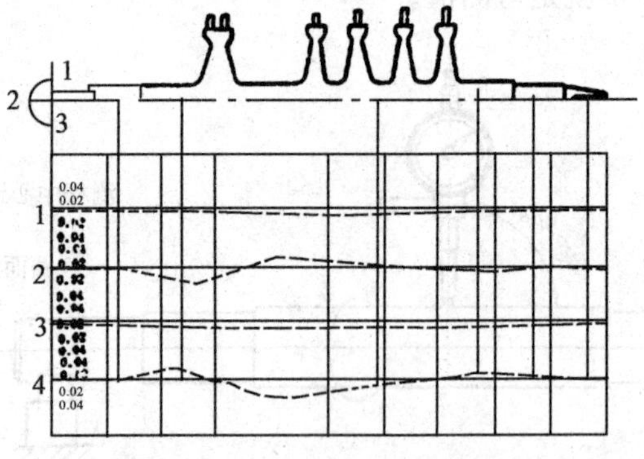

图 6-30　转子弯曲曲线

确定轴的最大弯曲值。比较四条弯曲曲线，曲率最大的一条即存在最大弯曲值的曲线，曲线上可得到最大弯曲部位和最大弯曲值。轴弯曲最大允许值为 0.04 mm，根据测量结果确定是否对该轴进行直轴。

如出现两条直线不能相交的情况，则有两种可能：一是测量上有差错；二是轴有多个弯。

❖轴弯曲状态的分析。对轴弯曲状态的分析是依据轴各截面的测量记录及弯曲向量图进行的。如果轴各截面的最大弯曲向量位于同一个轴向，说明该轴只有一个弯。

如果各截面的最大弯曲向量不在同一个轴向，则说明该轴不止一个弯。此时应根据截面的最大弯曲向量方位，绘制另一轴向的弯曲曲线图。

在图 6-29 中可看出，各截面的弯曲值有三个，事实是只有中间的最大弯曲向量是轴的弯曲值，左右值为弯曲的分向量。只要消除最大弯曲向量，其左右的分向量也就不存在了。

图 6-29 中的弯曲曲线图是一条理想曲线，在实际工作中，由于各种因素的影响(如轴的不圆度、各轴段的不同轴度及测量误差等)各截面最大向量的连线并不是直线。因此在绘制曲线图时要对各弯曲点进行分析，并均衡各弯曲点的关系。

对曲线图中的直线交点，反映在轴上就是轴的弯曲处，也是直轴时的校直处。若该点有误，不仅不能将轴校直，反而把问题变得复杂。故在校直前，必须对校直位置进行仔细复查，以证实在该处进行校直的正确性。

❖直轴前的检查。轴弯曲测量完成后，对于弯曲值超出允许范围的轴必须进行直轴处理，但直轴前必须对轴进行必要的检查，检查内容主要包括检查裂纹、硬度和材质。

检查裂纹。检查的部位是最大弯曲点所在的区域，检查方法是先用砂轮或砂布将轴面的磨痕、毛刺等磨光且擦净，然后用过硫酸铵浸蚀检查裂纹。如发现裂纹，必须在直轴之前将其消除掉，否则在直轴的过程中将使裂纹扩展。在除裂纹之前需要用打磨法、车削法或 X 射线、超声波法等来测定裂纹的深度，以确定该轴是否有继续使用的价值。若裂纹的深度较大，已经影响轴的强度，则应更换新轴。

检查硬度。对摩擦部分和正常部位的轴表面分别测量硬度，从而掌握受热部位金属结构的变化程度，以便正确地确定直轴方法。淬火的轴在直轴之前要进行退火处理。

检查材质。当对轴的材料不能确定时，要取样分析轴金属的化学成分。在轴端用钻头钻出铁末或车下铁屑，取样质量不少于 50 g，然后进行化学分析。确定钢的化学成分后制定直轴方法及热处理工艺。

❖直轴方法。常用的直轴方法有捻打法、机械加压法、局部加热法、局部加热加压法和内应力松弛法。

捻打法。用人工对转子的凹陷侧进行捻打，使此处金属纤维伸长，从而校直轴。操作时，将轴放在支座上，弯曲处凸面向下，并用支撑物垫实，轴必须固定牢固；用捻棒对弯曲处的四面进行捻打，捻打时用力要适当，着力点准确。捻打范围为圆周的 1/3，顺序按照对称位置交替进行，捻打的次数应中间多，左右两侧逐渐递减。捻打一段时间后，应用百分表测量弯曲变化情况，防止捻打过度。

如果捻打使轴表面硬化，轴的伸直逐渐减慢，经过多次捻打效果不显著时，可进行 300~400 ℃的低温回火再捻打。为防止直轴后又恢复弯曲，通常需校到使其往相反方向弯过 0.03 mm，待稳定回火后，弯曲值就能达到要求。此法直轴精度高、应力小、不会产生裂纹，但只适用于弯曲不大、直径较细的轴。

机械加压法。用螺旋千斤顶产生的机械力把转子弯曲的凸面向下压，使该部金属压缩，从而将轴校直。因转子有弹性变形，采用此种方法需反复多次进行。机械加压直轴，校直后一般不需要进行热处理，但精度不高。

局部加热法。转子发生塑性弯曲往往是因为大轴单侧摩擦过热。金属过热部分受热膨胀，又受到周围温度较低部分的限制，使得热膨胀处产生压应力。当压应力大于该材料的屈服点(屈服点随温度升高而降低)时，过热部分发生塑性变形，长度因受压而缩短。当转子完全冷却时，过热部分因塑性变形，长度比其余部分短，使转子向相反方向弯曲，摩擦伤痕处于轴的凹陷侧。

直轴用的局部加热法就是利用这种原理。对于弯曲不大的碳钢或低合金钢轴，用局部加热法直轴，既省时又省事。对转子弯曲最大的凸出部分用氧-乙炔焰进行局部加热，使金属受压缩到超过屈服点，产生塑性变形。当冷却时，这个区域就产生拉伸应力，转子就向弯曲相反方向变形，使凸面消失从而使轴伸直。如果加热区域和加热温度不当，不仅不能达到直轴的目的，而且会造成轴的弯曲或金属组织变化。

其具体操作如下：将轴弯曲处的凸面向上放置，用石棉布把轴最大弯曲处包起来，以最大弯曲点为中心把石棉布开出一个长方形的加热孔。孔的长度(沿圆周方向)约等于该处直径的 25%~30%，孔的宽度(沿轴中心线方向)一般为该处直径的 10%~15%。选用 5、6 号或 7 号焊嘴对加热孔处的轴面加热，当加热至 500~550 ℃时，停止加热，用石棉布把加热孔盖起来，避免急剧冷却而产生裂纹。待轴完全冷却后，检查其弯曲度，如果未达到允许范围，必须再次校正。在该处经过再次加热没有效果时，必须改变加热位置，即在最大弯曲处附近同时用两个焊嘴，按照上述方法，对轴进行局部加热校正。轴的校正应该稍有过弯，也就是应该有与原来弯曲方向相反的0.03~0.04 mm 的弯曲值，待轴进行退火处理后这一过弯值就会完全消失。

局部加热加压法。就其对轴的加热部位、加热温度、加热时间及冷却方式而论，均与局部加热法相同。不同之处是在加热之前，应用加压工具预先在转子弯曲的凸起部分加压，使转子产生与原弯曲方向相反的预应力，然后对该处局部加热。加热时，转子受热处欲向上弯曲，此时受到预应力的阻止，加热处金属膨胀受阻而提前达到屈服点，产生塑性变形。这样的直轴效果比前三种方法好。

内应力松弛法。该方法是利用金属材料的松弛特性(在高温下内应力会逐渐降低)这一原理进行直轴的。把轴最大弯曲部分的整个圆周加热到轴材质回火温度以下 30~50 ℃，并且要热透。接着在弯曲轴凸点上加上大轴在该温度下屈服极限以下的一定压力，使轴产生与原弯曲方向相反的一定程度的弹性变形，并且恒温一段时间。这样轴先产生一定弹性变形，然后部分弹性变形将转变为塑性变形，从而使弯曲的轴得以较直。这种方法校直后的轴没有残余内应力，稳定性较好。

直轴的方法由转子弯曲的大小、轴的直径、转子长度、转子结构、轴的材料等因素决定。捻打法和机械加压法适用于直径不大、弯曲较小的轴。局部加热法和局部加热加压法的加热温度难以控制，容易使合金钢轴产生裂纹，直轴的稳定性也较差。内应力松弛法直轴比较安全可靠，直轴效果好，特别是高参数、大功率汽轮机的轴多是用合金钢制造的整锻转子，故多采用此法直轴。

三、转子缺陷的处理

1.转子表面损伤的处理

一般来说，转子表面是不允许损伤的，但是转子在运行中，由于蒸气内杂质等将转子表面打出凹坑，动、静部分碰摩会使表面磨损和拉毛等。此外，在检修中不小心时，也会碰出毛刺、凹坑等损伤。对于这些轻微的损伤，可用细齿刀修理或倒圆角，并用细油石或金相砂纸打磨光滑，注意打磨时要沿圆周方向来回打磨，不能轴向打磨。最后要用着色探伤复查被修整的部位，应无裂纹存在。

2.轴颈的研磨

当转子轴颈磨损、拉毛严重或椭圆度、锥度大于标准时，应用专用工具车制和研磨轴，一般情况该工作可送制造厂进行。

3.通流间隙的测量和调整

汽轮机动、静部分间的轴向间隙、顶隙测量的准确性是保证汽轮机组能否安全、经济运行的关键，所以通流间隙的测量及调整必须严格执行检修工艺要求和质量标准。其一般工艺步骤及要求如下。

(1)转子轴向定位。

要使通流间隙测量结果准确无误，必须保证汽轮机转子轴向位置放置正确。一般300 MW以下机组汽轮机转子的轴向位置，以推力轴承工作瓦块为基准定位，并且在推力盘与工作瓦块表面充分靠实，以高压转子第一只危急保安器飞锤朝上作为0°时的测量位置。对于中压转子(或低压转子)通流间隙测量，应在高压转子的正确轴向位置且各联轴器连接状态下进行，或者以中、低压转子的动、静部分无碰摩时，先测量一遍通流间隙，并测量转子当时所处的轴向位置，待确定转子正确的轴向位置后，推算出通流间隙。

(2)通流间隙测量。

汽轮机转子轴向定位经验都符合设计值时，方可测量通流间隙。按照各电厂机组的要求，以第一只危急保安器飞锤或高低联轴器上的记号朝上为0°时进行测量。

通流轴向间隙一般用楔形塞尺进行测量。测量时，按照厂家提供的通流部分间隙图纸中的指定位置，将楔形塞尺插入动、静叶片的轴向间隙中。把塞尺上的指针向下推至与静叶片或隔板中分面相接触，拧紧螺钉，再取出楔形塞尺，读出指针所指的刻度值，即该位置的轴向间隙。若静叶片或隔板中分面为斜面时，因楔形塞尺指针推不到位，故所测得的间隙不准，此时应在塞尺的接触面上用粉笔涂一层颜色，然后将尺插入动、静叶片的轴向间隙中，稍用力向下推塞尺，取出后按照粉笔颜色痕迹，并结合指针读出轴向间隙值，即该位置的轴向间隙。对于偏离设计值较大的间隙，应查明原因，多测几次，做好记录。

通流部分的顶隙，在水平左、右侧用普通塞尺直接测量；上、下侧顶隙，采用压铅丝法测量或压胶布法测量。

位置通流间隙测量完毕后，将转子顺时针旋转90°，再测量一次。比较两次测量结果，误差不应大于0.50 mm，否则应查明原因。

(3)通流间隙调整。

一般制造厂家在组装汽轮机时均已调整好通流间隙，所以大多数机组通流轴向间隙原则上不必调整。对于个别小于或大于设计值的部位，可做适当调整。通常采用将隔板出汽侧的测量部位车削至需调整的数值，或将单级隔板置于轴向定位台上用一面车削一面补焊加工(或加垫环)的方法调整。对于整根转子各级轴向间隙同时小于或大于设计值时，可改变联轴器间垫片厚度或对推力轴承进行轴向位置调整。

4.叶片损伤原因分析

(1)机械损伤。由于加工粗糙、安装和检修工艺不严，从锅炉到汽轮机的蒸汽系统中残留有焊渣、焊条头、铁屑等杂物，随高速汽流通过滤网或冲破滤网进入汽轮机，将叶片打毛、打凹、打裂。另外，由于加工粗糙、设计不合理，汽轮机内部残留的型砂、汽封梳齿的碰摩、磨损掉下的铁屑等会将叶片打坏、打伤。由于安装、检修工艺不严，螺母、销子未加保险，运行中因振动而脱落，杂物遗留在汽轮机内部等，也会将叶片打伤、打毛、打裂。

对于叶片被打毛的缺陷，仅用细锉刀将毛刺修光即可。对于打凹的叶片，若不影响机组安全运行，原则上不作处理。一般不允许用加热的方法将打凹处敲平，因为加热会使叶片金相组织改变，并且受热不均匀会使打凹处受疲劳而产生裂纹。对于受机械损伤在出口边产生的微裂纹，通常用细锉刀将裂纹锉去，并倒成大的圆角，形似月亮弯。对于机械损伤造成的进、出口边有较大裂纹的叶片，一般采取截去或更换的措施。当截去某一叶片时，要做动平衡。

(2)水击损伤。汽轮机水击损伤多半是在启动和停机时，由于操作不当，或设计安装对疏水点选择不合理，或检修工艺马虎杂物将疏水孔阻塞而引起的。水骤然射击在叶片上使其应力突增，同时叶片突然受水变冷，故水击往往使前几级叶片折断，末几级叶片损伤。水击后的叶片常使进汽侧扭向背弧，并在进出汽边产生微裂，成为疲劳断裂的发源点。另外，水击引起叶片振动，首先将拉筋折断，破坏叶片的分组结构，改变叶片的频率特性，进而使叶片产生共振而将叶片破坏。

水击损伤轻微的叶片一般不作处理，损伤严重的叶片应予换新。

(3)水蚀损伤。它是蒸气中分离出来的水滴对叶片造成的一种机械损伤，通常发生在低压末级叶片上。这是因为蒸气在汽轮机内膨胀做功到一定程度后显现出的湿度，从湿蒸气中分离出来的水分靠惯性、旋涡扩散、旋涡撞击等作用在静叶片上，集结起来形成水膜。当水膜离开静叶片出汽边时，由于汽流作用将水膜撕裂，形成水滴。水滴的速度远低于蒸气速度，因此在进入动叶片时，撞击叶片入口侧背弧，而且叶顶圆周速度越高，水滴撞击叶片的速度也越高。为了防止水蚀，汽轮机末级叶片入口侧背弧从叶顶，焊有长 300 mm 左右的硬质司太立合金带，以防止或减缓末级叶片水蚀。

对于水蚀损伤的叶片一般不作处理，更不可用砂纸、锉刀等把水蚀区产生的尖峰修光。因为这些水蚀区的尖峰像密集的尖针竖立在叶片水蚀区的表面，当水滴撞来时，能刺破水滴，有缓冲水蚀的作用。所以，水蚀速度往往在新机组投产前两年最快，以后逐年减慢。

(4)叶片的腐蚀和锈蚀。叶片的腐蚀往往发生在开始进入湿蒸气的各级，因汽轮机叶片为不同成分的钢材制造，所以腐蚀主要是应力腐蚀，是由腐蚀和应力共同作用产生的。应力腐蚀造成的裂痕将结晶颗粒扯破，延续成裂纹。当叶片冷加工、热处理不当时，有应力集中存在或表面粗糙度较大时，将助长应力腐蚀的发生和发展。应力腐蚀的主要腐蚀剂是苛性钠。

锈蚀是金属被氧化的结果，是汽轮机通汽部分是常见的一种损伤，多发生在汽轮机的中、低压部分。当蒸气里含有碱性或酸性物质时，锈蚀更为强烈，如蒸气里同时存在二氧化碳，则锈蚀格外强烈。

汽轮机叶片用不锈钢制造，但是不锈钢并非完全不会生锈。不锈钢的防锈作用是因为其表面能产生一层含铬的氧化物而起保护作用的结果，遇到能侵蚀铬的物质，这个保护层就将失去作用。含铬且为12%~14%的不锈钢，本身不能抵抗氯离子，特别是盐酸和氯盐(氯化钠、氯化镁)的水溶液。氯化物能将铬氧化物保护层烂穿，其与内部的钢材接触后，钢材、氯化物和附近的铬氧化物保护层三者发生电化学反应，使内部钢材被腐蚀成深洞。

5.更换叶片

叶片更换应根据损坏原因和程度决定，可以整级叶片全部更换，也可更换部分叶片。更换叶片主要包括准备工作、叶片拆卸和组装三部分。

(1)准备工作。根据更换叶片的级别，制作轴向、辐向样板；加工好冲头、楔子、铅锤、板钻架、小千斤顶；配备好摇臂钻床、电钻、角向砂轮机、行灯、碘弧灯、0~25 mm及25~50 mm的千分卡、游标卡尺和盛放新旧叶片的箱、盒、盘等其他常规工具。

①领出新叶片，用煤油清洗新叶片上的防腐油类，捡出加厚或者减薄的非标准叶片，分别放在专用箱、盒、盘内。

②核对各个部分的尺寸，其长度应用钢皮制的专用样板检查，长者应修整。若新叶片有拉筋孔，其高度和中心偏差应小于0.05 mm，否则不能使用。用轮槽样板检查叶根的情况，对其尺寸按图对照核对。

③将叶片叶根处的棱角倒钝，尖角及拉筋孔倒圆，进行宏观检查和着色探伤；清点数量，做好记录。

④对标准叶片进行称重，将质量基本相同的叶片放在一起备用。待全部称完重量后，在圆周上进行初步排列，同时，对称地加入加厚或者减薄的叶片，使圆周各个方向上的叶片质量基本相同，排列好后立即用钢印做好记号。

⑤平叶根的平面应先在平板上检查并研刮，然后对相邻两个叶片的叶根进行检查，并进行初步研刮。

⑥用煤油把叶片擦干净，并用白布包好，放平整。

(2)旧叶片拆除。该工艺取决于拆除后是否使用。若拆除后不再使用，其工艺除了要求不损伤叶轮外，其余均可以按照实际情况采取快速拆卸的方法，如将复环、拉筋用氧-乙炔焰割断等。若拆除后的叶片经过修复还要再次使用，则拆卸工艺要求比较高。下面介绍T形或双T形叶根叶片和枞树形叶根叶片的拆卸工艺。

①T形或双T形叶根叶片的拆除。T形或双T形叶根叶片每级均有最后装进的一片

锁紧片，即没有T形叶根的叶片，通常称其为锁紧叶片或者门叶片。锁紧叶片装入后，用两只销子与叶轮固定。一般只要拆除锁紧叶片，其余叶片便迎刃而解。拆除锁紧叶片的关键是将该叶片叶根部分的销子拔掉。因为销子两端均已铆死，用常规方法无法将其拔出，一般可用下述两种方法。

其一，在销子中心钻一个小孔，其直径比销子直径小1~2 mm，孔的深度为销子长度的2/3左右。钻孔前应先定准销子的中心。定销子中心时，一般先将销子端部用砂纸打磨光亮，使销子与叶轮的分界线清晰；也可以用圆规直接在销子端部作图，找出中心。由于销子和叶轮坚固而光滑，作图固定中心比较困难，误差也比较大，所以钻孔往往有偏差，甚至会钻到叶轮上，这是不允许的。为了提高钻孔的正确性，近年来采取用圆规在描图纸上作圆。圆的半径与销子的半径相同，然后绘制好圆沿周线剪下，用胶水将圆形描图纸贴在被钻销子端部，使该圆与销子外圆重合，其圆心即销子的中心。用冲头对准图纸上的圆心冲一孔，即销子的中心孔。为防止钻孔钻偏，一般用板钻由手工操作。同时，每钻深10 mm左右，应退出钻头检查钻孔是否与销子中心重合，确认无误后，方可继续钻孔。当达到所要求的深度后，可以用比孔直径小0.2 mm左右的冲子用手锤或者螺旋千斤顶将销子冲出或者顶出。当取不出销子时，可以增加钻孔的深度和对孔加热，使其参与销子受热膨胀，因壁厚很薄，膨胀力很容易超过销子材料的极限，使销子向内径方向收缩，冷却后销子紧力即消失。

将销子两端铆头钻去，铲除毛刺，选择销子的某一端，用直径比销子直径小4 mm左右的钻头钻一中心孔，孔深20 mm左右，用相应的螺丝攻塔牙，然后用专用工具将销子拔出。当拉不动时，可以使用螺旋千斤顶帮助顶出。这样一边拉、一边顶，一般均能将销子取出。当仍然不能取出销子时，可以结合第一种方法取出销子。

另外，也可以使用射钉枪击出销子。锁紧叶片销子拔出后，将其与相邻叶片连接的复环拉筋锯断，用卡子卡住锁紧叶片的复环，以两侧相邻叶片为支撑点，用螺栓或者螺旋千斤顶将锁紧片拉出或者顶出。若复环强度不够，可以在锁紧叶片顶部焊接一个螺栓，用上述方法将锁紧片拉出。若仍然拉不出，可以将锁紧片锯短，使其断面积增加，再焊上较大的螺栓，用上述方法边拉边振击叶根，一般均能拉出。锁紧叶片拆除后，应在轮槽内灌煤油或松锈剂，然后拆除其余叶片，因为径向压力消失，要用紫铜棒敲击叶片，即能拆除。最后保留2~3组叶片作为新叶片安装的基准；当叶片继续使用时，可以在露出叶槽的叶根上，用钢印打上编号保存起来。

②枞树形叶根叶片的拆除。铲掉半圆销大头侧的捻边，将半圆销从小头侧向大头侧打出。铲掉叶根底部斜垫后端捻边，将斜垫片从薄端向厚端打出。用紫铜棒将叶片从一侧向另外一侧打出。若拆下的旧叶片仍能使用，则应用钢印在叶根上打上编号，并妥善保管。

(3)新叶片组装。叶片的组装工艺比较复杂，不同形式的叶片其装配工艺不同。组装叶片时，现场应保持清洁无严重灰尘，工作人员的手和衣服应无油脂类脏物，周围不应有无关人员。现代大容量机组叶片大多采用T形或者枞树形叶片。

①T形叶根叶片的组装。

首先将叶轮槽内的毛刺、伤痕修理光滑，然后用细砂纸擦亮，用压缩空气吹扫干净，用二硫化钼粉剂涂擦轮槽，并把粉末吹扫干净。

对新叶片或者继续使用的旧叶片根部、拉筋孔等倒角情况仔细复查一遍，在一切正常的叶片叶根T形脚及平面涂上一层油墨或红丹粉，用压缩空气吹扫叶片，将叶片装入轮槽，用塞尺检查叶根与轮槽和叶根与叶根的接触情况。若用0.03 mm的塞尺塞不进，则为接触良好；若个别叶片进出汽边尖角处用0.03 mm的塞尺塞入，深度小于10 mm，则认为该处叶片叶根接触合格。同时，检查红丹粉痕迹，接触应均匀，接触面积应占总面积的75%以上。若达不到上述两项要求的叶片，必须重新研刮。组装完一组叶片后，应用1.5 kg的铁锤锤击紫铜棒，将叶片反复上紧，用轴向、辐向样板检查时应符合标准。当辐向不符合标准时，应通过研刮叶根辐向平面或者背弧来调整；当轴向不符合标准时，应通过研刮T形叶根的T形肩架来找正，并在叶顶处测量叶片节距与设计图纸对照，误差应小于0.05 mm。当节距偏大时，可以在备品中挑选较薄的叶片或者将其厚度研磨薄；当节距偏小时，可挑选较厚的叶片填上或者加入0.2 mm以上的不锈钢垫片进行调整。凡是设计底部有垫隙条的，应按照设计要求随着叶片的组装及时装入垫隙条。垫隙条一般采用10号钢，其厚度的选择应使叶根与垫片有±0.01 mm的间隙，这可以用研锉叶根底部的方法来实现。要防止垫隙条太紧，以免影响叶根切向贴合的紧密性。

当叶片组装到离锁紧叶片尚余20片左右时，应将余下的叶片先试装在轮槽内，直到正常叶片伸入锁口2~3 mm。同时，检查各个叶片叶根处是否有间隙，估算出这些叶片可能的研刮量，然后推算出需要加厚或者减薄的叶片数量。当没有加厚或减薄的叶片时，应及时加工不锈钢垫片或者将叶根研刮薄或铣薄。根据加厚或减薄叶片的数量，决定加厚或减薄叶片的安装位置，并注意其分布的均匀性和对称性，以免引起过大的质量不平衡。加厚或减薄叶片的节距误差，应视实际情况放宽一些。当叶片厚薄全部凑准后，拆下试装叶片，并依次排列好，接着开始按照上述工艺组装。当整级叶片组装尚余1~2组时，对有拉筋的叶片开始穿拉筋，将拉筋用00号砂纸磨光，弯成所需要的弧形后即可穿入。因为整级叶片拉筋孔中心不可能完全一致，所以穿拉筋有时比较困难，此时可以用专用夹具夹紧后轻轻打入。当穿到最后1~2组时，应将拉筋分组锯断，穿入最后的1~2组拉筋。

将各组拉筋头对头靠紧，以留出装锁紧叶片的位置，待锁紧叶片安装好后，再将各组拉筋稍微移动，留出各组拉筋之间的间隙，并使锁紧叶片在某一组拉筋的中间，以改善叶片组的振动频率。

拉筋穿好后，拔出锁口内楔子，研刮假锁紧叶根，直到用1.0~1.5 kg的手锤能打入锁口并留有10~15 mm，辐向用0.03 mm的塞尺检查应塞不进，锁紧叶片与轮槽轴向有0.02~0.03 mm的间隙。然后，拉出检查接触情况，接触面积应大于75%，按照此假叶根研刮锁紧叶片。最后检查锁口和锁紧叶片应无毛刺和棱角。用压缩空气将锁口和叶片吹清，涂擦二硫化钼粉剂，用1.5 kg的手锤敲击紫铜棒，将锁紧叶片打入。用0.03 mm的塞尺片检查时，辐向应塞不进塞尺片，辐向间隙为0.02~0.03 mm，并无松动现象。在叶轮销子孔内装一个壁厚为2 mm左右的导向套管，用钻头或板钻钻孔，然后将孔扩大到比叶轮销孔小0.10 mm左右。用每只直径差0.05 mm的直铰刀从小到大依次铰孔。铰孔时，加机床用皂液润滑，用小镜子检查直到销孔光滑无台阶，表面粗糙度为0.1~0.2，椭圆度和锥度小于0.015 mm。按照最后铰的一把铰刀配销子，直径应比铰刀大0.005~0.010 mm。用细锉刀将销子头部棱角倒钝，用二硫化钼粉剂涂抹销孔和销子，要求销子从进汽侧进入，其紧力用手能将销子推进1/3长度，然后用手锤或者千斤顶压入全部销子。此时应测量该级叶片的分散率，并确认合格后，可以用手工将销子两端冲铆和翻边，并用细锉刀将铆头锉到与叶轮齐平，用细砂纸磨光。

大型汽轮机叶片复环，一般采用强度较高的方形、矩形和菱形铆钉头。所以，复环均由制造厂提供备品。组装时，只要核对其尺寸是否符合，是否有裂纹、毛刺、棱角，铆钉头高度是否比复环高出2 mm左右，复环与叶肩是否严密贴合，等等。如果叶片没有拉筋，即可进行铆钉头的铆接工作；如果有拉筋，铆钉头的捻铆工作应在拉筋焊接完成后进行，这样能使叶片在焊拉筋时自由膨胀且不弯曲。

拉筋焊接前应检查叶片拉筋布置是否合理，并用白布蘸酒精清洗焊接处的油污。焊接时，当一级上有几圈拉筋时，应先从内圈焊起；而在同一组内先焊各组第1片叶片，然后焊各组第2片叶片，依次将全圈拉筋焊完。注意，焊接时不能在同一组上连续焊几片，以免焊接温度过高而造成拉筋膨胀变长，冷却后再缩回，使拉筋产生热应力并把叶片拉弯，以致运行中拉筋脱焊、断裂。焊接前将叶片内弧朝上并转到水平位置。焊接时加热温度不可太高，一般使叶片拉筋孔处呈红色即可。焊前应选用小号小火嘴，并由熟练的合格气焊工承担焊接工作。银焊条应采用312这一统一牌号(也称作银镉钎料2号)。该钎料具有良好的润湿性和填充能力，虽然可塑性比普通银焊料低，但其强度高。焊药一般采用统一牌号的焊剂10326，也叫作特制银钎焊剂。用勺状铁条将焊药均布于拉筋周围，待叶片达到焊料熔点时，将银焊条蘸点焊药触到焊接处施焊。全部拉筋焊完后，应将焊药清理干净，最后用小铜锤轻敲叶片，倾听拉筋的声音，判别焊接质量。若声音清晰，则证明焊接质量良好；否则，应查明原因，重新焊接。

拉筋焊接完后便开始复环铆钉头的捻铆工作，一般用1 kg的手锤打击0.5 kg的手锤进行捻铆。因为捻铆会增加铆钉头的刚性和脆性，易引起裂纹，一般锤击次数为4次左右，过多锤击会出现冷作硬化而裂开。所以，捻铆工作应由专门的工作人员进行。

捻铆时，在同一组内先初步铆两端叶片，然后由中间向两端铆，这样可以使复环在捻铆过程中自由延伸。对于每个铆头，应先铆轴向两面，后铆切向两面。捻铆后的铆头，应能将复环铆孔填满并把坡口覆盖住，同时要有美观的形状，铆头表面至复环表面过渡应平滑。复环与叶片肩部应紧密贴合，其间隙小于 0.1 mm。铆完后，仔细检查铆钉头和复环，其应无裂纹，各组复环与复环之间应有 2~3 mm 的膨胀间隙。间隙过小时应用金属条与角向砂轮机进行修整，但应防止碰伤叶片。

叶片换装的最后工序是复环的车削。此工作一般将转子吊入汽缸，配好盘车装置，盘动转速为 16~25 r/min。转子前后端要用压板固定，防止轴向窜动。压板与转子轴向接触处应加黄牛油润滑；压板顶住转子的头部堆有铜焊，并做成圆头。主轴瓦和推力瓦块应不断加入汽轮机油润滑。车削复环刀架固定在汽缸上并做成倾斜角，使车刀能对准叶轮辐向进刀。车削时进刀量不宜过大，防止咬伤复环，其径向和轴向尺寸按照动、静间隙车准。最后在进汽边上车出坡口。

②枞树形叶片的组装。

由于侧装式叶根和叶轮的接触靠加工来保证，而且整级叶片没有锁紧叶片和隔金，所以，该叶片组装时首先将叶轮与叶片叶根上的毛刺、锈垢用细锉刀或细砂纸清除掉，然后将叶片自出汽侧向进汽侧装在叶轮上。叶根底部的斜销应用红丹粉检查并研合，将研合好的斜销截好长度，其紧力用 1 kg 的手锤轻轻敲进即可。装入后，销子薄端应比叶根厚度短 4 mm，并与叶轮平齐，销子厚端比叶轮端面低 2 mm。将叶片轴向位置放正后，由出汽侧向进汽侧打入楔形销子。接着将叶根上的两斜劈半圆销研刮，使接触面达到 70%以上，并截好长度，其紧力同楔形销一样。组装时，两销头同时从两面打，装入后两斜劈半圆销大头端应比叶根低 2 mm，小头与叶根齐平。最后，用 0.03 mm 的塞尺片检查应无间隙，并用辐向和轴向样板检查，误差符合标准。只要加工无误，该叶片组装后一般能达到要求。

(4)更换叶片的鉴定。整级叶片更换结束后，为了掌握叶片的换装质量，应进行下列测试和检查工作。

①测量叶片的振动频率。叶片的装配质量对叶片振动的固有频率有直接影响。当叶片的固有频率与周期性扰动频率一致时，会使叶片发生共振而折断。因此，叶片的振动频率必须避开共振区，通过测试叶片的频率可以鉴定叶片的换装质量和确定叶片是否会发生共振而产生断裂。然而，叶片的振动很复杂，一般来说，有扭振、A 型、B 型等振动形式。但在实际运行中，对叶片安全威胁较大的有切向 A 和 A，B 型等振型。所以，对于更换的新叶片，若没有改进型的叶片，只要测试其分散率和切向 A 型振动频率，即可鉴定叶片的更换质量。

对于更换的改进型叶片，应测定叶片与叶轮的固有振动频率。但不管叶片是否改进，其分散率均应小于 8%，并在装复环和拉筋前测量分散率。其余均应满足叶片安全准则的要求。

②测量动、静间隙。将隔板或静叶环及转子吊入汽缸，放在轴向位置，使转子放在相对于 1 号超速保安器朝上及顺转向 90°或各厂自定的特定位置。测量更换叶片与隔板的轴向、径向间隙，并与修前的测量记录进行比较，应无较大变化，并符合检修质量标准。否则，应分析原因，并进行调整。

③转子校动平衡。一般来说，转子经过更换叶片后，应做动平衡实验。只有在确定没有条件实验动平衡的情况下，且更换叶片时新、旧叶片重量均要调整到相等时，才可免于校验动平衡，但是必须做好全速动平衡的准备。

第五节　轴承检修

轴承的检修工作是一项技术性强、工艺要求高、质量标准要求严格的工作。从解体检查、检修到组装，每个环节均应严格执行检修工艺规程，任何疏忽大意，都有可能造成轴瓦磨损、发热甚至烧毁等事故。

一、径向支持轴承的检修

1.支持轴承常见故障及原因

支持轴承常见的故障有轴瓦钨金的磨损剥落、局部熔化(俗称烧瓦)、钨金与瓦壳分离(俗称脱胎)等。出现故障的征象是轴承瓦温及出口润滑油温升高，振动加剧。产生故障的原因如下：

(1)润滑油系统不畅通或堵塞，润滑油变质；

(2)钨金的浇铸不良或成分不对；

(3)轴颈与轴瓦间落入杂物；

(4)轴承安装不良、间隙不当及振动过大等。

2.轴承解体

当汽缸温度低于 150 ℃时，停止盘车和润滑油泵后，解体轴承。

(1)通知热工，先将轴承大盖上的测振仪、温度表等仪表及电缆线拆除。

(2)依次拆除接合面螺栓，吊出大盖。

(3)拆除球枕水平面连接螺栓，拔除销子，拆除球面壳体水平面销子和连接螺栓(有顶轴油管的拆除接头)，吊去轴瓦，拆除封油环等。

(4)当有承重转子时，应将轴颈抬起 0.3~0.5 mm，翻出下半轴承 180°后将其吊走。

注意：每拆一个零件，包括定位销、防转销等小零件，应认真检查记号和装配方向，没有记号的零件解体时必须补做记号，以免装配时弄错。

(5)轴承解体后，将各零件上的油垢、铁锈清理干净，轴瓦合金向上放平，放置在质软的木板、橡胶垫等物体上。

3.轴承解体后检查

(1)轴承的宏观检查主要包括以下几个方面。

①轴承合金表面轴颈摩擦痕迹所占位置是否正确，该处的研刮刀花是否被磨亮。

②轴承合金面有无划痕、损伤和腐蚀现象。

③轴承合金面有无裂纹、脱胎、局部脱落现象。用着色法检查轴承合金面，看其有无裂纹、砂眼、气孔及脱胎情况，并与上次检修比较是否有发展。若发现合金表面或瓦口在显像后有红色印痕现象，则表明合金面存在裂纹或瓦口有脱胎现象。印痕较轻，说明轻微脱胎。用超声波探伤合金表面，可以检查出是局部脱胎还是大面积脱胎。

④垫铁承力面或球面上有无磨损和腐蚀，垫铁螺钉是否松动；内部垫片是否有损坏现象。

⑤检查轴承两侧及顶部间隙是否合格。

⑥检查轴瓦垫铁与轴承座洼窝有无间隙。

⑦检查轴承水平中分面是否存在间隙。

⑧仔细检查油路是否畅通，油池的四周与轴颈的接触面是否接触良好，油池深度是否合格。

(2)轴承合金探伤检查脱胎情况。

机组无论是大修，还是小修，轴承合金都需做着色探伤和超声波探伤检查，看其有无裂纹、砂眼、气孔及其脱胎情况。

用着色法检查轴承合金面时，若发现合金表面或瓦口在显像后有红色印痕现象，则表明合金面存在裂纹或瓦口有脱胎现象。印痕较轻，说明轻微脱胎。用超声波探伤合金表面，可以检查出是局部脱胎还是大面积脱胎。

若合金表面裂纹较浅或局部脱胎时，可以对轴瓦进行局部补焊或研刮。若合金大面积脱胎，应对轴瓦重新浇铸或更换新轴瓦。

4.轴瓦间隙的测量与调整

轴承巴氏合金与轴颈之间的间隙在轴承解体和机组大修时必须认真检查和测量，并做好记录。测量工作应在转子轴须冷却状态下进行。

(1)圆筒形及椭圆形轴瓦间隙的测量。

圆筒形及椭圆形轴瓦油间隙可分为两侧油间隙和顶部油间隙。圆筒形轴瓦顶部油间隙取其轴直径的1.5%~2.0%，两侧油间隙各为顶部间隙的一半；椭圆形轴瓦的顶部间隙取其轴直径的1%~5%，两侧油间隙各取轴直径的1.5%~2.0%。

经测量发现轴瓦的间隙不符合标准时，应对照上次检修记录查明原因，再作处理。

①测量轴承两侧间隙。

在室温状态下，揭开上半轴承，用塞尺测量下半轴承与轴颈两侧间隙。分别用塞尺在轴瓦水平接合面的前、后、左、右四角进行测量，塞尺塞入深度为15~20 mm。

从塞尺厚度0.03 mm开始塞入，直到塞不进为止，此时塞尺的厚度即两侧油间隙值，并做好记录。四角间隙应基本相等。

②测量轴瓦顶隙。

测量轴瓦顶隙采用压铅丝法。测量方法步骤如下：在下瓦水平结合面的两侧和轴颈顶部共放置6根铅丝（铅丝直径以压扁后不小于一半为宜，铅丝长度以轴瓦长度的1/6~1/5为宜），其所放位置与方向如图6-31（a）所示。合上上瓦，对称拧紧结合面螺栓，压紧铅丝拧下螺栓，移出上瓦，取出铅丝，测量压后的铅丝厚度并记录。用顶部铅丝厚度的平均值减去两侧铅丝厚度的平均值，即瓦顶间隙为

$$(a_1+a_2)/2-(b_1+b_2+b_3+b_4)/4$$

为防止瓦顶间隙出现楔形，而其平均值却是合格的假象，如图6-31（b）所示，可将轴瓦前后两端的测量值分别进行计算，求出前端顶隙和后端顶隙，两者应该近似相等，即

$$a_1-(b_1+b_2)/2\approx a_2-(b_3+b_4)/2$$

若前后两端顶隙不相等，则说明顶隙出现楔形。

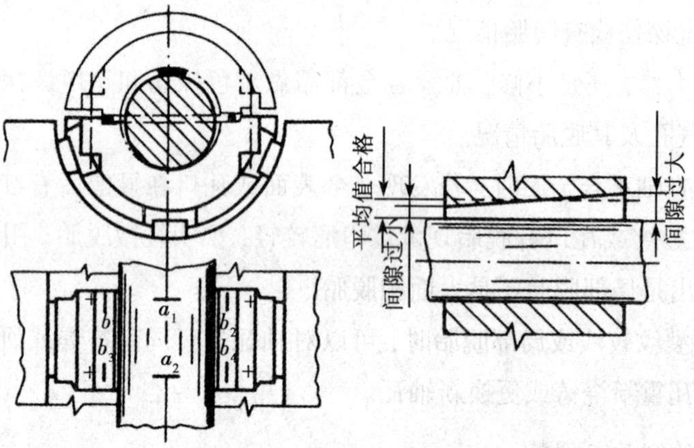

图6-31　测量轴瓦顶隙

（2）圆筒形和椭圆形轴瓦间隙的调整工艺。

若轴瓦两侧油隙变小或顶部间隙变大，则通常是由于下半轴瓦合金磨损所致。若两侧油隙较小，可以修刮两侧合金；若顶部油隙过大，则需要局部补焊处理，也可以将上瓦中分面通过机械加工的方法去掉与超标数值相同厚度的部分。

若两侧油隙较大、顶部油隙偏小或者沿轴向塞尺所塞深度偏差较大，则往往是安装或上次检修的遗留问题，需要重新安装测量。如运行中无异常现象，可以不必处理，或者对轴瓦顶部合金进行适当的修刮。油隙过大时，一般采用现场补焊合金的方法，然后用

机床进行加工。

两侧油隙过小，可以用刮刀进行刮削，一边刮削一边将瓦翻回轴承座内测量间隙情况，直到合格为止。

若两侧及顶部轴向位置的油隙不同，则往往是安装轴承时位置不正确所致。此时不能盲目修刮轴瓦合金，应先用塞尺检查轴瓦前后两端与轴颈有无脱空现象，如果一端有间隙，则需要检查轴瓦是否存在垫铁接触不良或者销饼蹩劲及球面轴瓦就位不正确等现象，如果有则应清除。如果不存在轴瓦的安装质量问题，则可进行下一步骤的轴瓦合金补焊处理或研刮工作。

若顶部间隙过小，可以在轴瓦接合面加垫片调整顶部间隙，偏差多少便加多厚的调整垫片。若顶部间隙过大，应采取补焊轴瓦合金的方法，但是补焊上轴瓦还是补焊下轴瓦，应根据具体情况确定。若下轴瓦有磨损就补焊下轴瓦，若下轴瓦没有磨损就补焊上轴瓦。

(3)三油楔轴瓦间隙的测量。

由于轴瓦在工作状态下中分面不在水平面上，因此不能采用上述的方法来检查轴径与轴瓦的配合间隙。一般左、右顶部间隙均在轴瓦上下组合一起时，可以用塞尺或千分尺进行测量。实际上测出的间隙为阻流边间隙。

三油楔轴瓦本身油楔一般不予测量和研刮，只有在轴瓦合金磨损严重时，才用内径千分尺在轴承座外组合测量，此时应特别注意测出有磨损痕迹处的直径变化，从而间接的确定其磨损量。然后将直尺放在轴瓦前后的阻油边上，用塞尺或深度尺检查各油楔的情况。

(4)可倾瓦轴瓦间隙的测量。

由于轴瓦是由几块可以自由摆动的瓦块组合而成的，因此其间隙的测量只能在组合状态下进行。测量时，在转子轴颈处和轴瓦环外圆上各架一只百分表，然后用抬轴架将轴稍微抬起。同时监视两只百分表，当支持环上百分表指针开始移动时，读出轴颈上的百分表读数，最后将读数减去原始数据，两者之差再除以$\sqrt{2}$（对四瓦块式可倾瓦），即轴瓦的油隙。一般情况下，可倾瓦油隙不予调整，轴瓦合金不予研刮。

5.轴承、瓦枕的顶部间隙(轴瓦紧力)的测量与调整

由于运行时轴承外壳的温度通常比轴瓦温度高，因此一般要求轴承盖对轴瓦有一定的预紧力。若没有预紧力，在受热膨胀后，外壳就不能压紧轴瓦，在转子剩余不平衡力的作用下，轴瓦容易发生振动。轴瓦紧力的值与轴瓦大小、工作环境等有关。

现代大型汽轮机的圆柱形轴瓦及球形轴瓦的瓦枕，在运行状态下的紧力要求为0.03~0.05 mm。球形轴瓦球面与球形瓦枕间应有0~0.03 mm间隙，以免运行时造成卡涩而使球面失去自调整的作用。

轴瓦紧力的测量一般采用压铅丝法，具体工艺如下(图6-32)。

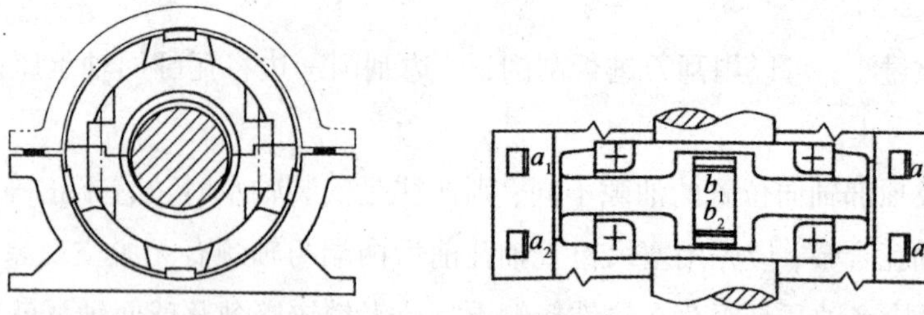

（a）轴瓦底部俯视图　　（b）轴瓦底部剖视图

图 6-32　轴瓦紧力的测量

轴瓦紧力的测量均采用压铅丝方法。轴承放入轴承座后，将上、下瓦枕组合并紧螺栓。在轴承盖水平接合面各垫一片厚度相等且平直的铜皮(厚度一般选用 0.5 mm 左右)。上瓦顶部放两段直径为 1 mm 左右的铅丝，扣上轴承盖，拧紧接合面螺栓。然后，松开接合面螺栓，吊开轴承盖，测量被压的铅丝厚度。轴瓦紧力值为两侧铜皮厚度平均值与铅丝厚度平均值之差。

紧力过大或者过小，可以通过调整轴瓦顶部的垫片来调整，但是垫片必须与轴承固定牢固，防止因为振动而发生垫片移动，使紧力失去而引起轴承剧烈振动。此外，也可以在球衬接合面上加与其端面形状相同的磷铜垫片或不锈钢片。

6.轴瓦合金面的研刮工艺

(1)圆筒形轴瓦合金面的研刮原则及工艺。

圆筒形轴瓦接触角为 60°，接触面积上的接触点应均匀分布，若接触不良，应加以修刮。在轴瓦两端，应有 10~20 mm 宽的合金与轴颈不接触，同时需留有 0.02 m 的泄油间隙。轴承的进油侧和出油侧均应修刮出合适的油镗，使轴承有充足的油量，否则会造成运行中轴瓦温度过高，影响轴瓦的寿命。

修刮轴瓦合金表面，应光滑平整，不允许有明显的沟痕。具有高速盘车的汽轮机轴承，还有顶轴油孔和顶轴油镗，如图 6-33 所示。修刮轴瓦合金时，务必将顶轴油孔堵住，并且在修刮后和组装前用压缩空气将其吹扫干净。顶轴油镗的尺寸必须按照图纸要求修刮，其深度一般为 0.05~0.15 mm，边缘应光滑。油镗太浅，轴不易被顶起，轴瓦合金与轴稍微存在磨损，则油镗将被破坏，一般宜采用上限数值；油镗太深，则会影响润滑油膜的形成。油镗的面积不能太大也不能太小，因为油镗本身就影响压力油膜的连续性。如果油膛的面积太大，将使油膜浮力不够，破坏油膜；如果面积过小，又顶不起轴颈。油镗面积是根据轴颈载荷和顶轴油压力计算得到的。油镗位置应按照轴瓦中心对称布置。

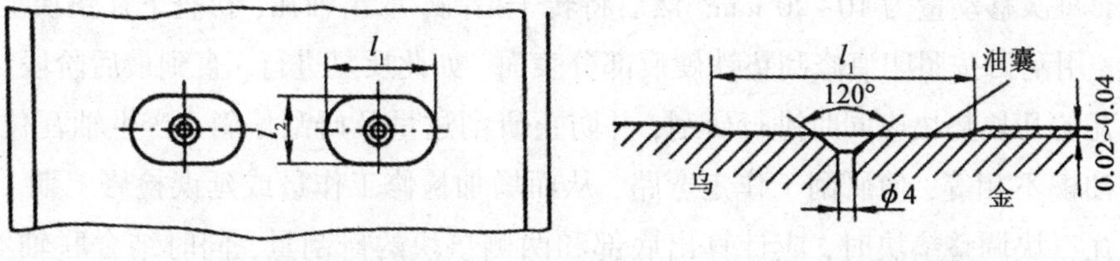

（a）轴瓦顶部俯视图　　（b）轴瓦底部剖视图

图 6-33　顶轴油镗

（2）椭圆形轴瓦合金面的研刮原则及工艺。

椭圆形轴瓦合金的研刮原则及工艺要求基本与圆筒形轴瓦相同，只是椭圆形轴瓦的接触角比圆筒形轴瓦稍小，一般为 45°～50°。

（3）三油楔轴瓦合金面的研刮原则和工艺。

三油楔轴瓦合金面原则上在制造厂加工形成后不再进行修刮，但在实践中为了节省检修时间，对于补焊的轴瓦，只要严格按照制造图纸尺寸修刮是完全可行的。当然，补焊和修刮只允许在有限的面积上进行。对于补焊的三油楔轴瓦，首先将磨损部位补焊，参照补焊的阻油边和图纸尺寸，先修刮阻油边，再修刮油楔。总之，油楔是以正确尺寸的阻油边为基准进行修刮的。

（4）可倾瓦合金面的研刮原则和工艺。

可倾瓦轴承的瓦块与轴颈的间隙值，通常为轴承名义直径的 2‰，可以通过改变瓦块背面的调整垫块来调整间隙。可倾瓦的修刮一般不允许在现场进行，如果有明显的缺陷需要处理时，应取得制造厂同意方可进行。小面积修刮时，可以直接进行；大面积修刮应按照假轴进行研刮，假轴的直径等于实轴的轴颈加上轴承标准间隙值，绝不能按照转子的轴颈直接进行研刮。

7. 垫铁的测量与研刮

轴瓦垫铁承受着转子质量及转动部分不平衡量引起的离心力，调整垫铁还会确定转子位置，其接触情况是否良好直接影响到机组的振动情况，接触不好会引起较大振动。接触情况可以用塞尺及通过其工作痕迹的分布情况判断。

垫铁的测量方法：揭开轴承盖后，用塞尺检查轴瓦各垫铁与轴承座的配合情况（0.03 mm塞尺应该塞不进）；然后抬起轴颈，再测轴瓦下垫铁与轴承座的情况，应有 0.05～0.07 mm 间隙，两侧垫铁用 0.03 mm 塞尺应该塞不进，这样即使转子重量将轴承压变形，也可以保证垫块受力均匀。再翻出下轴瓦，检查垫铁接触点情况，每块垫铁的接触痕迹应占垫铁总面积的 70%以上，接触点应均匀分布。如不符合要求，应对垫铁接触面进行研刮。

轴承调整垫块的研刮一般要在重载下检查接触情况后进行。当接触面存在 0.10 mm 以上的间隙时，必须使用锉刀或角向砂轮机进行粗磨，直到间隙小于 0.10 mm 时，应复测油挡的洼窝中心，并根据洼窝中心，改用刮刀精刮。精刮工作首先在轴承座洼窝内涂薄薄一层红丹粉，将轴瓦放进轴承座，放下转子，用起重吊钩将轴瓦在洼窝内往复移动

2~3 次，每次移动量为 10~20 mm。然后将转子抬高，取出轴瓦，检查下瓦垫块上的红丹粉情况，用刮刀按照印痕修刮垫铁硬痕部分表面，如此反复进行，直到最后阶段。

下瓦的几块垫块应同时进行研刮，并防止研刮过量及研刮偏斜，产生轴瓦位置歪斜和四角油楔不相等，使研刮工作走弯路，从而增加检修工作量或延误检修工期。当同时研刮下瓦三块调整垫块时，应计算出底部和两侧垫块的研刮量，同时结合联轴器中心、汽缸洼窝中心等情况综合分析考虑。一般情况下，研刮工作与联轴器找中心工作同时进行。垫块与轴承座接触质量合格后，将底部垫片抽去 0.03~0.05 mm 即可。

在最后放准轴承位置时，由于转子质量大，搁在轴承上会使轴承在洼窝内左右移动时的摩擦力增大，移动困难。因此，必须使用抬轴架将转子抬起 0.10~0.20 mm 后，轻击轴承，使位置放准，再放下转子。切不可在转子搁在轴承上时，用紫铜棒或其他物件猛击轴瓦中分面，以免在轴承中分面上击出毛边或产生凸凹不平的现象。

8.轴颈下沉量测量

轴颈下沉量是监视下轴瓦轴承合金的磨损及垫铁、垫片厚度变化的参数。其应利用安装时每个轴承专门配置的桥规进行测量，如图 6-34 所示。

将轴承座接合面清扫干净，将桥规底脚平稳地放在轴承座接合面打记号的指定位置上，用塞尺测出轴颈与桥规间间隙 *A* 的尺寸。注意塞尺在使用过程中，以不超过 3 片为宜，且各片厚度不要相差悬殊。将塞尺紧压在轴颈上，轻轻地向间隙中移动，调整塞尺的厚度，直至塞尺正好碰上桥规凸缘而又能通过间隙时停止，得到的数据应做好记录。

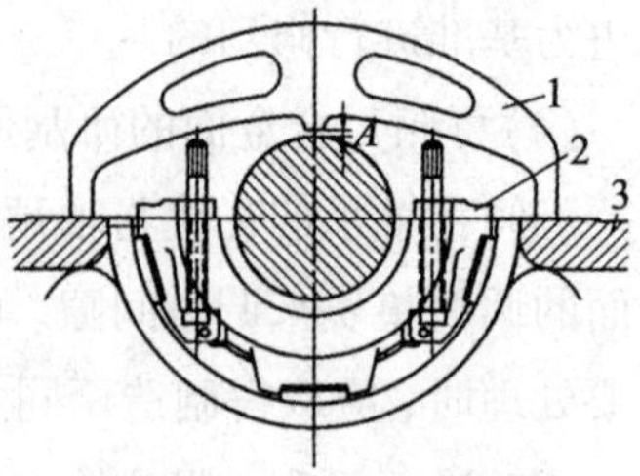

图 6-34　轴颈下沉测量

测出的间隙 *A* 与上次大修后的记录比较，其增大值就为轴颈因轴承合金在垂直方向的磨损或垫铁及片厚度的变化所产生的下沉，在调整联轴器中心时应尽量予以恢复。转子在按照联轴器的方式找好中心后，应再次进行测量，作为修后记录。

另外，对于一些三油楔轴承，由于单靠倾解的下半轴瓦支承转子不易稳定，不能在上半轴瓦吊开的状态下测量其轴颈下沉度，建议将测点移至轴瓦前或后面适当的位置，以便在轴瓦的组合状态下进行测量。

9.轴瓦的组装

(1)清理轴承室和进出油孔。

用来冷却、润滑轴承和控制调节系统的汽轮机油，对净度要求很高。轴承室内不应残留任何工具、杂物、纱头、布屑等。清理时，先用海绵将轴承室内的油吸干，然后用拌好的湿面粉团粘去轴承室内和进出油孔内的铁屑和垃圾。清理后，用无毛边的白布检查，白布上无黑色锈斑等脏物为合格。

(2)检查轴瓦、球村、球面座等部件。

轴承的各部件组装前应逐项进行检查，各零件上应无毛边、棱角、翻边、凸起等现象。每吊装一个零件需用压缩空气吹清，然后用黏性好的湿面粉团粘去微粒垃圾，最后用白布检查应无脏污痕迹。调整垫块螺栓内六角孔等死角处，其往往积满垃圾并被疏忽，应特别注意清理。

(3)核对各零件组装位置。

按照大直径到小直径的顺序逐件进行吊装轴承零件，同时核对零件上的记号，前后、左右切不可装反、装错和漏装。吊装前，应在每个零件接触面间加清洁的汽轮机油，使得零件装入时灵活不卡涩。

(4)全面复查各零件的装配情况。

轴承各零件组装完后，扣轴承大盖前，应对轴承室内全部零件逐一进行复核，保证各螺栓的保险完整无缺、浮动油挡环灵活不卡、防转销装配位置正确、定位销正确对准、轴瓦无错位、各堵头及其他保护工作物未遗漏在轴承室内，检查胀差、轴向位移、测温元件等性能良好，技术记录齐全且正确无误，等等。一切确认妥当后，签好扣盖许可证，方可正式扣轴承大盖。

(5)轴承扣大盖。

吊车缓慢放下大盖，扣下时能自由地落下无卡涩。若发现卡住或别劲，立即吊出并查找原因后再装配，切不可用螺栓强行压下，造成设备损坏或发生装配错误。扣轴承大盖时，必须先上紧对角定位螺栓，然后再上紧其他螺栓。

(6)核对胀差、轴向位移和各测温元件。

轴承组装基本结束时，由热工仪表人员对轴承室内的胀差、轴向位移等表计进行核对。

(7)装复轴承盖上的元件。

轴承大盖扣好后，要及时装复大盖上的测振、测温元件。组装时，应核对记号，按照编号装复，不得装错、装反和漏装。

(8)清理检查各轴承座、疏油槽、疏油管。

轴承检修工作结束后，应及时将轴承座周围的疏油槽、疏油管清理干净，吸去槽内存油。为避免由于疏油管不畅，漏油、跑油引起火灾，需用压缩空气将疏油管内垃圾及油垢吹清，保证疏油管畅通。当疏油管不通时，应查明原因并疏通。

二、推力轴承检修

汽轮机的推力轴承起着重要作用，一旦损坏，转子便会发生轴向位移，使汽轮机通流部分的动、静部件发生损坏。因此对推力轴承的基本要求就是要保持它的安全可靠性。

推力轴承的检修步骤：先将推力轴承解体，清理干净；然后检查各瓦块和固定底盘有无毛刺和损伤，瓦块乌金有无严重磨损、变形、裂纹、剥落、脱开、划痕等现象。

1.推力瓦块的检查

推力瓦块检查的重点是轴承合金表面，应注意检查以下几点。

(1)检查推力瓦块上的工作印痕大小是否大致相等，若工作印痕不均，则说明在工作中瓦块的负载不均匀。

(2)乌金表面有无磨损及电蚀痕迹。瓦块合金的磨损量可按照图 6-35 所示的方法进行测量。测量时，将合金面朝上，瓦块放平贴合平板，先将没有磨损的部分对准千分表测量杆，记下读数；再移动瓦块对准磨损处进行测量并记录，两次读数之差，便是该瓦块的磨损量。

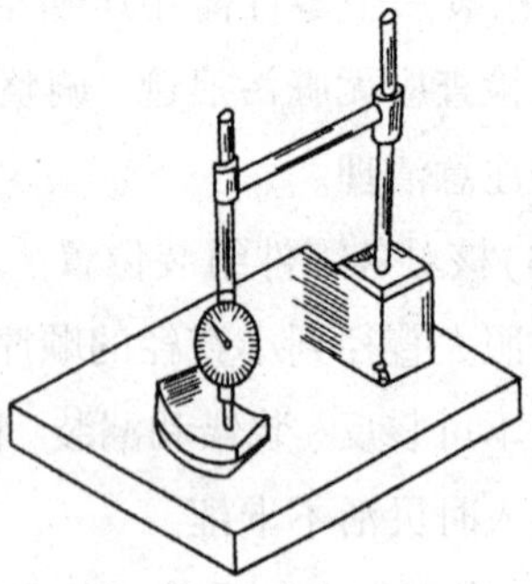

图 6-35 检查瓦块磨损及平行度的方法

用以上方法检查各瓦块的厚度，要求各瓦块厚度差不超过0.02 mm，各瓦块轴承合金的工作痕迹必须保持均匀。痕迹不均匀则说明各瓦块的负载不均，应找出其原因。

(3)检查乌金是否有裂纹、脱胎、气孔、夹渣等缺陷，可用放大镜仔细观察。

(4)检查瓦胎内、外弧及销钉孔有无磨亮的痕迹，如有这种痕迹说明有妨碍瓦块自由摆动的现象。

(5)用外径千分尺检查各瓦块的厚度，并做好记录，各瓦块的厚度差不应超过 0.02 mm。但由于瓦壳结构上的原因(如上、下瓦壳错位)，会使瓦块的厚度不得不产生差额。此时将测出的瓦块厚度值与上次大修记录比较，不应有超过 0.02 mm 的误差，而且各瓦块轴承合金的工作痕迹必须保持均匀。

2.推力间隙测量

测量推力间隙是在推力轴承解体前和检修安装完毕后进行，其方法为：①将百分表固定在汽缸或轴承座接合面上，并使表的测量杆接触转子某光滑平面并与轴平行；②盘动转子并用专用工具将转子分别推向前后极限位置，百分表在前后极限位置指示值之差(即转子的窜动量)，便是推力间隙值。

推力间的允许值与轴瓦的结构形式有关。一般综合推力轴承的间隙为 0.4~0.7 mm，单置式推力瓦间隙为 0.25~0.50 mm。通常采用推力间的允许值为 0.4~0.5 mm。

推力间隙应适当。间隙过小，会增加瓦块的磨损损失和负载；间隙过大，往往会在转子推力方向改变时，增加通流部分轴向间隙变化，同时对推力轴承产生过大的冲击力，使转子发生轴向窜动。

推力间隙的调整方法取决于轴承的结构。综合式推力轴承是通过改变非工作瓦块安装环后的调整环的厚度来调整的，单置式推力瓦是通过移动工作侧或非工作侧的瓦体位置来调整的。

3.轴瓦外壳的检查

(1)检查瓦壳接合面定位销子是否松动。销子松动应重新配制，以免引起上、下两半瓦壳的错位。

(2) 检查瓦壳前后定位垫环的紧度，以用手锤能打动为好。过松时应根据通流间隙的情况，更换一侧的定位垫环。

(3)检查轴瓦油挡间隙，若间隙过大必须进行调整。还必须检查推力轴承的全部油槽，应清洁无污垢，各油孔畅通，轴瓦无任何异物存在，所有的部件组装正确。

4.推力轴瓦缺陷的处理

推力轴承的检修，主要是修复或更换推力瓦块。

(1)瓦块局部补焊。

瓦块轴承合金表面局部有夹渣、气孔和磨损等缺陷，可采取局部补焊。然后以完好部分为基准进行研刮。

(2)更换新瓦块。

新瓦块的厚度都有一定的余量，应先在平板上磨合着色进行粗刮，使其厚度等于上一次检查记录值加上 0.05~0.10 mm 的组合研刮余量，并要求轴承合金面与平板全面接触，合金面与背部承力面的不平行度应小于 0.02 mm。

瓦块在组合状态下进行研刮，是为了消除由于推力盘微小不平而引起瓦块与推力盘接触不良的现象。经过多年运行的旧机组，推力盘及轴瓦都会产生一些变形，因此这项工作更有必要。

研刮时，边盘动转子，边用专用工具将转子推向需研磨的瓦块一侧。转数圈后，将轴承拆卸，根据接触痕迹进行刮削。反复进行该工作，直至各瓦块厚度与上次大修记录基本相符，所有瓦块与推力盘全部接触、印痕分布均匀为止。

思考题

(1)汽缸法兰接合面螺栓拧紧时有什么要求？

(2)汽轮机揭盖时应注意哪些事项？

(3)关于汽缸的裂纹检查，重点在哪些部位？

(4)汽缸法兰接合面泄漏时，如何处理？

(5)隔板卡涩，无法从隔板套内取出时，如何处理？

(6)如何检查隔板接合面的严密性？

(7)如何测量汽轮机汽封间隙？

(8)对叶片的检查包括哪些项目？

(9)叶片除垢的方法有哪些？

参考文献

[1] 赵鸿逵，舒广奇.动力设备检修技能训练[M].北京：中国电力出版社，2007.
[2] 郭延秋.大型火电机组检修实用技术丛书：汽轮机分册[M].北京：中国电力出版社，2003.
[3] 郭延秋.大型火电机组检修实用技术丛书：锅炉分册[M].北京：中国电力出版社，2003.
[4] 梁立德.火电厂热力设备检修工艺学[M].北京：水利电力出版社，1995.
[5] 李广华，代云修，于长江.汽轮机检修[M].北京：中国电力出版社，2018.
[6] 李润林，孙为民.热力设备安装与检修[M].2 版.北京：中国电力出版社，2015.
[7] 郝杰.热力设备检修[M].北京：中国电力出版社，2012.
[8] 孟广波.热力设备安装与检修实训[M].北京：中国电力出版社，2009.
[9] 刘继申，郑志刚.热力设备装配与检修[M].北京：中国电力出版社，2009.
[10] 胡月红.热力设备检修[M].北京：机械工业出版社，2013.